U0829735

普通物理实验教程
（第二版）

主编　韩振海　董光兴　王新兴

天津大学出版社
TIANJIN UNIVERSITY PRESS

内 容 简 介

本书是在总结多年普通物理实验课程教学改革实践经验的基础上,参考借鉴国内外实验教学实践的成功经验,以现行教材为基础,汲取物理学科、实验技术及计算机技术的一些成果编写而成的。本书逻辑清晰,突出综合性、应用性、设计性、研究性以及物理量的测量。内容包括:物理实验课的目的和基本要求、实验误差与测量不确定度、物理实验中的基本测量和数据处理方法、力学实验、热学实验、电磁学实验、光学实验等。

本书可作为地方普通院校理工类各专业本科生普通物理实验课程的教材或教学参考书,也可供相关教学和实验技术人员参考。

图书在版编目（CIP）数据

普通物理实验教程 / 韩振海, 董光兴, 王新兴主编. 2 版. -- 天津 : 天津大学出版社, 2025. 5. -- ISBN 978-7-5618-7983-2

Ⅰ. O4-33

中国国家版本馆 CIP 数据核字第 2025YP6092 号

出版发行	天津大学出版社
地　　址	天津市卫津路 92 号天津大学内(邮编:300072)
电　　话	发行部:022-27403647
网　　址	www. tjupress. com. cn
印　　刷	天津泰宇印务有限公司
经　　销	全国各地新华书店
开　　本	185mm×260mm
印　　张	15. 5
字　　数	407 千
版　　次	2025 年 5 月第 1 版
印　　次	2025 年 5 月第 1 次
定　　价	50. 00 元

前　言

大学物理实验是普通高等学校理工科学生必修的一门重要基础课程，是学生接受系统实验方法和实验技能训练的起点。作为培养学生实践能力和创新意识、提升科学素养的关键环节，本课程在理工科人才培养体系中具有不可替代的重要地位。

本书以《普通高等学校本科专业类教学质量国家标准》和教育部高等学校非物理类专业物理基础课程教学指导分委员会《非物理类理工学科大学物理实验课程教学基本要求》为依据，结合编者多年教学实践经验编写而成。在编写过程中，我们既注重实验教材的普适性，又充分考虑了地方本科院校的专业设置特点和实验室仪器设备配置现状。

本书内容体系完整，涵盖物理实验课的目的与基本要求、实验误差与测量不确定度、物理实验中的基本测量和数据处理方法等基础知识，以及力学、热学、电磁学、光学等领域的经典实验项目。每个实验项目均详细阐述了实验原理，系统介绍了仪器使用方法、实验操作步骤和数据采集处理方法，部分实验还设置了启发性的思考题，以培养学生的创新思维能力。通过系统的实验训练，学生将逐步掌握运用实验方法和仪器设备解决实际问题的能力，全面提升科学实验素养。

本书主要面向地方普通本科院校理工科各专业学生，既可作为大学物理实验课程的主教材，也可作为教学参考书使用。参加本书编写的有：韩振海（绪论，第1章，第2章，第5章实验11、实验12，第6章实验6、实验7），董光兴（第5章实验1～实验10，第6章实验1～实验5），王新兴（第3章，第4章）。在编写过程中，我们参考借鉴了多所兄弟院校的优秀教材和教学改革成果，并得到了天津大学出版社张春圣老师的悉心指导，在此一并致以诚挚的谢意。

限于编者水平，书中难免存在疏漏与不足之处，恳请广大师生和读者不吝指正。

作者

2025年2月

目　　录

绪　　论

0.1　物理实验的地位及其重要性

物理学是研究物质的基本结构、基本运动形式、相互作用及其转化规律的自然科学。它的基本理论渗透在自然科学的各个领域,应用于生产技术的许多部门,是其他自然科学和工程技术的基础,是现代科学技术的支柱。在人类追求真理、探索未知世界的过程中,物理学展现了一系列科学的世界观和方法论,深刻影响着人类对物质世界的基本认识、人类的思维方式和社会生活,是人类文明的基石,在人才的科学素质培养中具有重要的地位。

物理学从本质上也是一门实验科学,很多物理规律的建立都以严格的实验事实为基础,并且不断受到实验的检验。例如,麦克斯韦的电磁学理论,是建立在法拉第等科学家长期实验的基础上。赫兹的电磁波实验,又使麦克斯韦的理论得到普遍的承认和广泛的应用。现代物理学家杨振宁、李政道在1956年提出的基本粒子在"弱相互作用下的宇称不守恒"理论,是在实验物理学家吴健雄用实验证实后,才得到国际上的公认。在物理学的发展中,物理实验一直起着重要作用,在科学研究等领域中,物理实验一直是一个必不可少的过程。因此,物理实验对物理学概念的形成、定律的建立和发展都起着十分重要的作用,正如著名物理学家丁肇中所说:"实验是自然科学的基础。实验可以推翻理论,理论不可以推翻实验。"

物理实验是科学实验的先驱,体现了大多数科学实验的共性,在实验思想、实验方法以及实验手段等方面是各学科科学实验的基础。物理实验课覆盖面广,具有丰富的实验思想、方法、手段,同时能提供综合性很强的基本实验技能训练,是培养学生科学实验能力、提高科学素质的重要基础。因此,在理工科各专业,物理实验课是对学生进行科学实验基础训练的一门重要的必修基础课程。它不仅可以加深对物理理论的理解,更重要的是使学生获得基本的实验知识和实验技能,在实验方法、实验技巧、动手能力等诸方面得到较为系统的、严格的训练,为今后学习和从事科学与技术研究打下坚实的基础。同时,在培养学生良好的科学素质及科学世界观方面,物理实验也起着潜移默化的作用。因此,学好物理实验对于理工科的学生是十分重要的。

0.2　物理实验课的目的和要求

高等院校物理实验课程的目的如下。

(1)通过对物理实验现象的观察和分析,学习运用理论指导实验、用实验方法研究物理现象和规律、分析和解决实验中问题的科学方法。从理论和实际的结合上培养学生的创新意识和创造能力。

(2)培养学生从事科学实验的初步能力。这些能力包括:正确地分析和概括实验原理和方法,正确使用基本实验仪器,掌握基本物理量的测量方法,掌握基本的实验操作技术和技能，正确记录和处理数据、分析实验结果和撰写实验报告以及自行设计实验方案和完成简单的实验任务等。

（3）培养与提高学生的科学实验素养，使学生具有理论联系实际和实事求是的科学态度、严谨踏实的工作作风，勇于探索、坚忍不拔的钻研精神以及遵守纪律、团结协作、爱护公物的优良品德。

通过物理实验课程的学习，应达到如下要求：

（1）掌握实验原理和实验方法；

（2）了解常用实验仪器的结构、工作原理，能熟练地使用仪器，操作规范，读数正确；

（3）掌握实验误差的基本理论及实验结果的评价方法；

（4）掌握实验数据表格的设计和数据采集、记录、处理方法，如作图法、逐差法、拟合法等；

（5）具备科学研究的初步能力和科学素养。

0.3 物理实验课的教学环节和要求

物理实验课的教学包括课前预习、实验操作和实验报告三个环节，各环节的内容和要求如下。

1. 实验预习

实验预习是学生上实验课做实验之前的一个重要环节，它是学生上好实验课、按时正确地完成实验任务的关键。

（1）学生课前要仔细阅读实验教材或有关的资料，并从中整理出实验的基本原理与方法、主要内容、注意事项。

（2）对设计性实验要自拟实验方案、自己设计电路图或光路图等。

（3）到实验室认识仪器，阅读仪器使用说明书，了解仪器的使用方法和操作注意事项。

（4）设计数据记录表格，写出预习报告。预习报告应认真整齐地书写在实验报告册上（预习报告可作为实验报告的一部分），其主要内容有：实验题目、实验目的、实验原理摘要、主要仪器设备、实验内容、记录表格、注意事项等。

2. 实验操作

实验操作是实验的主体，学生要在教师指导下独立完成实验操作的全过程。上课时教师先检查学生的预习报告及预习情况，讲解实验的原理，实验操作的内容、方法及注意事项等，然后学生开始做实验。

（1）对照实验图正确连接仪器或装置。仪器在实验台上的摆放应合理，要便于检查、操作和读数。仔细检查无误后才可以通电。

（2）按照仪器操作规程调整仪器，合理选择量程。

（3）细心操作，注意观察实验现象，认真记录测量数据，正确表示测量值的有效数字和单位。注意实验过程中有无异常现象或数据，如有要及时查找原因并加以解决。

（4）记录实验条件和仪器的主要参数、型号、编号以及实验组别。如实记录实验中遇到的问题及可疑现象。

实验中，要养成对观察到的现象和所测得的数据随时进行分析、判断的习惯，对实验过程中出现的故障要学会查找原因并即时排除。在整个实验过程中，学生都要自觉遵守实验室的规章制度及学生实验守则，像一个科学工作者那样要求自己，爱护仪器，安全操作，细心观察实验现象，认真钻研和探索实验中的问题，做好实验记录，按时完成实验任务。实验结束时，应将实验数据记录交老师检查，检查合格并整理好仪器后，方可离开实验室。

3. 实验报告

实验报告是实验工作的总结，是实验的重要组成部分。撰写实验报告是为了培养、训练学生以书面形式总结工作或报告科研成果的能力。实验课后，学生应按实验教材及指导教师的要求，及时对实验数据进行处理并在实验报告册上写出完整的实验报告，按时交给指导教师。

实验报告的内容一般包括以下几个部分：实验名称和日期、实验目的、实验原理摘要、实验仪器及装置、实验内容及操作步骤、注意事项、数据记录表、数据处理、实验结果及分析（要求进行误差分析和不确定度评定，并给出最后结果）、问题讨论。

撰写实验报告的要求：原理和内容应通过阅读实验教材及参考资料，扼要地叙述实验的物理思想和实验方法、计算公式及成立条件，画出实验原理图；仪器应注明型号；实验数据表中的数据应和实验课结束时教师签字的原始记录数据相同；数据处理及分析应包括公式、计算过程、误差及不确定度分析、图线等；实验结果或结论应明确；实验报告中必须附有教师签字的原始记录。

第 1 章　实验误差与测量不确定度

实验是在一定的理论指导下，实验者选用一些仪器设备，在一定的条件下，人为地控制或模拟自然现象，并通过对某些物理量的观察与测量去探索客观规律的过程。由于实验方法的不完善，仪器有一定的精确度限制，测量条件并非总能满足理论上假定的或测量仪器所规定的使用条件，因此，任何测量都不可能是绝对准确的。进行物理实验，除了要懂得如何正确获取应有的数据外，如何正确处理实验中得到的数据，如何正确表达测量结果，并给出对测量结果的可靠性评价（合理估计出误差范围或不确定度），也是实验工作者必须掌握的基本能力。

1.1　测量与误差

所谓测量，就是将待测量与选作法定标准的同类计量单位进行比较，从而确定被测量是该标准单位的多少倍的物理过程。显然，测量值（结果）应包含数值和单位两部分，两者缺一不可。我国采用的单位是以国际单位制（SI）为基础的法定计量单位。

测量的分类如下。

1. 直接测量与间接测量

凡使用测量仪器（或量具）能直接测得结果的测量，如用秒表测量时间、用米尺测量长度、用温度计测量温度、用电压表测量电压等都是直接测量。间接测量是指测量结果不能用直接测量的方法得到，而是由直接测量值按照一定的物理公式计算得到，例如测量金属圆柱的密度 ρ 时，先用尺直接测量出它的直径 d 和高度 h，用天平称出它的质量 m，然后通过公式 $\rho=4m/(\pi d^2h)$，计算出金属圆柱的密度 ρ。ρ 的测量就属于间接测量。显然，直接测量是间接测量的基础。

需要指出的是，由于选用的测量方法不同，同一物理量可以是直接测量量，也可以是间接测量量。

2. 等精度测量与不等精度测量

如对某一物理量进行多次重复测量，而且每次的条件都相同（同一观察者、同一组仪器、同一种实验方法、同一实验环境等），测得一组数据（$X_1, X_2, \cdots, X_n$），尽管各次测得的结果有所不同，没有充足的理由可以判断某次测量比另一次更精确，这样只能认为每次测量的精确程度都是相同的。于是将这种同样精确程度的测量称为等精度测量，这样的一组数据称为测量列。在诸测量条件中，只要有一个发生了变化，这时所进行的测量就成为不等精度测量。

严格来说，在物理实验中，保持测量条件完全相同的多次测量是极其困难的。但当某一条件的改变对测量结果影响不大，甚至可以忽略时，仍可视这种测量为等精度测量。在本章中，除了特别指明外，所讨论的测量均为等精度测量。

测量都是测量者在一定的环境条件下，按照一定的方法，使用一定的测量仪器进行的。

由于测量原理的近似性、测量方法的不完善、测量仪器准确度有限、被测对象本身的涨落等诸多因素将不可避免地对测量结果造成影响，因此，任何测量都不能做到绝对准确。

我们把被测量在一定客观条件下的真实大小，称为该量的真值，记为 X_0，而把某次对它测量得到的值称为测量值，记为 X_i，那么两者之差就称为测量误差。通常将

$$x_i = X_i - X_0 \tag{1-1-1}$$

称为测量的绝对误差。将绝对误差与真值之比

$$\varepsilon_i = \frac{|x_i|}{X_0} \times 100\% \tag{1-1-2}$$

称为测量的相对误差。

测量中，误差可以被控制到很小，但不能使误差为零。也就是说，测量结果都有误差，误差自始至终存在于一切测量过程中，这就是误差公理。

需要指出的是，一个量的真值是客观存在的，它只有通过完美无缺的测量才能获得，但这是做不到的，所以它只是一个理想的概念。在实际测量中，只能根据测量数据估算它的最佳估计值（近真值），并以测量不确定度来表征其所处的范围。由于真值不能确定，所以误差也无法准确得到。实际应用中，必要时可用公认值、理论值、高精度仪器校准的校准值、最佳估计值等作为约定真值。

1.2　误差的分类

为了得到尽可能接近真值的测量结果，测量者必须分析和研究误差的来源和性质，有针对性地采取适当措施，尽可能地减小误差。按照误差产生的原因和性质，可将其分为下列几类。

1. 系统误差

在相同条件下多次测量同一量时，测量结果出现固定的偏差，即误差的大小和符号始终保持不变，或者按某个确定的规律变化，这种误差就称为系统误差。系统误差按产生原因的不同可分为如下几类。

（1）**仪器误差**。它是由于仪器装置本身的固有缺陷或没有按规定条件使用而造成的误差，如仪器零点未对准、天平砝码有缺损而又未经校准、刻度不准等。

（2）**方法误差**。它是由于实验所依据的原理不够完善，或者测量所依据的理论公式带有近似性，或者实验条件达不到理论公式规定的要求所造成的误差。例如，单摆的周期公式 $T=2\pi\sqrt{l/g}$ 成立的条件是摆角趋于零，而在实验测定单摆的周期时又必然有一定的摆角，再加上空气阻力、摆线质量等影响因素，这就决定了测量结果必然有误差。

（3）**个人误差**。它是由于测量者感觉器官的灵敏度不够高或者个人不正确的习惯所造成的误差。如有的人按秒表总提前，有的人总滞后。这种误差往往因人而异并与测量者当时的心理状态有关。

（4）**环境条件误差**。它是由于外界环境因素（如温度、湿度、电磁场等）发生变化，或者实验环境条件不符合标准等所造成的误差。例如，标准电池是以 20 ℃时的电动势作为标准值的，若在 10 ℃时使用而不加修正就引入了系统误差。

由此可见，系统误差的特征是具有确定性，其产生的原因往往是可知的，它的出现一般也是有规律的。因此，在实验前应该对测量中可能产生的系统误差做充分的分析和估计，并

采取必要的措施尽量消除其影响。测量后应该设法估计未能消除的系统误差之值，以便对测量结果加以修正，或估计测量结果的准确程度。

实验中对系统误差的处理，一般可用如下的方法消除或减小。

(1) **消除系统误差产生的根源**。例如，在实验前对仪器进行检验和校准，按规程正确使用仪器，实验原理和测量方法要正确等。

(2) **修正测量结果**。对已确知的系统误差，根据它的变化规律，找出修正值或修正公式对测量结果进行修正。

(3) **改进测量方法**。对一些未确定的系统误差，可采用适当的测量方法对其消除，如替代法、交换法、异号法、补偿法等。

应该指出，系统误差经常是一些实验测量的主要误差来源。依靠多次重复测量一般都不能发现系统误差的存在，处理不妥往往对测量结果的准确度带来很大影响。因此，实验工作者必须经常总结经验，掌握各种不同的测量仪器、各种不同的实验方法以及各种环境因素引起的系统误差的变化规律，以提高实验技术水平。

2. 随机误差(偶然误差)

在相同的实验条件下多次测量同一物理量时，每次测量结果可能都不一样，测量误差或大或小、或正或负，完全是以不可预知的随机方式变化的，这种误差称为随机误差。当测量次数较少时，随机误差的出现显得毫无规律，但当测量次数足够多时，误差的大小以及正负误差的出现都是服从某种统计分布规律的。

随机误差主要是由于测量过程中一些随机的或不确定的因素所引起的。例如，电源电压的波动、外界电磁场的干扰、气流的扰动或无规则的振动以及测量者个人感官功能的随机起伏等。这些因素一般无法预知，也难以控制。所以，测量过程中随机误差的出现带有某种必然性和不可避免性。

3. 粗大误差(过失误差)

这是一种明显超出统计规律预期值的误差，这类测量常常伴随有异常值出现。粗大误差产生的原因通常有测量仪器的故障、测量条件的失常及测量者的失误，实际上是一种测量错误。带有粗大误差的实验数据是不可靠的，一旦发现测量数据中可能有粗大误差数据存在，应进行重测。如条件不允许重新测量，应在能够确定的情况下，剔除含有粗大误差的数据，但必须十分慎重。

需要指出的是，不应当把有某种异常的观察值都作为粗大误差来处理，因为它可能是数据中固有的随机性的极端情况。判断一个观察值是否为异常值，通常应根据技术上或物理上的理由做出决定。对于实验中可疑数据的剔除，可参考误差理论中用来处理可疑数据的一些准则，如拉依达准则、肖维涅准则、格拉布斯准则。

4. 与误差有关的几个定性术语

1) **准确度**

准确度这一术语用来表征测量结果的系统误差的大小，即测量结果与真值的符合程度。准确度越高，测量结果越接近真值，系统误差越小；反之，准确度越低，测量结果偏离真值越大，系统误差越大。

2) **精密度**

精密度这一术语用来表征测量结果随机误差的大小，即同一物理量在相同的条件下多次测量所得的各测量值之间的一致程度,它反映了随机误差引起的测量值的分散性。精密度高,表示测量重复性好,测量值集中,随机误差小;反之,精密度低,表示测量重复性差,测量值分散,随机误差大。

3)**精确度**

精确度是对测量结果中系统误差和随机误差大小的综合评价。精确度高表示在多次测量中,数据比较集中,且靠近真值,即测量结果中的系统误差和随机误差都比较小。

为了说明这三个概念,下面用图 1-2-1 中射击打靶的结果进行类比。图 1-2-1(a)的弹着点明显偏离靶心,存在着较大的系统误差,其准确度低;但弹着点比较集中,离散程度不大,其精密度较高。图 1-2-1(b)则相反,弹着点比较分散,因此精密度不高;但是从弹着点分布情况来看,并没有明显的固定偏向,平均弹着点比较接近靶心,因此可以认为它的准确度是较高的。图 1-2-1(c)则不仅精密度高,而且准确度也高,可以说这一结果精确度高。

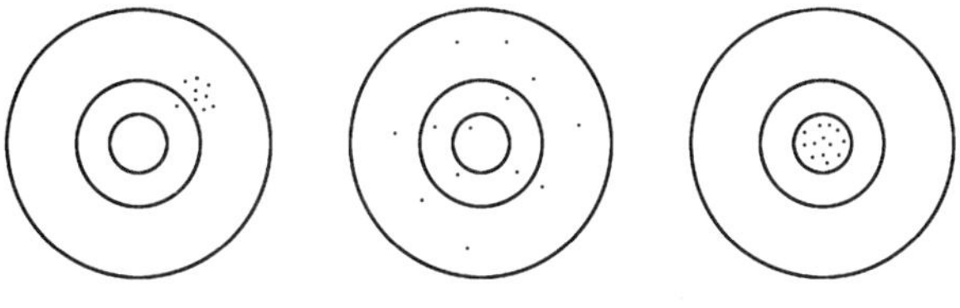

图 1-2-1　测量结果准确程度与射击打靶的类比

(a)准确度低　(b)准确度高　(c)精确度高

1.3　随机误差的处理

本节讨论对随机误差的处理过程,假设系统误差已经被减弱到足可忽略的程度。

1. 随机误差的正态分布规律

对某一物理量在相同条件下进行多次重复测量,由于随机误差的存在,测量结果(X_1, X_2, $\cdots$, X_n)一般都存在着一定的差异。如果该物理量的真值为 X_0,则根据误差的定义,各次测量的误差为

$$x_i = X_i - X_0 \quad (i = 1, 2, \cdots, n) \tag{1-3-1}$$

大量实验证明,随机误差的出现是服从一定的统计分布——正态分布(高斯分布)规律的。亦即对于大多数物理测量,随机误差具有以下统计分布特性。

(1)**单峰性**。绝对值小的误差出现的概率大,绝对值大的误差出现的概率小。

(2)**对称性**。绝对值相等的正负误差出现的概率相等。

(3)**有界性**。绝对值非常大的正、负误差出现的概率趋近于零,误差的绝对值不超过一定限度。

(4)**抵偿性**。当测量次数趋近于无限多时,由于正负误差互相抵消,各误差的算术平均值趋近于零。

随机误差正态分布的这些性质在图 1-3-1 所示的正态分布曲线上可以非常清楚地体现出来。该曲线横坐标 x 为误差,纵坐标 $f(x)$ 即为误差的概率密度函数,它的意义是误差

出现在 x 处单位误差范围内的概率。$f(x)\mathrm{d}x$ 是误差出现在 x 至 $x+\mathrm{d}x$ 区间内的概率，即图中阴影部分的面积。整个误差分布曲线下的面积为单位 1，这是由概率密度函数的归一化性质决定的。

根据统计理论可以证明，正态分布概率密度函数 $f(x)$ 的具体形式为

$$f(x)=\frac{1}{\sqrt{2\pi}\sigma}e^{\frac{-x^2}{2\sigma^2}} \tag{1-3-2}$$

式中　σ——表征测量值离散程度的参数，称为标准误差。

由概率论可知，在某一次测量中，随机误差出现在 a 至 b 区间的概率应为

$$p=\int_a^b f(x)\mathrm{d}x \tag{1-3-3}$$

而某一次测量中，随机误差出现在 $-\infty$ 至 ∞ 区间的概率应为

$$p=\int_{-\infty}^{\infty} f(x)\mathrm{d}x=1 \tag{1-3-4}$$

由误差的正态分布规律可证明，$x=\pm\sigma$ 是曲线的两个拐点处的横坐标值。当 $x=0$ 时，由式(1-3-2)得

$$f(0)=\frac{1}{\sqrt{2\pi}\sigma} \tag{1-3-5}$$

由式(1-3-5)可见，某次测量若标准误差 σ 较小，则必有 $f(0)$ 较大，误差分布曲线中部将较高，两边下降就较快。总之，分布曲线较窄，表示测量的离散性小，精密度高。相反，如果 σ 较大，则 $f(0)$ 就较小，误差分布曲线的范围就较宽，说明测量的离散性大，精密度低，如图 1-3-2 所示。

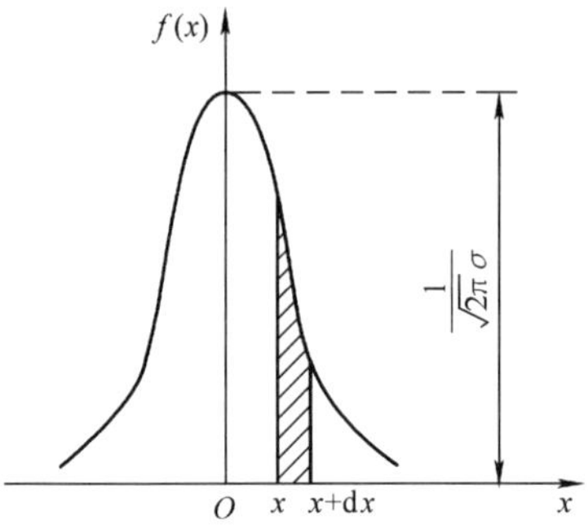

图 1-3-1　随机误差的正态分布曲线

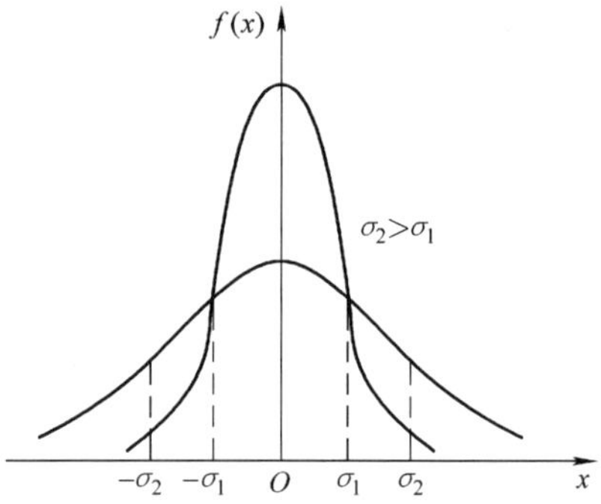

图 1-3-2　σ 对正态分布曲线的影响

2. 标准误差 σ 的统计意义

可以证明，标准误差 σ 可由下式表示

$$\sigma=\sqrt{\frac{1}{n}\sum_{i=1}^{n}(X_i-X_0)^2}\quad(n\to\infty) \tag{1-3-6}$$

式中　n——测量次数。

下面对统计特征量 σ 做进一步的研究。

由概率密度函数的定义式(1-3-2)，可计算出某次测量随机误差出现在 $[-\sigma,+\sigma]$ 区间的概率为

$$p_1 = \int_{-\sigma}^{+\sigma} f(x)\,\mathrm{d}x = 0.683 \tag{1-3-7}$$

同样可以计算出某次测量随机误差出现在[-2σ, $+2\sigma$]和[-3σ, $+3\sigma$] 区间的概率分别为

$$p_2 = \int_{-2\sigma}^{+2\sigma} f(x)\,\mathrm{d}x = 0.955 \tag{1-3-8}$$

$$p_3 = \int_{-3\sigma}^{+3\sigma} f(x)\,\mathrm{d}x = 0.997 \tag{1-3-9}$$

与以上三个积分式所对应的面积如图 1-3-3 所示。

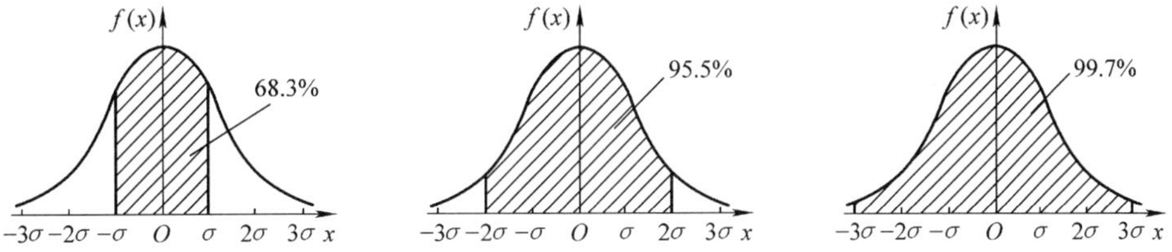

图 1-3-3　积分式所对应的面积

通过以上分析可以得出标准误差 σ 所表示的统计意义。对物理量 X 任做一次测量时，测量误差落在 $-\sigma$ 到 $+\sigma$ 之间的可能性为 68.3%，落在 -2σ 到 $+2\sigma$ 之间的可能性为 95.5%，而落在 -3σ 到 $+3\sigma$ 之间的可能性为 99.7%。由于标准误差 σ 具有这样明确的概率含义，因此国内外已普遍采用标准误差作为评价测量质量优劣的指标。

随机误差小于 3σ 的可能性是 99.7%，这给了我们一个启示：对于有限次测量，随机误差大于 3σ 的可能性是微乎其微的，如果出现这种情况就应引起注意，考虑是否测量失误，该测量值是否为“坏值”，若是则应予以剔除。所以把 3σ 称为随机误差的极限误差。

实际测量的次数 n 是不可能达到无穷多的，而且真值 X_0 也是未知的，因此计算标准误差 σ 的公式(1-3-6)只具有理论上的意义。那么，在对物理量 X 进行了有限次测量而真值 X_0 又未知的情况下，如何确定 σ 呢？

3. 测量列的算术平均值

由于随机误差的可抵偿性，即在相同的测量条件下对同一物理量进行多次重复测量，随机误差的算术平均值随着测量次数的增加而逐渐趋近于零，因此可以用增加测量次数的办法来减小随机误差。若用测量列 $(X_1, X_2, \cdots, X_n)$ 表示对物理量进行 n 次测量所得的测量值，那么每次测量的误差为

$$x_1 = X_1 - X_0$$
$$x_2 = X_2 - X_0$$
$$\cdots\cdots$$
$$x_n = X_n - X_0$$

将以上各式相加得

$$\sum_{i=1}^{n} x_i = \sum_{i=1}^{n} X_i - nX_0$$

由此可得

$$X_0 = \frac{1}{n}\sum_{i=1}^{n} X_i - \frac{1}{n}\sum_{i=1}^{n} x_i$$

由于

$$\lim_{n\to\infty}\sum_{i=1}^{n}x_i = 0$$

因此有

$$X_0 = \lim_{n\to\infty}\left(\frac{1}{n}\sum_{i=1}^{n}X_i - \frac{1}{n}\sum_{i=1}^{n}x_i\right) = \lim_{n\to\infty}\left(\frac{1}{n}\sum_{i=1}^{n}X_i\right)$$

而

$$\frac{1}{n}\sum_{i=1}^{n}X_i = \overline{X}$$

所以

$$X_0 = \lim_{n\to\infty}\overline{X}$$

可见，测量次数越多，算术平均值越接近真值。因此，可以用有限次重复测量的算术平均值作为真值的最佳估计值或近真值。

由于测量列的算术平均值只是最接近真值但不是真值，因此误差 $x_i = X_i - X_0$ 也是无法得到的。在实际测量的数据处理中，是用偏差来估算每次测量对真值的偏离。测量值与最佳估计值（近真值）的差称为偏差，其定义为

$$v_i = X_i - \overline{X} \quad (i = 1,2,\cdots,n) \tag{1-3-10}$$

4. 有限次测量的标准偏差

由于在有限次测量的情况下被测量的真值是不可知的，故由式(1-3-6)定义的标准误差 σ 也是无法计算的。但可以证明，当测量次数有限时，可以用标准偏差 S 作为标准误差 σ 的最佳估计值。S 的计算公式为

$$S = \sqrt{\frac{1}{n-1}\sum_{i=1}^{n}(X_i - \overline{X})^2} \tag{1-3-11}$$

有时也简称 S 为标准差，它具有与标准误差 σ 相同的概率含义。式(1-3-11)在实际测量中非常有用，称为贝塞尔(Bessel)公式，以后要经常用到。

5. 有限次测量算术平均值的标准偏差

对 X 的有限次测量的算术平均值也是一个随机变量。当对 X 进行多组的有限次测量时，各个测量列的算术平均值彼此总会有所差异，因此也存在标准偏差，这个标准偏差用 $S_{\overline{X}}$ 表示。为了将测量列的标准偏差 S 与平均值的标准偏差 $S_{\overline{X}}$ 加以区别，用 S_X 来表示式(1-3-11)定义的 S，即特指测量列的标准偏差。可以证明，$S_{\overline{X}}$ 与 S_X 具有下列关系：

$$S_{\overline{X}} = \frac{S_X}{\sqrt{n}} = \sqrt{\frac{1}{n(n-1)}\sum_{i=1}^{n}(X_i - \overline{X})^2} \tag{1-3-12}$$

对随机误差的处理，可以通过多次测量求平均来消减，并通过计算标准偏差来估算。

6. 坏值的剔除

在一列测量值中，有时会混有偏差很大的“可疑值”。一方面，“可疑值”可能是坏值，会影响测量结果，应将其剔除不用。另一方面，当一组正确测量值的分散性较大时，出现个别偏差较大的数据也是可能的，即“可疑值”也可能是正常值，如果人为地将它们剔除，也不合理。因此，要有一个合理的准则，判定“可疑值”是否为“坏值”。

判定测量值是否为“坏值”，可以采用拉依达准则、肖维涅准则、格拉布斯准则。下面介

绍普通物理实验中经常采用的肖维涅准则。

设重复测量的次数为 n，测量值 X_i 的标准偏差为 $S(X_i)$，肖维涅准则认为，如果满足 $|X_i-\overline{X}|>C(n)S(X_i)$，则认为 X_i 为坏值，应予以剔除。其中，$C(n)$ 为肖维涅系数，其值与测量次数 n 有关，表 1－3－1 给出了不同测量次数对应的 $C(n)$。从表中可以看到，测量次数越多，$C(n)$ 越大。需要注意的是，当 $n\leqslant 4$ 时，准则无效，所以表中的系数 n 从 5 开始。

表 1－3－1　肖维涅系数

n	5	6	7	8	9	10	11	12	13	14	15	16
$C(n)$	1.65	1.73	1.80	1.86	1.92	1.96	2.00	2.03	2.07	2.10	2.13	2.15
n	17	18	19	20	21	22	23	24	25	30	50	100
$C(n)$	2.17	2.20	2.22	2.24	2.26	2.28	2.30	2.31	2.33	2.39	2.58	2.81

1.4　系统误差的处理

系统误差较之随机误差的处理要复杂得多。这主要是由于在一个测量过程中，系统误差与随机误差是同时存在的，而且实验条件一经确定，系统误差的大小和方向也就随之确定了。在此条件下，进行多次重复测量并不能发现系统误差的存在。所以，发现系统误差的存在并不是一件容易的事，再进一步寻找其成因和规律以至消除或减弱它，就更为困难了。因此，在实验过程中，就不能像用处理随机误差那样的简单数学过程来处理系统误差，而只能靠实验工作者坚实的理论基础及娴熟的实验技术，遇到具体的问题要进行具体的分析和处理。

设法减小系统误差对初学者来说也并不是就束手无策。可以先从一些简单、明显的情况出发，一方面对系统误差加深认识，同时也学习一些简单的处理方法。随着知识的增长、经验的丰富，处理系统误差的能力就会得到不断的提高。下面结合几个具体例子来介绍处理简单系统误差的方法。

在物理实验中，可以把常见的系统误差分为两种：一种是可定系统误差，另一种是未定系统误差。

1. 可定系统误差的处理

可定系统误差的特点是，它的大小和方向是确定的，因此可以消除、减弱或修正。比如实验方法和理论的不完善、实验仪器零点发生偏移等引起的系统误差，就属于这种类型。

例 1－4－1　伏安法测电阻。

由于实验所用的电流表和电压表都具有内阻，因此用电压表的读数 U 和电流表的读数 I 代入公式 $R=U/I$ 来计算电阻，就会引入系统误差。如果认为电表的仪器误差可以忽略，那么，这个误差主要是由于测量方法所引起的，是一种可定的系统误差。为了减小这一误差，可采取几种不同的处理方法。

例如，如果采用伏安法测电阻，那就首先要将待测电阻的估计值或粗测值（如用万用表测得的值）与有关电表的内阻进行比较，然后决定采用电流表内接法还是外接法来减小系统误差。而如果用电桥平衡法测量电阻，就可以消除由于方法不当所引起的系统误差。除此之外，还可以从实验结果上加以修正，来消除由于系统误差的存在对结果的影响。

例 1－4－2　用单摆测重力加速度。

用单摆测重力加速度所依据的理论公式为

$$T=2\pi\sqrt{\frac{l}{g}} \tag{1-4-1}$$

这一公式是在摆角 θ 很小时近似成立的。若在实验中 θ 较大,就会明显地出现系统误差。为了减小此项系统误差,可以使用对单摆运动方程求解得到的关于周期的准确公式

$$T=2\pi\sqrt{\frac{l}{g}}\left(1+\frac{1}{4}\sin^2\frac{\theta}{2}+\frac{9}{64}\sin^4\frac{\theta}{2}+\cdots\right) \tag{1-4-2}$$

从上式可见,只有当 $\theta=0$ 时式(1-4-1)才严格成立。在 $\theta\neq0$ 时采用式(1-4-1),会存在系统误差。但在 θ 很小时(比如 $\theta<5°$)使用式(1-4-1)引起的系统误差就会较小。由此清楚了式(1-4-1)的使用条件,在实验中就要控制摆角的大小。

例 1-4-3 用天平测质量。

在用天平测质量时,往往认为天平是等臂的。但使用不太精密的天平时,总有微小的不等臂的因素存在。如果不考虑不等臂的影响,测量结果中就有系统误差存在。对这样的系统误差,往往通过一些灵活的实验方法或技巧就可以消除。例如可以采取交换法,即交换砝码与待测物体的左右位置后再称量一次,然后用取其算术平均值的办法来消除因天平不等臂所带来的系统误差。

2. *未定系统误差的处理*

实验中使用的各种仪器、仪表、各种量具,在制造时都有一个反映其准确程度的极限误差指标,习惯上称之为仪器误差,它是指在正确使用仪器的条件下,测量所得结果和被测量的真值之间可能产生的最大误差。仪器误差用 Δ_i 来表示,这个指标在仪器说明书中都有明确的说明。例如 50 g 的三等砝码,计量部门规定其极限误差为 2 mg,即 $\Delta_i=2$ mg。再如,电学实验中常用的电表,如果量程为 X_n,准确度等级为 α,则有 $\Delta_i=X_n\alpha\%$ 。一般来说,仪器误差是构成测量过程中未定系统误差的重要成分。

原则上讲,由于仪器的不准确而引起的系统误差,其大小和方向都应是确定的。那么,为什么还称其为未定的系统误差呢?其原因是,在使用某台仪器前,只知道 Δ_i,但这一指标只代表误差的极限范围。如上面提到的 50 g 的砝码,在使用中只知道其误差不会超过 2 mg,并未确切说是正还是负,也未说明大小到底是多少。如果想知道这些确切指标,必须用准确度等级较高的仪器进行校验。

实际上,随机误差与系统误差之间并不是一成不变的。它们之间在一定条件下是可以相互转化的。此外,随机误差与系统误差之间的区分有时也与时间因素有关。在短时间内基本上不变的误差显然可以视为系统误差。但随着时间的推移,很难避免受外界的随机因素影响,故上述误差有可能出现随机的变化,而使本来为恒定的误差转化为随机误差。但普通物理实验中所遇到的误差一般是最基本、较易区分的,因此在处理上也采取简单的、理想化的处理方法。

1.5 测量结果的不确定度

对一个量进行测量后,应给出测量结果,并要对测量结果的可靠性做出评价。根据定义,误差是评价测量结果的合适指标。但由于误差是指测量值与真值之差,而真值一般是无

法知道的,因此误差也是无法知道的。国际计量局于1980年提出《实验不确定度的规定建议书INC-1(1980)》,建议用“不确定度”(uncertainty)一词取代“误差”(error)来评定测量结果的质量。中国国家技术监督局颁布的于1992年10月1日实施的关于《测量误差及数据处理》的技术规范中明确提出了“对标准差以及系统误差中不可掌握的部分的估计,是测量不确定度评定的主要对象”,并对不确定度的计算方法做了比较详细的说明。不确定度是对被测量的真值会处在某个量值范围内的可能性的一种评定。因此,用它取代误差来评价测量结果,显得更科学、合理。在普通物理实验中,将采用不确定度来表示测量结果的可靠性。

1. 不确定度的基本概念

测量结果的不确定度简称为不确定度,它表示由于测量误差的存在而对测量结果不能确定的程度,是对被测量的真值所处量值范围的评定。不确定度给出了在被测量的平均值附近的一个范围,真值以一定的概率落在此范围中。不确定度越小,标志着测量结果与真值的误差可能值越小;不确定度越大,标志着测量结果与真值的误差可能值越大。

需要说明的是,不确定度和误差是两个不同的概念。误差表示测量结果对真值的偏离,是一个确定的值,而不确定度是表征测量值的分散性,表示一个区间。另外,由于真值是未知的,测量误差只是理想的概念,而不确定度则可以根据实验、资料、经验等信息进行定量确定。有误差才有不确定度的评定。不确定度大,不一定误差的绝对值也大。它们之间既有联系,又有本质区别,两者不能混淆。

2. 不确定度分量的分类及其性质

测量结果可能与多个量有关,所以测量结果的不确定度也可能来源于若干因素,这些因素对测量结果的不确定度形成若干分量。按照国际计量局关于《实验不确定度的规定建议书INC-1(1980)》中的评定方法,不确定度可分为两类。用不确定度来评价测量的结果,是将测量结果中可修正的可定系统误差修正以后,再将剩余的误差划分为可以用统计方法计算的A类不确定度和用非统计分析方法估算的B类不确定度。

(1)A类不确定度分量(简称A分量):指用统计的方法评定的不确定度分量,用S_i表示(脚标i代表A类不确定度的第i个分量)。

实际上,我们对A类不确定度分量并不陌生。因为计算这类分量时,就是直接对多次测量的数值进行统计计算,求其平均值的标准偏差。在物理实验中,A类不确定度主要体现在用统计的方法处理随机误差。

设对物理量X进行多次测量得到的测量列为$(X_1, X_2, \cdots, X_i, \cdots, X_n)$,则物理量$X$的不确定度的A分量可以直接用平均值的标准偏差来表征,即

$$S_{\overline{X}} = \sqrt{\frac{1}{n(n-1)}\sum_{i=1}^{n}(X_i - \overline{X})^2} \qquad (1-5-1)$$

(2)B类不确定度分量(简称B分量):指用非统计的方法评定的不确定度分量,用u_j表示(脚标j代表B类不确定度的第j个分量)。

B类不确定度分量在物理实验中主要体现在对未定系统误差的处理上。计算这类分量时不是直接对多次测量的数值进行统计计算,而是根据误差来源,先估算出此项的极限误差Δ_j,然后再根据该项误差服从的分布规律而确定出置信系数C,最后求出所对应的标准偏差作为该项不确定度的B分量,即

$$u_j = \Delta_j / C \tag{1-5-2}$$

在普通物理实验中，可将未定系统误差简化成实验所用的仪器误差。仪器误差也服从一定的分布规律，最常见的是正态分布和均匀分布。对误差服从正态分布的测量仪器，置信系数 C 取 3；而对误差服从均匀分布的测量仪器，置信系数 C 取$\sqrt{3}$。

所谓均匀分布是指在测量值的某一范围内，测量结果取任一可能值的概率相等，而在该范围外的概率为零。若对某类仪器误差的分布规律一时难以判断，则可近似地按正态分布处理。

在计算 B 类不确定度时，如果查不到该仪器的仪器误差，可取 Δ_j 等于分度值或其 1/2，或某一估计值，但要注明。

3. 合成不确定度

对同一量进行多次重复测量，测量结果一般都含有 A 类不确定度分量和 B 类不确定度分量。在简单的情况下，如各分量相互独立变化，则测量结果的合成不确定度可由下式表示：

$$\sigma = \sqrt{\sum_{i=1}^{m} S_i^2 + \sum_{j=1}^{n} u_j^2} \tag{1-5-3}$$

式中　m,n——A 类不确定度分量和 B 类不确定度分量的个数。

计算合成不确定度时，要注意式中的所有 A 类分量 S_i 和 B 类分量 u_j 必须是测同一物理量时的不确定度，否则合成不确定度就无意义。

4. 总不确定度

若以 c 表示置信因子，U 表示总不确定度，则按照国际计量局《实验不确定度的规定建议书 INC－1(1980)》中的方法有

$$U = c\sigma \tag{1-5-4}$$

置信因子是与误差分布及置信程度有关的一个概率系数。因此，求总不确定度时，应首先对分布形式做出假设和检验。当 c 取 1 时，总不确定度 U 的置信概率为 68.3%；当 c 取 2 时，总不确定度的置信概率为 95.5%；当 c 取 3 时，总不确定度的置信概率为 99.7%。一般来说，在测量结果的后面都要标明所对应的置信概率(只有 c 取 2 时可以不标)。

5. 相对不确定度

为表示测量的好坏，在测量结果中应表示出相对不确定度。相对不确定度是总不确定度 U 与最佳估计值的比值。例如，最佳估计值为$\overline{X}$，总不确定度为 U，则相对不确定度为

$$E = \frac{U}{\overline{X}} \times 100\% \tag{1-5-5}$$

相对不确定度越小，表示测量精度越高。

1.6　直接测量量的结果报道与评价

直接测量是将待测量与标准量进行直接比较，得到待测量的大小。为了减小误差，直接测量一个量一般要重复测量多次。

若对物理量 X 进行了多次等精度测量，假设可定的系统误差已经消除或修正，则为了既能反映测量结果又能反映其可靠程度，对物理量测量的最终结果应按如下形式表达：

$$X = \overline{X} \pm U \tag{1-6-1}$$

式中，$U = c\sigma$ 是总不确定度。在表达式的后面一定要注明测量单位。式(1－6－1)所表示

的统计意义是,被测量 X 的真值落在($\overline{X}-U,\overline{X}+U$)区间内的概率为由置信因子 c 确定的值。当置信因子 c 取 1 时,概率为 68.3%;当 c 取 2 时,概率为 95.5%;当 c 取 3 时,概率为 99.7%。而相对不确定度可以写为

$$E=\frac{U}{\overline{X}}\times 100\% \tag{1-6-2}$$

需要说明的是,通常约定总不确定度 U 取一位或两位(首位数为 1 时可取两位)有效数字(有效数字概念在后面讲到),测量结果平均值的最后一位与不确定度的最后一位对齐;相对不确定度取一位或两位有效数字;在截取尾数时,不确定度只入不舍,而测量平均值则按有效数字修约规则取舍。

1. 单次直接测量的不确定度

有时因条件所限不可能进行多次测量(如地震波强度);或者由于仪器精度太低,多次测量读数相同;或者对测量结果的精度要求不高等情况,往往只进行一次测量。

单次测量的结果表示为

$$X=X_1\pm U \tag{1-6-3}$$

$$E=\frac{U}{X_1}\times 100\% \tag{1-6-4}$$

式中 X_1——一次测量值;

U——总不确定度。

一次测量无法计算不确定度的 A 分量,故 U 的值仅由不确定度的 B 分量一项决定,即

$$U=c\sigma=c\Delta_i/C \tag{1-6-5}$$

仪器误差 Δ_i 参照国家标准规定的仪器、仪表和器具的准确度等级或允许误差范围,由生产厂家给出或由实验室结合具体测量方法和条件进行简化、约定。

例 1-6-1 用级别为 0.5 级、量程为 75 mV 的电压表测量某段电路的电压时,电压表指针指在 125.2 格(满刻度为 150 格),试写出该电压值的测量结果。

解 电压表仪器误差为

$$\Delta_i=0.5\%\times 75=0.375(\text{mV})$$

置信系数 C 值取$\sqrt{3}$,置信因子 c 取 2 时,总不确定度为

$$U=c\Delta_i/C\approx 0.433\approx 0.5(\text{mV})$$

单次测量值为

$$U_{测}=\frac{125.2}{150}\times 75=62.6(\text{mV})$$

则测量结果可表示为

$$U=(62.6\pm 0.5)\ \text{mV}$$

2. 相同条件下多次直接测量的不确定度

假定在相同条件下对某一物理量 X 的测量列为($X_1,X_2,\cdots,X_i,\cdots,X_n$),并假定测量中已定系统误差不存在或已修正,同时没有粗大误差,则多次测量的合成不确定度为

$$\sigma=\sqrt{S_{\overline{X}}^2+u^2} \tag{1-6-6}$$

其中

$$u=\Delta_i/C \tag{1-6-7}$$

此式是只考虑一种 A 分量和一种 B 分量时简化的合成不确定度。其中 $S_{\overline{X}}$可由下式计算:

$$S_{\overline{X}} = \sqrt{\frac{1}{n(n-1)}\sum_{i=1}^{n}(X_i - \overline{X})^2} \tag{1-6-8}$$

例 1-6-2 用 50 分度的游标卡尺测量某圆柱体的直径共 10 次，数据见表 1-6-1，试写出测量结果。

表 1-6-1 测量数据

次数	1	2	3	4	5	6	7	8	9	10
d/mm	19.78	19.80	19.70	19.78	19.74	19.76	19.72	19.68	19.80	19.72

解 直径测量数据的算术平均值为

$$\overline{d} = \frac{1}{10}\sum_{i=1}^{10} d_i = 19.75(\text{mm})$$

直径的算术平均值的标准偏差(即 A 类不确定度)为

$$S_{\overline{d}} = \sqrt{\frac{1}{10\times(10-1)}\sum_{i=1}^{10}(d_i - \overline{d})^2} = 0.014(\text{mm})$$

B 类不确定度为

$$u = \Delta_i / C = 0.02/\sqrt{3} \approx 0.012(\text{mm})$$

置信因子 c 取 1 时，总不确定度为

$$U = c\sigma = \sigma = \sqrt{S_{\overline{d}}^2 + u^2} = \sqrt{0.014^2 + 0.012^2} \approx 0.018 \approx 0.02(\text{mm})$$

则直径的测量结果可表示为

$$d = (19.75 \pm 0.02)\ \text{mm}$$

1.7 间接测量量的结果报道与评价

上一节我们学习了对直接测量量的结果的报道与评价方法，而在物理实验中遇到更多的还是对间接测量量的结果的报道与评价的问题。下面介绍间接测量量的测量结果的表示方法。

设间接测量量 Y 是各直接测量量 $X_1, X_2, \cdots, X_n$ 的函数，一般可写为

$$Y = F(X_1, X_2, \cdots, X_n) \tag{1-7-1}$$

各直接测量量的测量结果为

$$X_1 = \overline{X}_1 \pm U_1$$
$$X_2 = \overline{X}_2 \pm U_2$$
$$\cdots\cdots$$
$$X_n = \overline{X}_n \pm U_n$$

1. 用间接测量量的平均值作为其最佳估计值

可以证明，间接测量量的平均值可表示为

$$\overline{Y} = F(\overline{X}_1, \overline{X}_2, \cdots, \overline{X}_n) \tag{1-7-2}$$

上式表明，只需将各直接测量量的平均值代入函数表达式中，即可算出间接测量量的平均值。

进一步可以证明，在有限次测量的情况下，间接测量量的平均值即为其最佳估计值。因此，间接测量量的最终结果应按如下形式表达：

$$Y = \overline{Y} \pm U \tag{1-7-3}$$

$$E = \frac{U}{\overline{Y}} \times 100\% \tag{1-7-4}$$

2. 间接测量量不确定度的估算

为简单起见，假定决定间接测量量的各直接测量量 $X_1, X_2, \cdots, X_n$ 相互之间彼此独立。那么，由误差理论可以证明，间接测量量的总不确定度的计算公式为

$$U = \sqrt{\left(\frac{\partial F}{\partial X_1}\right)^2 U_1^2 + \left(\frac{\partial F}{\partial X_2}\right)^2 U_2^2 + \cdots + \left(\frac{\partial F}{\partial X_n}\right)^2 U_n^2} \tag{1-7-5}$$

相对不确定度的计算公式为

$$E = \sqrt{\left[\frac{\partial(\ln F)}{\partial X_1}\right]^2 U_1^2 + \left[\frac{\partial(\ln F)}{\partial X_2}\right]^2 U_2^2 + \cdots + \left[\frac{\partial(\ln F)}{\partial X_n}\right]^2 U_n^2} \tag{1-7-6}$$

根据间接测量量 Y 与各直接测量量 $X_1, X_2, \cdots, X_n$ 的函数关系，以上两式在具体应用时可以这样来考虑：若 Y 与 $X_1, X_2, \cdots, X_n$ 主要是加减的关系，则先计算 U 再计算 E；若 Y 与 $X_1, X_2, \cdots, X_n$ 主要是乘除的关系，则先计算 E 再根据 $E = U/\overline{Y}$ 的关系计算 U。不论是哪一种方法，都应先推导出不确定度的具体表达式，然后再代入各直接测量量的有关数据进行计算。

间接测量量的结果表示过程可归纳为以下几个步骤：

(1) 计算各直接测量量的平均值 $\overline{X}_1, \overline{X}_2, \cdots, \overline{X}_n$；

(2) 计算出各直接测量量的总不确定度 $U_1, U_2, \cdots, U_n$；

(3) 将各直接测量量的平均值代入式(1-7-1)中算出间接测量量的平均值 $\overline{Y}$；

(4) 将各直接测量量的平均值与总不确定度代入式(1-7-5)和式(1-7-6)中，计算间接测量量的总不确定度 U 和相对不确定度 E；

(5) 按式(1-7-3)和式(1-7-4)的形式写出测量结果，并标明测量结果的置信概率。

为了便于处理实验数据，现将一些常用函数的不确定度传递公式列于表1-7-1中。

表1-7-1　常用函数的不确定度传递公式

函数关系式 $f=f(x,y,\cdots)$	不确定度传递公式
$f=x+y$	$U=\sqrt{U_x^2+U_y^2}$
$f=x-y$	$U=\sqrt{U_x^2+U_y^2}$
$f=xy$	$E=\frac{U}{\bar{f}}=\sqrt{\left(\frac{U_x}{\bar{x}}\right)^2+\left(\frac{U_y}{\bar{y}}\right)^2}$
$f=\frac{x}{y}$	$E=\frac{U}{\bar{f}}=\sqrt{\left(\frac{U_x}{\bar{x}}\right)^2+\left(\frac{U_y}{\bar{y}}\right)^2}$
$f=\frac{x^k y^m}{z^n}$	$E=\frac{U}{\bar{f}}=\sqrt{k^2\left(\frac{U_x}{\bar{x}}\right)^2+m^2\left(\frac{U_y}{\bar{y}}\right)^2+n^2\left(\frac{U_z}{\bar{z}}\right)^2}$
$f=kx$	$U=kU_x, E=E_x=\frac{U_x}{\bar{x}}$
$f=\sqrt[k]{x}$	$E=\frac{1}{k}E_x=\frac{1}{k}\frac{U_x}{\bar{x}}$
$f=\sin x$	$U=\lvert\cos x\rvert U_x$
$f=\ln x$	$U=\frac{U_x}{\bar{x}}$

例 1－7－1 已知质量 $m=(213.04\pm0.05)$ g，$p=68.3\%$ 的铜圆柱体，用 0～125 mm、分度值为 0.02 mm 的游标卡尺测量其高度 h 六次，用 0～25 mm 千分尺测量其直径 D 六次，将其测量值列入表 1－7－2，求铜的密度。

表 1－7－2 测量数据

次数	1	2	3	4	5	6
高度 h/mm	80.38	80.37	80.36	80.38	80.36	80.37
直径 D/mm	19.465	19.466	19.465	19.464	19.467	19.466

解 铜的密度 $\rho=\dfrac{4m}{\pi D^2 h}$，$\rho$ 是间接测量量。由题意知，质量 m 是已知量，直径 D、高度 h 是直接测量量。

（1）高度 h 的最佳值及不确定度

$$\bar{h}=80.37(\text{mm})$$

$$S_{\bar{h}}=\sqrt{\frac{1}{6\times(6-1)}\sum_{i=1}^{6}(h_i-\bar{h})^2}=0.003\,6(\text{mm})$$

游标卡尺的示值极限误差 $\Delta_m=0.02$ mm，因此得

$$U_h=\sqrt{S_{\bar{h}}^2+\left(\frac{\Delta_m}{\sqrt{3}}\right)^2}=0.012(\text{mm})\quad（中间运算，多取一位）$$

（2）直径 D 的最佳值及不确定度

$$\bar{D}=19.465\,5(\text{mm})$$

$$S_{\bar{D}}=\sqrt{\frac{1}{6\times(6-1)}\sum_{i=1}^{6}(D_i-\bar{D})^2}=0.000\,45(\text{mm})$$

一级千分尺的示值极限误差 $\Delta_m=0.004(\text{mm})$，因此得

$$U_D=\sqrt{S_{\bar{D}}^2+\left(\frac{\Delta_m}{\sqrt{3}}\right)^2}=0.002\,4(\text{mm})$$

（3）密度的算术平均值

$$\bar{\rho}=\frac{4\,\bar{m}}{\pi\,\bar{D}^2\,\bar{h}}=8.907(\text{g/cm}^3)$$

（4）密度的不确定度

$$E_\rho=\frac{U_\rho}{\rho}=\sqrt{\left(\frac{U_m}{\bar{m}}\right)^2+\left(2\frac{U_D}{\bar{D}}\right)^2+\left(\frac{U_h}{\bar{h}}\right)^2}=\sqrt{\left(\frac{0.05}{213.04}\right)^2+\left(2\times\frac{0.002\,4}{19.466}\right)^2+\left(\frac{0.012}{80.37}\right)^2}=0.037\%$$

因此得

$$U_\rho=\bar{\rho}\cdot E_\rho=8.907\times0.037\%=0.003\,3(\text{g/cm}^3)$$

（5）密度测量的最后结果的表示

$$\rho=(8.907\pm0.004)(\text{g/cm}^3)\quad(p=68.3\%)$$

$$E_\rho=0.037\%$$

1.8 有效数字及其运算

1. 有效数字的概念

有效数字是表示测量或计算结果的数字。测量结果的第一位非零数字起到最末一位可疑数字为止的全部数字，统称为测量结果的有效数字。有效数字由几位可靠数字和最后一位可疑数字组成。例如，测长度用的米尺的最小分度是 1 mm，用它测量某物体的长度，可以读出 35. 8 mm，35. 7 mm 或 35. 9 mm，前两位数“35”可以从米尺上直接读出，是确切的，称之为“可靠数字”，而第三位数是测量者靠眼睛分辨估读出来的，可能因人而异，是有疑问的，称之为“可疑数字”。在测量中，记录到的可靠数字和末位的可疑数字均为有效数字。有效数字的意义在于它的位数能反映所使用仪器和测量的精度，表示了测量所能达到的准确程度。

对有效数字的处理应遵循以下几个原则。

（1）直接测量值的有效数字读取。这里主要指实验中记录原始测量数据时有效数字位数的确定。对于直接测量，测量结果的有效数字的位数与测量仪器的最小分度值有密切关系。一般来说，必须读到仪器最小分度值的下一位。当然，这最后一位的数字是估计出来的。如用米尺（最小分度 1 mm）测量某物体的长度，若它的末端正好与 189 刻度线相重合，这时就必须把测量结果记为 189. 0 mm 而不能笼统地记为 189 mm。从数字的概念上看，189. 0 与 189 是一样大的数值，前者小数点后面的“0”似乎没有保留的价值，但从测量及其不确定度的角度来看，它却表示了测量进行到了这一位，只不过把它估计为“0”而已。因此，“189. 0 mm”既准确地表达了测得的数值，又粗略地反映了测量的精确程度。

（2）有效数字的单位换算规则。改变有效数字单位时只能改变有效数字中的小数点位置，而有效数字的位数应保持不变。例如，长度 30. 50 mm 是四位有效数字，若改用以 m 为单位，则应写为 0. 030 50 m。由于非零数字之前的“0”不算有效数字，而在非零数字之间或之后的“0”都是有效数字，因此，这时有效数字 0. 030 50 的位数仍为四位。如需改为以 μm 为单位，不能把上例中的长度写成 30 500 μm，因为这就无故增加了有效数字的位数。遇到对某一单位变换使得数值过大或过小时，必须用科学记数法表达，即把数字写成 10 的方幂的形式。如本例中的 30. 50 mm 可以写成 3.050×10^{-2} m 或 3.050×10^{4} μm，这样就保证了换算前后有效数字的位数是一致的。

（3）不确定度的有效数字位数的取法。一般情况下，测量结果不确定度的有效数字位数只取一位，若首位是 1 时取两位；相对不确定度为百分数，一般也只取一两位。在一些精确测量和重要测量结果中，不确定度的有效数字可以多取 1 到 2 位，应视具体情况而定。

（4）测量结果的有效数字规则。无论直接或间接测量的结果，都由两部分构成，即平均值部分和不确定度部分。无论在计算过程中平均值保留了多少位有效数字，在最后表示测量结果时，平均值部分的有效数字位数取舍都必须以不确定度的有效数字为准。其规则为：平均值保留的末位必须与不确定度所在的位对齐。如测某长度的平均值为 13. 891 mm，不确定度为 0. 05 mm，则最后结果应写为 (13.89 ± 0.05) mm。

2. 有效数字的修约规则

测量结果及其不确定度同所有数据一样，都只取有限位，多余的位应予修约。过去对有效数字的尾数采用“四舍五入”的规则来修约，其结果是“入”的机会大于“舍”的机会，引起最后结果偏大。为了弥补这一缺陷，目前对有效数字的修约普遍采用如下规则。

（1）拟舍弃数字部分的最高一位数字小于 5 时，则该部分舍去，保留的各位数字不变。例如，将数字 15. 129 保留到 1 位小数，拟舍弃的数字部分为 29，因其最高位的数字为 2（小于 5），则最后结果为 15. 1。

（2）拟舍弃数字部分的最高一位数字大于 5，或等于 5 但其后跟有并非全部为 0 的数字时，则向上一位进 1，即可留的末位数字加 1。例如，将数字 3 568 保留两位有效数字，拟舍弃的数字部分为 68，其最高位的数字为 6（大于 5），则进 1，最后结果应写为 3.6×10^3。又如，将数字 10. 502 保留到个位数，拟舍弃的数字部分为 502，因其最高位的数字为 5 且其后跟有并非全部为 0 的数字（02），则进 1，即保留的个位数字加 1，最后结果为 11。

（3）拟舍弃数字部分的最高一位等于 5，而后边无数字或皆为 0 时，是否进位要看前一位数字的奇偶性。若拟舍弃数字的前一位数字为奇数（1，3，5，7，9）则进 1，为偶数（2，4，6，8，0）则舍去。例如，将数字 8. 531 5 修约到 3 位小数，拟舍弃的数字为 5 且后边无数字，但其前一位数字为奇数（1），则进 1，最后结果为 8. 532。又如，将数字 3. 128 500 修约到 3 位小数，拟舍弃的数字为 500 且 5 右边的数字皆为 0，但其前一位数字为偶数（8），则舍弃，最后结果为 3. 128。

以上关于有效数字的修约规则可用口诀记忆为“5 下舍去 5 上入，整 5 前位凑偶数”。

（4）对不确定度是只入不舍。

3. *有效数字的运算规则*

有效数字是由可靠数字与可疑数字两部分组成的，当两个有效数字进行运算时，应遵循下面几个原则。

（1）可靠数字与可靠数字相运算，其结果仍为可靠数字。

（2）可靠数字与可疑数字或可疑数字之间相运算，其结果均为可疑数字。

（3）运算的结果只保留一位可疑数字，末尾多余的可疑数字取舍时，应根据有效数字修约规则进行。

（4）在运算中，常数、无理数、π、$\sqrt{2}$以及常系数，如 2、1/2 等的位数可以认为是无限多的。

例 1－8－1 有效数字的加、减运算（数字下面加下画线的代表可疑数字）。

$$\begin{array}{rr} & 97.\underline{4} \\ + & 6.23\underline{8} \\ \hline & 103.\underline{6}3\underline{8} \end{array} \qquad\qquad \begin{array}{rr} & 21\underline{7} \\ - & 14.\underline{8} \\ \hline & 20\underline{2}.\underline{2} \end{array}$$

结果应写为 103. 6　　　　　　结果应写为 202

可见，两个有效数字相加、减时，所得结果的有效数字的最后一位数应与参加运算的数据中可疑数字最靠左的有效数字位取齐，余下的尾数按有效数字的修约规则处理。

例 1－8－2 有效数字的乘、除运算。

乘除运算时，以参与运算的各数中有效数字位数最少的为准，将其他数据按有效数字修约规则取齐后进行运算。这样做可以避免无意义的冗长运算。

$$2.386\times5.97\div8.5=1.676$$

由于三个数中 8. 5 的有效位数最少，只有两位，故结果应保留两位有效数字，记为 1. 7。

(5)函数的有效数字运算规则。

①幂的运算。乘方、开方的有效数字,与原数有效数字位数相同。

②对数运算。对于以 10 为底的对数,结果的小数点后面的位数与原数的有效数字位数相同。

对于以“e”为底的对数(自然对数),结果的有效数字位数与原数的有效数字位数相同。

③指数运算。指数(包括 10^x、e^x形式)函数运算后的有效数字的位数可与指数的小数点后的位数相同(包括紧接小数点后的“0”)。

如 $10^{3.25}=1\ 778.279$,可取成 1.8×10^3。因为指数 3.25 小数点后有两位,故结果也取两位有效数字,并根据修约规则进行进位。

④三角函数运算。三角函数结果中有效数字的取法可采用试探法,即将自变量可疑位上下波动一个单位,观察结果在哪一位上波动,则函数结果的可疑位就取在该位上。

上述只是对一些常用简单运算的描述,一般情况下是成立的,但并不十分严密。严格的有效数字的位数应根据不确定度传递公式,由结果的不确定度来确定。

有效数字及其运算是每一个实验都要遇到的问题,因此,实验者必须养成按有效数字及其运算规则进行读数、记录及处理和表示运算结果的习惯。在普通物理实验中,由于处理的数据相对较少又不要求太高的精度,因此,实验结果的不确定度取 1 ~ 2 位有效数字即可。在中间运算过程中,为了避免由于舍入带来较大的附加误差,有效数字的位数可多保留 1 ~ 2 位,但最后结果的有效数字位数必须与不确定度相适应,不可多取,也不能少取。

第 2 章　物理实验中的基本测量和数据处理方法

物理实验一般都离不开物理量的测量。物理测量泛指以物理理论为依据，以一定的实验装置和实验技术为手段获取物理量量值的过程。待测物理量可包括力学量、热学量、电磁学量和光学量等。物理量的测量方法非常多，对于同一物理量通常有多种测量方法。本章将对物理实验中的几种基本测量方法做概括性的介绍，并适当介绍普通物理实验中进行数据处理的几种常用方法。

2.1　基本测量方法

1. 比较法

比较法是物理量测量中最普遍、最基本的测量方法，它通过将被测量与标准量直接或间接地进行比较而得到被测量的量值。比较法可分为直接比较法和间接比较法两类。

1）直接比较法

直接比较法是将待测量与同类物理量的标准量具或标准仪器直接进行比较测出其量值的方法。这种方法所使用的测量仪器，通常是直读式，它所测量的物理量一般为基本量。例如，用米尺、游标卡尺和螺旋测微计测量长度，用秒表测量时间，用伏特计测量电压等。仪表刻度预先用标准仪器进行分度和校准，测量人员只需根据指示值乘以测量仪器的常数或倍率，就可以知道待测量的大小，无须做附加的操作或计算。由于测量过程简单方便，在物理量测量中应用最为广泛。

2）间接比较法

对于一些难以直接比较测量的物理量，需要通过物理量之间的函数关系，将待测量与同类标准量进行间接比较，求出其值。图 2－1－1 为应用欧姆定律将待测电阻 R_x 与一个可调节的标准电阻 R_s 进行间接比较的测量示意图。若电源输出电压 U 保持不变，调节标准电阻 R_s，使开关 S 分别接在“1”和“2”两个位置时，电流表指示值不变，则

$$R_x = R_s = \frac{U}{I}$$

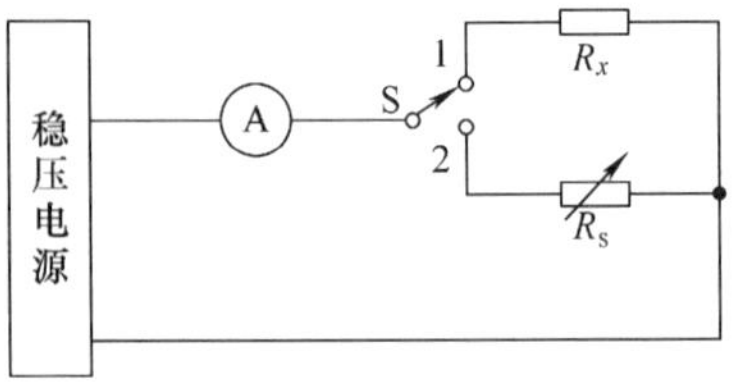

图 2－1－1　间接比较法示意图

再如，在示波器中利用李萨如图形测量电信号的频率，就是将待测频率的正弦信号与标准频率的正弦信号分别输入示波器的两个偏转板，当两个信号的频率相同或成简单整数比时，利用形成的稳定的李萨如图形间接比较它们的频率，就可由标准信号频率求出待测信号的频率。

2. 放大法

物理实验中经常需要测量一些微小物理量，当待测量非常小，以至于无法被实验者或仪表直接感觉和反应时，可以设计相应的实验装置或采用适当的方法，将待测量放大后再进行

测量。放大法可显著提高实验的可观察度和测量精度，是物理实验中常见的基本测量方法。放大待测量所用的原理和方法有很多种，如机械放大法、电子放大法、光学放大法和累积放大法等。

1）机械放大法

机械放大法最常见的是螺旋放大法。螺旋测微计和读数显微镜都是利用螺旋放大法进行精密测量的，其放大原理是将沿轴线方向的微小位移，通过螺旋用半径较大的鼓轮圆周上的较大弧长精确地表示出来，从而大大提高了测量精度（可提高100倍以上）。这种放大方法除了用在螺旋测微计上外，还在迈克尔逊干涉仪等高精度测量仪器或系统中被采用。

另外，各种指针式电表中也应用了机械放大法，即通过加大指针的长度，将电表中线圈转子受力后的偏转转化为容易读取的数据。

2）电子放大法

电学实验中经常需要测量微弱的电信号（如电流、电压、功率等），或者利用微弱的电信号去控制某些机构的动作。这时必须用电子放大器将微弱信号进行适当的放大处理后，才能利用普通的仪器有效地进行观察、测量和控制，这就是电子放大法。采用适当的微电子电路和电子器件（如三极管、运算放大器等）很容易实现微弱电信号的放大。

3）光学放大法

常用的光学放大法有视觉放大和微小物理量（微小长度、微小角度）放大两种。

视觉放大法是使被测物通过光学装置形成放大像，便于观察和判别，而测量时仍以常规测微长度仪器进行。例如放大镜、显微镜、望远镜等都属于放大视角的仪器，它们只是在观察中放大视角，并非实际尺寸的变化，因此不会增加误差。许多精密仪器都在最后的读数装置中添加一个视角放大装置以提高测量精度。

微小物理量放大是使用光学装置将待测微小物理量进行间接放大，通过测量放大后的物理量来获得微小物理量。例如，测量微小长度和微小角度变化的光杠杆镜尺法，即是第二种光学放大法的应用。光杠杆的放大原理还在高灵敏度的电表中得到应用，如冲击电流计、灵敏电流计等。

4）累积放大法

把数值变化相等的微小量累积，达到便于用比较法测量的大小后，再用比较法测出累积值，然后再除以累积倍数求得微小量的值，这种方法即为累积放大法。采用累积放大法可大大提高测量精度。

例如，单摆摆长不长时，周期 T 很小，不便用秒表直接测量。这时若累积测100个周期的总时间即 $t=100T$，则 t 是可以测准的。然后再由 $T=t/100$ 就可以较准确地求得待测微小时间（单摆的周期 T）。

3. 补偿法

补偿法是通过调节一个或几个与被测物理量有已知平衡关系（或已知其值）的同类标准物理量，去抵消（或补偿）被测物理量的作用，使系统处于补偿（平衡）状态。处于补偿状态的测量系统中，被测量与标准量具有明确的关系，由此可测得被测量值，这种测量方法称为补偿法。补偿法的特点是测量系统中包含有标准量具，还有一个指零部件。在测量中，被测量与标准量直接比较，测量时可调整标准量，使标准量与被测量之差为零，这个过程称为补偿或平衡操作。

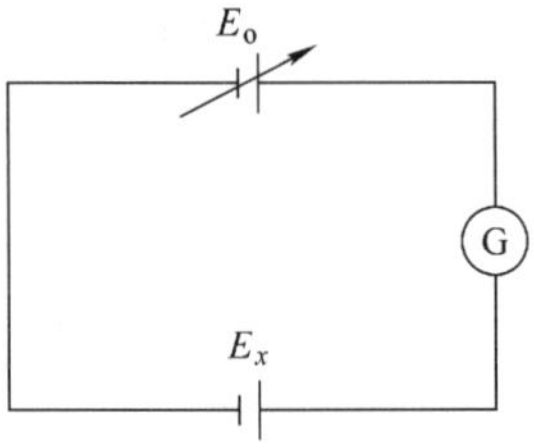

图 2-1-2　补偿法测电动势

图 2-1-2 是一种用补偿法测量电动势的典型原理图。图中 E_0 为连续可调的标准电源，E_x 为待测电源，G 为检流计。调节 E_0 的大小使检流计 G 指零，此时电路处于补偿状态，即 $E_x = E_0$，从而可以测出待测电源的电动势。

同样，在用惠斯通电桥测电阻、电位差计测电动势等实验中都运用了补偿原理，在此不再详述。

采用补偿法进行测量的优点是，可以消除或校正一些恒定系统误差，获得比较高的测量精度。如光学实验中为防止由于光学器件的引入而影响光程差，在光路中常人为地配置光学补偿器来抵消这种影响。在迈克尔逊干涉仪中设置的补偿板就是一种光学补偿器。

4. 模拟法

人们在研究物质运动规律、各种自然现象和进行科学研究及解决工程技术问题时，经常会遇到一些特殊情况，例如由于研究对象过分庞大或微小，变化过程非常迅速或非常缓慢，所处环境太危险等情况，以致对这些研究对象难以进行直接研究和实地测量。在这种情况下，实验者可以依据相似的理论，在实验室中模仿实际情况，人为地制造一个类同于研究对象的物理现象或过程的模型，通过对模型的测试代替对实际对象的测试来研究变化规律，这种方法称为模拟法。模拟法可分为物理模拟和数学模拟两类。

1）物理模拟法

物理模拟法就是使人为制造的模型与实际研究对象保持相同的物理本质的模拟。例如，为研制新型飞机在空中高速飞行时的动力学特性，通常先制造一个与实际飞机几何形状相似的模型，将此模型放入风洞（高速气流装置），创造一个与原飞机在空中实际飞行极为相似的物理过程，通过对飞机模型受力情况的测试，便可方便地在较短的时间内以较小的代价取得可靠的有关数据。

2）数学模拟法

数学模拟法是指对两个物理本质完全不同，但具有相同的数学形式的物理现象或过程的模拟，又称类比。例如，静电场与稳恒电流场本来是两种不同的场，但这两种场所遵循的物理规律具有相同的数学形式，因此可以用稳恒电流场来模拟难以直接测量的静电场，用稳恒电流场中的电位分布来模拟静电场的电位分布。

把上述两种模拟法很好地配合使用，就能更见成效。随着计算机技术的不断发展和广泛应用，人们可以通过计算机模拟实验过程，并能将以上两种方法很好地结合起来，从而可以预测可能的实验结果，这是一种新的模拟方法——人工智能模拟。

模拟法是一种简单易行的测试方法，在现代科学研究和工程设计中广泛地应用。例如，在发展空间科学技术的研究中，通常先进行模拟实验，获得可靠的必要实验数据。模拟法在水电建设、地下矿物勘探、电真空器件设计等方面也都有重要应用。

5. 干涉法

干涉法是应用相干波产生干涉时所遵循的规律进行有关物理量测量的方法。通常用机械波（如声波）、光波、无线电波等产生干涉。其中以光波干涉应用最广，主要用来测量长度、角度、波长、气体或液体的折射率和检测各种光学元件的质量等。

利用劈尖干涉法进行测量及检测是比较简单且常见的一种方法。如图 2-1-3 所示，它是以光的等厚干涉原理为基础的。利用它一方面可以测量细丝(也可以是其他微小厚度的物体)的直径,即将待测的细丝放在两块平板玻璃间的一端,由此形成劈尖形空气隙。当用波长为 λ 的单色光垂直照射在玻璃板上时,在空气隙的上表面形成一组平行于劈尖棱边的明暗相间的等间距干涉条纹。并且,两相邻明(或暗)条纹所对应的空气隙厚度之差为半个波长。因此,若劈尖的棱边到细丝所在处的总长度为 L,单位长度中所含条纹数为 n,则细丝的直径为

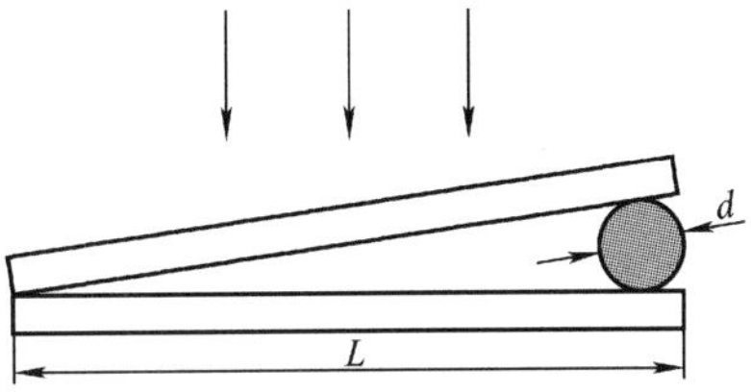

图2-1-3 劈尖干涉

$$d = nL\frac{\lambda}{2}$$

另一方面,劈尖干涉法还可以用来检测光学表面的平整度,即将待测表面与一块标准平板光学玻璃构成劈尖,当用单色光垂直照射时,观察其形成的等厚干涉条纹,若条纹产生弯曲,则说明待测表面在该处不平整。

除此以外,依照干涉原理还可以制作出许多其他用途的干涉仪。如精密测长用的迈克尔逊干涉仪,用来测定折射率的折射干涉仪,测天体用的天体干涉仪,工业上用来测定机件光学面光洁度的显微干涉仪等。

6. 转换法

在实验中,有很多物理量,由于其自身属性的关系,难于用仪器、仪表直接测量,或因条件所限,无法提高测量的准确度。为此,可根据物理量之间的定量关系和各种效应把不易测量的物理量转化成易于测量的物理量进行测量,之后再反过来求待测物理量的值,这种测量方法称为转换法。

转换法一般可分为参量换测法和能量换测法两大类。

1)参量换测法

参量换测法就是利用物理量之间的相互关系,实现各参量之间的变换,以达到测量某一物理量的目的。通常利用这种方法将一些不能直接测量的或是不易测量的物理量转换成其他若干可直接测量或易于测量的物理量进行测量。例如,对金属丝弹性模量的测量,就可以根据胡克定律转化成应力与应变量的测量。

2)能量换测法

能量换测法就是利用物理学中的能量守恒定律以及能量具体形式上的相互转换规律进行转换测量的方法。

由于电学量测量方便、迅速,易于实现,加之电信号易于放大、处理、存储和远距离传输,所以最常见的能量转换法是将待测物理量的测量转换为电学量的测量(亦称为非电量电测法),从而形成非电量电测技术。

非电量电测系统一般包括传感器、测量电路、放大器、指示器、记录仪等部分。其中,最关键的部件是实现变量转换的器件——传感器,它能以一定的精确度把非电量转换为电子放大、计算、显示等装置能测量的电信号。传感器种类很多,如电阻式、电感式、磁电式、压电式、热电式、光电式等。

由于非电量电测技术有测量精度高、反应速度快、能自动连续测量、便于远距离测量等

优点，其应用领域越来越广。下面介绍几种常用的非电量电测方法。

1）热电换测

热电转换是将热学量通过热电传感器转换成电学量测量。例如，利用温差电动势原理，将材料温度的测量转换成热电偶的温差电动势的测量；利用材料的电阻温度特性，将温度的变化转换成热敏电阻的阻值变化的测量等。

2）压电换测

压电转换通常是利用材料的压电效应来实现压力和电压间的变换，压电陶瓷片和压力传感器即属于这种转换器件。常见的电子秤就是一种应用。另外，话筒和扬声器也是大家所熟悉的这种传感器。话筒把声波的压力变化转换为相应的电压变化，而扬声器则进行相反的转换，即把变化的电信号转换成声波。利用这种转化方法，还可以用电学仪器测量声压、声速、声频率等物理量。

3）磁电换测

这是一种利用电磁感应原理或霍尔效应将被测量（如位移、转速、压力、磁场、速度等）转换成电动势的转换测量。由于测量原理的不同，磁电转换法常用的传感器有磁电感应式传感器和霍尔式传感器两种。其中磁电感应式传感器由于测量原理的限制，只适用于动态测量，可直接测量振动物体的速度和旋转物体的角速度。如果在其测量电路中接入积分电路或微分电路，就可用来直接测量位移或加速度。常用的霍尔元件、磁敏电阻等典型的磁敏元件，可直接用于磁场的测量。

4）光电换测

这是一种将光通量变换为电学量的转换测量法，其变换的原理是光电效应。常用的转换器件有光电管、光电倍增管、光电池、光敏二极管等，应用这些光电元件，可以把光学测量转变为电学测量。各种光电转换器件在控制和测量系统中已获得相当广泛的应用。近年来又广泛用于光通信和计算机的光输入设备等等。

转换测量法种类繁多、应用广泛。在设计与使用时应注意以下几点。

（1）首先要确定变换原理和参量关系式的正确性。

（2）传感器要有足够的输出量和稳定性，便于放大或传输。

（3）判明在变换过程中是否伴随其他效应；若有，则必须采取措施进行补偿或消除。

（4）要考虑变换系统和测量过程的可行性和经济效益。

2.2 实验数据处理的基本方法

物理实验除了对物理量进行测量外，通常还要研究几个物理量之间的相互关系及变化规律，以便从中找出它们之间的内在联系和确定的关系。因此，通常需要将实验中记录下来的原始数据经过适当的处理和计算，才能反映出物理量的变化规律或得出测量值。这样，对实验数据正确的记录、合理的分类、必要的处理、画出物理量变化的图线以及由图线上求出一些有用的参数等将是非常必要的。下面介绍普通物理实验中数据处理的列表法、图示法、图解法、逐差法、最小二乘法等。

1. 列表法

有时实验的观测对象是互相关联的两个（或两个以上）物理量之间的变化关系。在这一类实验中，通常是控制其中一个物理量，使其依次取不同的值，从而观测另一个物理量所取的对应值，得到一组 $x_1,x_2,\cdots,x_n$ 和另一组对应的 $y_1,y_2,\cdots,y_n$ 值。对于这两组数据，可以将其记录在适当的表格中，以直观地显示它们之间的关系，这种实验数据处理方法称为列表法。

列表是有序记录原始数据的必要手段，也是用实验数据显示函数关系的原始方法。在记录和处理数据时，将数据列成表，不但可以粗略地看出有关量之间的变化规律，还便于检查测量结果和运算结果是否合理。数据列表记录和处理时，应遵循下列原则：

(1)在表格的上方写出表格的序号和标题；

(2)各栏目均应标明物理量的名称和单位；

(3)列入表中的主要是原始数据，有时处理过程中的一些重要的中间运算结果也可列入表中，表格中的数据应用有效数字填写；

(4)若是有函数关系的测量数据，则应按自变量由小到大或由大到小的顺序排列。

例 2-2-1 列表表示伏安法测电阻的测量数据。

解 由小到大依次将测量的电流值和电压值列入表 2-2-1 中。

表 2-2-1 伏安法测电阻的测量数据

电压/V	0.00	1.00	2.00	3.00	4.00	5.00	6.00	7.00	8.00	9.00
电流/mA	0.00	0.50	1.02	1.49	2.05	2.51	2.98	3.52	4.00	4.48

2. 图示法

利用曲线表示被测物理量以及它们之间的变化规律，这种方法称为图示法。它比用表格表示数据更形象、更直观。如上面表格中电压和电流之间的关系就可用图 2-2-1 的曲线表示。

1)图示法的优点

(1)各物理量之间的关系和变化规律可由曲线直观地反映出来。图 2-2-1 就清楚地表明，电阻上的电流与电压呈线性关系。其他如函数的周期变化关系、最大值、最小值、转折点等，用曲线表示，便可一目了然。

(2)在所作曲线上可直接读出非测量点处的某些数据，在一定条件下还可以从曲线的延伸部分外推读得测量范围以外的数值。

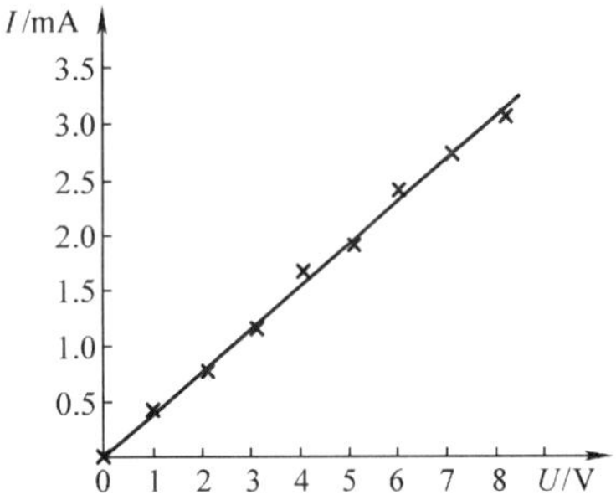

图 2-2-1 电阻伏安关系曲线

(3)从所作曲线的斜率、截距等量还可求出某些其他的待测量。例如，通过求出图 2-2-1 中直线的斜率，取其倒数就可得知电阻 R 的大小。

2)实验曲线的作图程序及注意事项

(1)选择种类合适的坐标纸。物理实验中作图必须用坐标纸，常用坐标纸有直角坐标纸、对数坐标纸、极坐标纸等，应根据要表示的函数性质正确选用。

(2)选取坐标轴并标出各轴所代表的物理量及其单位，即标明坐标轴的名称。一般以横轴代表自变量，纵轴代表因变量。

(3)根据实验数据的分布范围确定坐标轴的起始点(原点)与终值。起始点不一定从零开始。

(4)选取合适的坐标分度值，在坐标轴上标出各整数标度。一般来说，应该使坐标轴的最小格所代表物理量的数值与实验数据有效数字中最后一位可靠数字对应，以保证数据中的有效数字都能在图上得到正确的反映，而不至于在作图过程中降低实验的准确度。

(5)检查一下这样选定的坐标轴标度范围比例是否恰当。一般来说，应该使实验曲线充分占据全部图面。如果实验曲线只是一条直线，应尽量使它的倾角接近45°。

(6)根据实验数据，在图上用"×"或"○"等符号标出各实验数据点。在绘出曲线后，这些点仍需保留在图上，不要擦掉。

(7)根据实验点的分布，画出光滑曲线。由于各实验点代表测量得到的数据，具有一定误差，而实验曲线具有"平均值"的含义，所以曲线并不一定通过所有的数据点，而应该使数据点大致均匀地分布在所绘曲线的两侧。

(8)一般在横轴的下方或图的其他地方注明曲线名称。

(9)要用直尺、曲线尺或曲线板等画图，所画图线必须光滑、整洁。

3. 图解法

利用图示法得到的测量量之间的关系曲线，求出有物理意义的参数，这一实验数据的处理方法称为图解法。在物理实验中遇到最多的图解法的例子是通过图示的直线关系确定该直线的斜率和截距。对于一些非线性方程，可以通过一定的数学变换化为直线方程，再由图解法确定出有用的参数，所以研究直线关系的图解过程就显得尤为重要。

1)确定直线图形的斜率和截距

从数学的角度看，只要从直线上任取两点，由此两点的坐标便能确定该直线的斜率与截距。应注意的是，为了减小误差，应使这两点相距远一些。

2)曲线的改直

上面已经提到，当函数关系不是直线关系时，有的函数可以通过数学变换变为直线关系，然后再求出直线的斜率和截距，这一过程称为曲线的改直。下面举例说明这一过程。

例2-2-2 将非线性函数关系的曲线 $y = ax^2$ 改直。

解 对上述函数关系，若直接对(x,y)用等分度坐标纸作图，则得到一抛物线图形。如令 $x' = x^2$，原方程变为 $y = ax'$。显然 y 与 x'呈线性关系。仍用等分度坐标纸作图，以 x'为横轴，以 y 为纵轴，便可得到一直线。进而通过求该直线的斜率即可求得常数 a。

例2-2-3 阻尼振荡的振幅随时间的变化规律为 $A = A_0 e^{-\beta t}$。今通过实验测得振幅 A 与时间 t 的一组数据，用作图法求出初振幅 A_0 和阻尼系数 β。

解 若直接利用测得的振幅 A 与时间 t 的数据作图，将得到一条曲线，很难精确地求得两个常数。采用曲线改直的方法，对原方程两边取自然对数，有

$$\ln A = -\beta t + \ln A_0$$

令 $y = \ln A$，$b = \ln A_0$，则上式化为

$$y = -\beta t + b$$

这样，y 与 t 就呈线性关系了。在等分度坐标纸上画出 t—y 直线图，求出其斜率，可确定阻尼系数 β；求出截距，可确定初振幅 A_0。

应该指出，由于手工作图受到人的影响明显，这就限制了图解法的精度。但随着计算机制图技术的发展与普及，用计算机绘制实验曲线已很普遍。目前流行的作图软件已有很多种，比如常用的应用软件如 Excel、Origin、Matlab 等都具有作图功能。利用计算机来处理实

验数据和作图，不仅能节约实验数据处理的时间，又可提高绘制实验图线的精度。

4. *逐差法*

前面介绍了研究直线关系的图解法，但这种方法有一定的任意性。因为绘制直线时是靠目测观察，使若干实验点较均匀地分布在所画直线两侧，因而这条直线带有一种粗略的平均性，并不很精确。下面介绍一种比图解法精确的处理实验数据的初等解析方法——逐差法。

在物理实验中，测量量之间满足线性函数关系的情况经常遇到。有些虽不是线性关系，但经过数学变换可以化为线性关系。因此，正如前面所强调的，具有线性关系的测量量的实验数据处理是最基本、最重要的。对于线性关系函数式

$$y = kx + b$$

如果自变量 x 的变化是等间隔的，而且其误差大大小于因变量 y 的误差，则在数据处理时就可以采取近似，即忽略 x 的误差，在考虑误差传递时将其视为准确量，这可以使问题得到一定简化。在这些特定条件下，就可以用逐差法来处理实验数据。下面通过一个弹簧受力拉伸的实验来说明逐差法的应用。

在弹簧弹性限度内，弹簧的受力大小和伸长量满足线性关系

$$\Delta x = \frac{1}{k}G$$

式中　k——弹簧的劲度系数；

　　　G——所挂砝码的质量；

　　　Δx——弹簧的伸长量。

设实验所测得的数据如表 2－2－2 所示。利用这些数据求斜率（$1/k$），进而算出弹簧的劲度系数 k。

表 2－2－2　弹簧伸长量与所受拉力的数据

砝码质量 G_n/kg	弹簧伸长量 Δx_n/cm	逐项差值得到的斜率 $(\Delta x_{n+1}-\Delta x_n)/(G_{n+1}-G_n)$	隔五项逐差得到的斜率 $(\Delta x_{n+5}-\Delta x_n)/(G_{n+5}-G_n)$
0	0.00	0.56	0.49
1	0.56	0.41	0.45
2	0.97	0.45	0.47
3	1.42	0.48	0.46
4	1.90	0.46	0.54
5	2.44	0.37	
6	2.81	0.51	
7	3.30	0.42	
8	3.72	0.86	
9	4.85		

这 10 个测试点决定了一条直线。计算该直线的斜率，可以有多种算法。

第一种方法称为“逐项差值法”，即利用每对相邻的点计算出一个斜率，于是可以得到 9 个斜率值，即表 2－2－2 中第三列用 $(\Delta x_{n+1}-\Delta x_n)/(G_{n+1}-G_n)$ 计算的值。然后计算这 9

个斜率的平均值，得到斜率的最佳值。再将这些斜率看作一测量列，计算出标准偏差，即 A 类不确定度分量；如不考虑仪器误差，即忽略 B 类不确定度分量，则斜率的测量结果可表示为

$$(1/k)=\overline{(1/k)}\pm U=\overline{(1/k)}\pm S_{\overline{1/k}}=0.51\pm0.15(\mathrm{cm/kg})$$

在上面的计算中，已经把每次所增加的 1 kg 砝码的质量作为准确值而不考虑其误差。如果稍加留意就会发现，上面用逐项差值法处理数据的方法有明显的缺点。计算斜率的平均值的计算式如下：

$$\begin{aligned}\overline{1/k}&=\frac{1}{9}[(\Delta x_1-\Delta x_0)+(\Delta x_2-\Delta x_1)+(\Delta x_3-\Delta x_2)+(\Delta x_4-\Delta x_3)+(\Delta x_5-\Delta x_4)+\\&\quad(\Delta x_6-\Delta x_5)+(\Delta x_7-\Delta x_6)+(\Delta x_8-\Delta x_7)+(\Delta x_9-\Delta x_8)]/\Delta G\\&=\frac{1}{9}\frac{\Delta x_9-\Delta x_0}{\Delta G}\end{aligned}$$

从上式明显看出，相邻两个差值运算中第一项与第四项抵消，如 $(\Delta x_1-\Delta x_0)+(\Delta x_2-\Delta x_1)$ 中的 Δx_1 与 $-\Delta x_1$ 等。这样抵消的结果，斜率的平均值完全由弹簧伸长量的第一个 Δx_0 和最后一个 Δx_9 之间的差值决定。如果画出图的话，这条直线实际上就是第一点和最后一点的连线，而其他值对于平均斜率的计算没有任何贡献。这就是逐项差值法的缺点所在。如果这始、末两个值测得不准，就会给结果造成很大的误差。对于本例实验，第一点和最后一点的测量值是最不可靠的。因为弹簧最初可能没有完全拉直而有点扭曲，加上第一个砝码后可能刚使它拉直；而最后的砝码又可能使弹簧有些塑性变形，超出它的弹性范围。于是这两点都不满足线性关系式，因此这种方法不能用来求斜率的平均值。但这种逐项逐差的方法也不是毫无用处，它也是一种检验测量是否符合线性关系的好方法。它能及时帮助实验者检验数据，判断实验状态是否正常，测量是否有误差等。

第二种方法称为“隔项逐差法”。还是利用上面这 10 组数据，只是将方法稍加改进，即将原来的逐项逐差改为隔几项逐差的办法，这样处理会使得效果大为改善。

将伸长量 Δx 的测量值分为两组（要求测量数据个数为偶数），即 Δx 的低值组与高值组。

第一组：$\Delta x_0,\Delta x_1,\Delta x_2,\Delta x_3,\Delta x_4$。

第二组：$\Delta x_5,\Delta x_6,\Delta x_7,\Delta x_8,\Delta x_9$。

用第二组的数据分别减去第一组对应的值，然后再求斜率的平均值，如用式子表示其过程为

$$\overline{1/k}=\frac{1}{5}\sum_{n=0}^{4}\frac{\Delta x_{n+5}-\Delta x_n}{\Delta G_{n+5}-\Delta G_n}$$

由于砝码质量的增加是均匀的，故有

$$\Delta G_{n+5}-\Delta G_n=5\Delta G$$

所以上式又可展开成

$$\begin{aligned}\overline{1/k}&=\frac{1}{5}\sum_{n=0}^{4}\frac{\Delta x_{n+5}-\Delta x_n}{\Delta G_{n+5}-\Delta G_n}\\&=\frac{1}{25\Delta G}[(\Delta x_5-\Delta x_0)+(\Delta x_6-\Delta x_1)+(\Delta x_7-\Delta x_2)+(\Delta x_8-\Delta x_3)+(\Delta x_9-\Delta x_4)]\end{aligned}$$

从上式可明显看出，用这种方法求斜率的平均值，充分利用了每一个数据。这种情况当然是所希望的，这也充分体现了逐差法的优点。通过上面的计算过程得到

$$(1/k)=\overline{(1/k)}\pm U=\overline{(1/k)}\pm S_{\overline{1/k}}=0.48\pm0.04(\mathrm{cm/kg})(P=68.3\%)$$

这个结果比上面逐项差值法得到的结果误差小得多。

下面介绍对逐差法所得结果的不确定度评价的简单方法。以上面所给的测量弹簧的劲度系数为例，将$(1/k)_n=(\Delta x_{n+5}-\Delta x_n)/(G_{n+5}-G_n)$看作一个测量列（如表 2-2-2 最后一列所示），求出该测量列的平均值的标准偏差 $S_{\overline{1/k}}$即可。

逐差法由于简单易懂、运算方便，因此得到广泛应用。但它也有局限性，例如要求自变量等间隔变化。另外，求直线斜率是通过求差分取平均得到的，精度也受到限制。接下来介绍的最小二乘法可以克服这些不足，它是以一定的数理统计理论为依据的更为科学、准确的处理数据的方法。

5. 最小二乘法

1）最小二乘法原理

如果已知变量 y 是自变量 $x_1,x_2,\cdots,x_m$ 的函数，且有函数关系

$$y=f(x_1,x_2,\cdots,x_m;b_1,b_2,\cdots,b_s) \tag{2-2-1}$$

其中，$b_1,b_2,\cdots,b_s$ 是未知常数。现由实验已经测得 n 组数据

$$x_{1i},x_{2i},\cdots,x_{mi},y_i(i=1,2,\cdots,n) \tag{2-2-2}$$

任务是根据实验数据来确定常数 $b_1,b_2,\cdots,b_s$ 的最佳值。

一旦给定了 $b_1,b_2,\cdots,b_s$ 的值，即可确定式（2-2-1）中函数的具体形式。这样对于任意一组自变量值$(x_{1i},x_{2i},\cdots,x_{mi})$就有两个与其对应的函数值，一个是实测值 y_i，另一个是由函数关系计算出来的理论值

$$\hat{y}_i=f(x_{1i},x_{2i},\cdots,x_{mi};b_1,b_2,\cdots,b_s),(i=1,2,...,n) \tag{2-2-3}$$

由这一组 $b_1,b_2,\cdots,b_s$ 算得的理论值$\hat{y}_i$与实测值 y_i 之间必然会有偏差，称为残差。残差的平方和为

$$Q=\sum_{i=1}^{n}(y_i-\hat{y}_i)^2=\sum_{i=1}^{n}[y_i-f(x_{1i},x_{2i},...,x_{mi};b_1,b_2,\cdots,b_s)]^2 \tag{2-2-4}$$

显然，残差平方和 Q 是 $b_1,b_2,\cdots,b_s$ 的函数。当某一组 $b_1,b_2,\cdots,b_s$ 值使残差平方和 Q 达最小时，即认为这一组 $b_1,b_2,\cdots,b_s$ 为待求常数的最佳值。以上利用实验数据确定最佳待定常数的方法称为最小二乘法。

根据多元函数求极值的方法，$b_1,b_2,\cdots,b_s$ 的最佳值可通过求解下述方程组获得：

$$\frac{\partial Q}{\partial b_j}=0\ (j=1,2,\cdots,s) \tag{2-2-5}$$

实际上，最小二乘法思想的几何意义就是利用已知的测量数据点来确定一条最佳曲线，这条曲线离所有的测量点的距离平方之和为最小。按照最小二乘法确定的最佳曲线，虽然不一定能够通过每一个测量点，但却是以最接近这些测量点的方式平滑地穿过实验点。

一般情况下，最小二乘法既可以用于线性函数，也可以用于非线性函数。由于在测量技术中，大量的问题是属于线性的，而非线性函数也可以通过种种方法变换成线性函数来处理，因此，下面重点讨论如何由实验数据用最小二乘法确定线性函数参数的最佳值。

2）用最小二乘法确定线性函数的参数最佳值——线性拟合

设已知线性函数的形式为

$$y = kx + b \tag{2-2-6}$$

设在等精度测量条件下得到一组测量数据(x_i, y_i)，$(i = 1, 2, \cdots, n)$。将 x_i 代入式(2-2-6)将得到 n 个理论值$\hat{y}_i$。由式(2-2-4)得残差的平方和为

$$Q = \sum_{i=1}^{n} (y_i - \hat{y}_i)^2 = \sum_{i=1}^{n} [y_i - (kx_i + b)]^2 \tag{2-2-7}$$

根据最小二乘法的原理，分别求上式对 k 和 b 的偏导数，并令其为 0，则得

$$\left.\begin{aligned} \frac{\partial Q}{\partial k} &= -2\sum_{i=1}^{n} (y_i - b - kx_i) x_i = 0 \\ \frac{\partial Q}{\partial b} &= -2\sum_{i=1}^{n} (y_i - b - kx_i) = 0 \end{aligned}\right\} \tag{2-2-8}$$

整理后写为

$$\left.\begin{aligned} \overline{x}k + b &= \overline{y} \\ \overline{x^2}k + \overline{x}b &= \overline{xy} \end{aligned}\right\} \tag{2-2-9}$$

由此解得

$$\left.\begin{aligned} k &= \frac{\overline{x} \cdot \overline{y} - \overline{xy}}{\overline{x}^2 - \overline{x^2}} \\ b &= \overline{y} - k\overline{x} \end{aligned}\right\} \tag{2-2-10}$$

上式中

$$\left.\begin{aligned} \overline{x} &= \frac{1}{n}\sum_{i=1}^{n} x_i \\ \overline{y} &= \frac{1}{n}\sum_{i=1}^{n} y_i \\ \overline{x^2} &= \frac{1}{n}\sum_{i=1}^{n} x_i^2 \\ \overline{xy} &= \frac{1}{n}\sum_{i=1}^{n} x_i y_i \end{aligned}\right\} \tag{2-2-11}$$

这样，就用最小二乘法求出了最佳直线的两个参数 k 和 b，从而确定了这条直线。这种方法也称为直线拟合或一元线性回归。在实验中也常遇到一些简单的非线性函数，有些可以通过改直将其化为线性函数，然后再采用上面的方法进行直线拟合。

由误差传递规律可以证明，利用最小二乘法得到的两个参数 k 和 b 的标准偏差分别为

$$\left.\begin{aligned} S_k &= \sqrt{\frac{1}{n} \cdot \frac{1}{\overline{x^2} - \overline{x}^2}} \cdot S \\ S_b &= \sqrt{\frac{1}{n} \cdot \frac{\overline{x^2}}{\overline{x^2} - \overline{x}^2}} \cdot S \end{aligned}\right\} \tag{2-2-12}$$

式中　S——测定方程组中任一方程的标准偏差

$$S = \sqrt{\frac{Q}{n-2}} \tag{2-2-13}$$

用式(2－2－12)和式(2－2－13)可以计算用最小二乘法得到的两个参数 k 和 b 的不确定度。

3)相关系数

对于任意一组数据,由作图法或最小二乘法总可以找到一条最佳直线。但如果数据点与最佳拟合直线之间差得太多,这个拟合就没有什么实际意义了。当然由两个拟合参数的标准偏差可以反映拟合结果的好坏,但缺乏定量的比较。这里介绍用相关系数来判断这些实验点靠近所求最佳直线的程度的方法。相关系数的定义为

$$\gamma=\frac{\overline{xy}-\overline{x}\cdot\overline{y}}{\sqrt{(\overline{x^2}-\overline{x}^2)(\overline{y^2}-\overline{y}^2)}} \tag{2-2-14}$$

式中,$-1\leqslant\gamma\leqslant1$。当 $\gamma=\pm1$ 时,表示 y 与 x 完全线性相关,此时全部实验点都落在所求的那条最佳直线上;当 $\gamma=0$ 时,表示 y 与 x 完全不相关,实验点是非常分散的,y 与 x 间互相独立,无线性关系。利用相关系数,就可以定量地评价两个变量之间的线性相关的程度,因而可以定量地评价线性拟合结果的可信性。

由式(2－2－14)可以看出,γ 与线性方程中的参量 k 同号即 $k>0$ 时,$\gamma>0$,说明回归直线斜率为正时相关系数为正,叫正相关;当 $k<0$ 时,$\gamma<0$,说明回归直线斜率为负时相关系数为负,叫负相关。图 2－2－2 表示 γ 取不同值时数据点的分布情况。

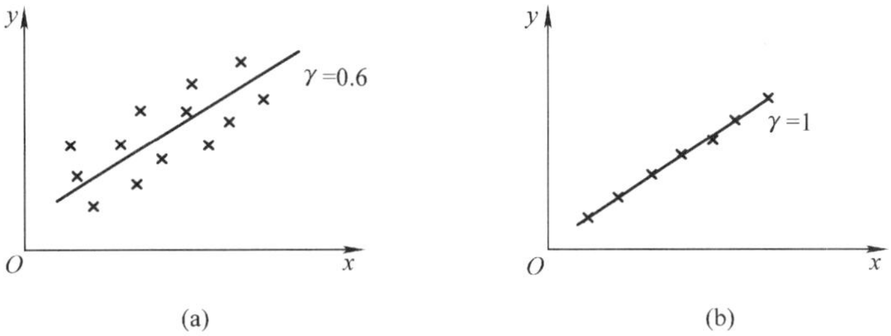

图 2－2－2　不同相关系数对应的数据点与拟合直线的情况

(a)$\gamma=0.6$　(b)$\gamma=1$

6. 用 Excel 和 Origin 软件处理实验数据

1)Excel 软件

Excel 是一种先进的多功能集成软件,具有强大的数据处理、分析、统计等功能。它最显著的特点是函数功能丰富、图表种类繁多。用户能在表格中定义运算公式,利用软件提供的函数功能,进行复杂的数学分析和统计,并利用图表来显示工作表中的数据点及数据变化趋势。将 Excel 用于物理实验中的数据处理,不用编程,而且数据处理和实验作图的功能齐全。物理实验数据处理的一些常用方法如列表法、作图法、曲线(包括直线)拟合最小二乘法,均可方便快捷地在 Excel 中实现。

Ⅰ. 制图功能

Excel 图表可以将数据图形化,更直观地显示数据,使数据的比较或变化趋势变得一目了然,从而更容易表达变化规律。下面举例说明如何创建最基本的图表。举例:小王是一名销售主管,他负责管理三个部门,为了用 Excel 统计分析销售情况,他把三个部门当年第四季度的销售业绩输入到了 Excel 工作表中。

Ⅰ)创建图表

其简单的操作步骤如下:

(1)选定表格中所需数据的单元格,如图2-2-3所示的A1:D4区域;

(2)选择菜单“插入”命令,选择一种图表类型;

(3)例如选择“图表类型”为“柱形图”并选择子图表类型,可以看到将得到的图表外观的预览;

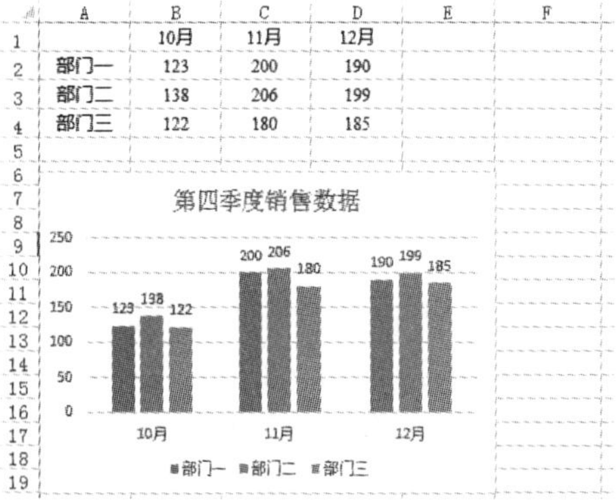

图2-2-3 Excel图表

(4)选定后将在当前工作表中得到生成的图表(图2-2-3)。

Ⅱ)动态更新图表中的数据

生成图表后,发现10月份部门二的业绩应为130,此时就无须将B3单元格改为130后再重新生成图表。只需直接将B3单元格改为130后确认,就可以看到10月份部门二数据的柱形图已自动更新。

Ⅲ)移动图表

(1)单击图表的边框,图表的四角和四边上将出现8个小正方形。

(2)一直按住鼠标不放,并移动鼠标,这时鼠标指针会变成四向箭头和虚线,继续移动鼠标,此时图表的位置随着鼠标的移动而改变。

(3)用这样的方法把图表移动到恰当的位置即可。

Ⅳ)调整图表的大小

(1)单击图表的边框,图表的四角和四边上将出现8个小正方形。

(2)将鼠标指针移动到某个正方形上,然后拖动它就可以改变图表的大小。

Ⅴ)更改图表的类型

(1)单击图表的边框,选中图表。然后在工具栏中选择“更改图表类型”命令,打开“更改图表类型”对话框。

(2)修改图表类型为“折线图”,再选择某一种子类型,单击“确定”按钮即可完成图表类型的修改(图2-2-4)。

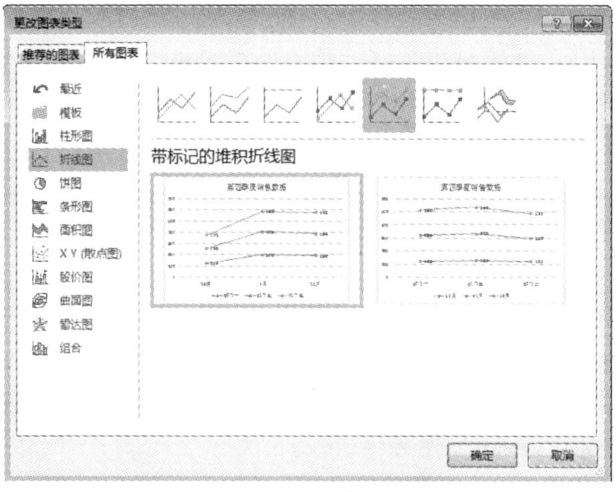

图2-2-4 图表类型的更改

Ⅵ)删除图表

当想删除图表时,单击图表的边框选中它,按“Delete”键即可删除它。

Ⅱ. 曲线拟合

物理实验数据处理中,经常需要根据实验测得的数据作图,通过寻找两个物理量之间的函数关系来得到经验公式,即通常所说的曲线拟合。曲线拟合可分为直线方程拟合、指数函数拟合和二次多项式拟合等。利用软件图表功能可以很方便地对实验数据进行作图,并对测量点添加趋势线,得出拟合曲线函数关系式。

Excel 曲线拟合的简单操作步骤如下。

(1)用鼠标左键选定需要作图的数据。

(2)作图。单击“插入”菜单,选择“图表”,在“图表类型”中选择“xy 散点图”,单击“下一步”;在“图表筛选器”中,单击“系列”,可以更改 x 和 y 值所要表示的数据列;在“图表元素”中,可以添加、删除、修改图表元素(例如标题、坐标轴、网格线、图例、数据标志等),可以分别对图表做细致的修改,完成作图。

(3)曲线拟合。在所作的图上,鼠标放在其中任一个点上,按鼠标右键,在出现的对话框中选择“添加趋势线”,并在“设置趋势线格式”中(图 2-2-5)选择适合的类型,选择“显示公式”和“显示 R 平方值”,比较不同类型拟合的精度 R。

图 2-2-5　添加趋势线

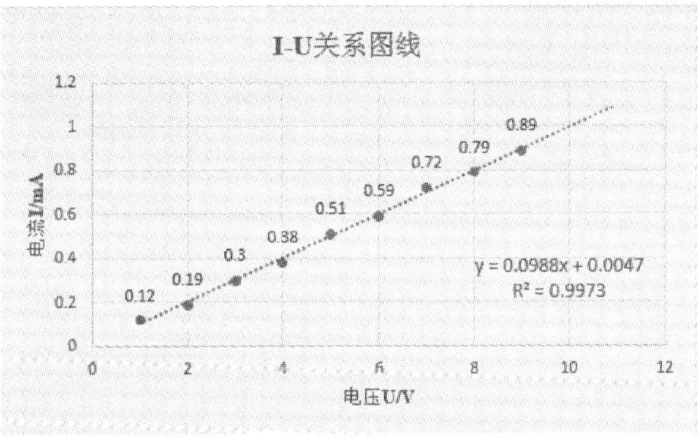

图 2-2-6　直线拟合结果

前述电阻伏安特性实验中的直线拟合结果如图 2-2-6 所示。

(4)图形输出。选择图形,右键单击“复制”,或者按快捷键“Ctrl + C”,在 Word 等文字处理软件中粘贴即可。

2)Origin 软件

Origin 软件是 OriginLab 公司开发的一款基于 Windows 平台的科技绘图和数据分析软件,具有界面友好、操作简单、不需编程、功能强大等特点,因此在教学、科研和工程领域得到广泛的运用。利用该软件可以很方便地完成直线拟合和获得相关参数,还可以方便地进行许多非线性曲线拟合。物理实验中常用的一些数据处理,例如确定测量结果、作图、直线或曲线拟合等,若采用 Origin 软件来处理会非常便捷、可靠。

Ⅰ. 制图功能

在 Excel 中能绘制的图形,在 Origin 中基本上也能绘制,其简单的操作步骤如下(以 OriginPro 2022 版为例)。

(1)选择数据。可以选择一个区域,也可以用“Ctrl”键与鼠标结合选择不相邻的列数据。

(2)绘图。主要是通过菜单栏上的“绘图”菜单来实现,能绘制一维、二维和三维图形。绘图菜单如图 2-2-7 所示。

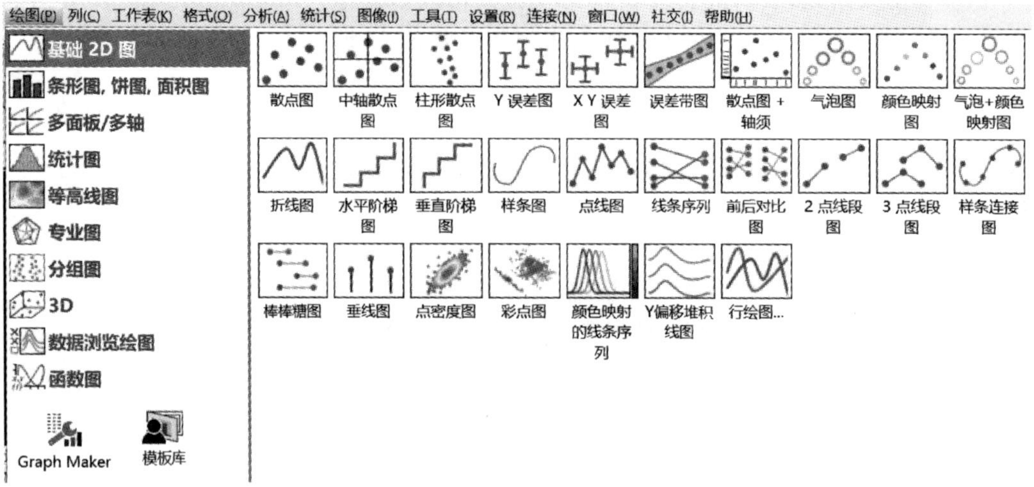

图 2-2-7　绘图菜单

(3)绘图的美化工作。可以通过双击 Graph 窗口中的坐标轴,弹出如图 2-2-8 所示的对话框,根据需要进行修改。

(4)动态更新数据。当对表格中的数据修改后,绘图区的图形也可跟着更新。

Ⅱ. 曲线拟合

用 Origin 进行曲线拟合,是通过“分析”菜单中的拟合工具实现的(图 2-2-9)。其操作步骤如下(以 OriginPro 2022 版为例)。

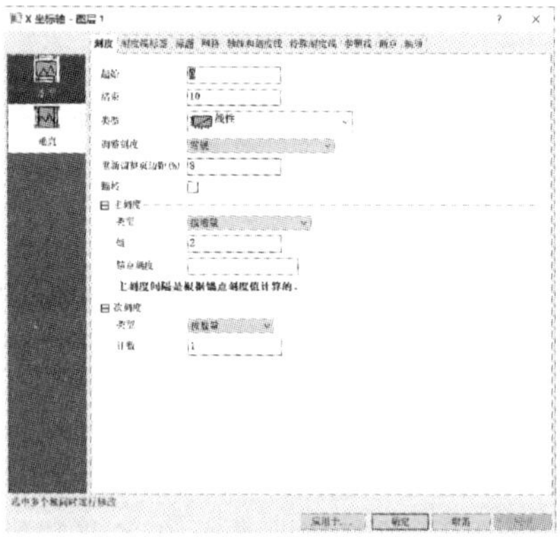

图 2-2-8　图形美化设置对话框

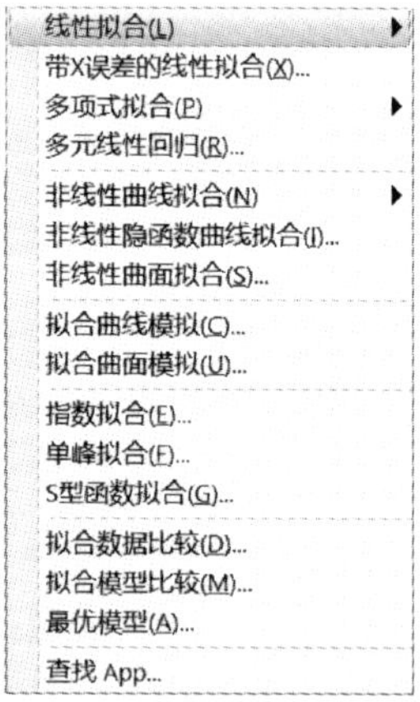

图 2-2-9　拟合菜单选项

(1)选定数据,单击“绘图”菜单,选择“散点图”。

(2)单击“Analysis”菜单。若是拟合直线,选择“线型拟合”;若是拟合曲线,选择“多项式拟合”,其参数选项中的多项式阶数对应曲线的次数。对于图 2-2-6 中的电阻伏安特性实验数据用 Origin 进行线性拟合得到的拟合直线和主要结果在散点图上给出,如图 2-2-10 所示,对比两者的拟合结果,其结果非常接近。

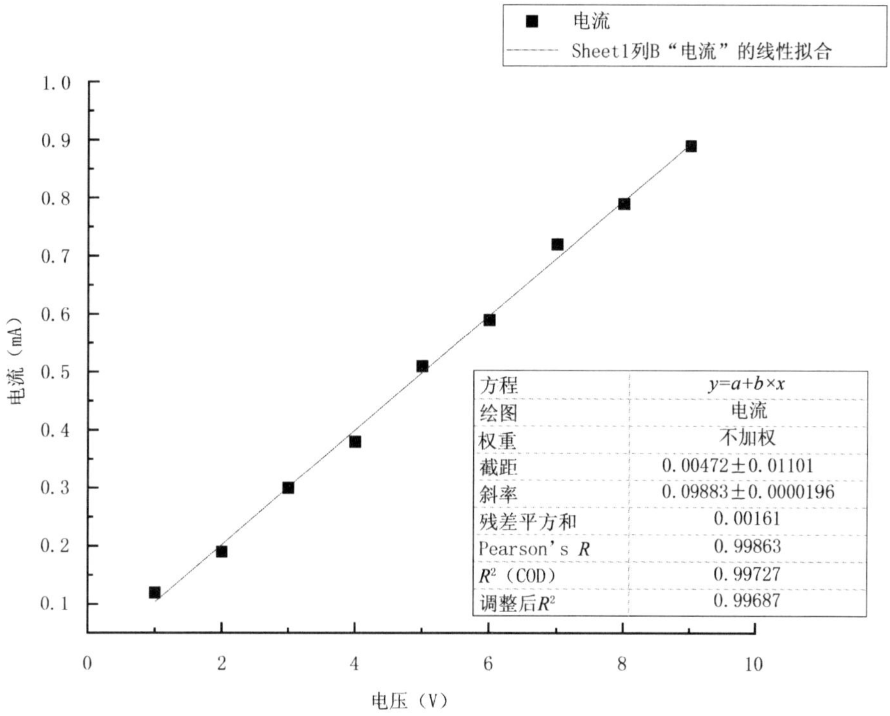

图 2-2-10　电阻伏安特性实验数据的拟合结果

(3)图形输出。可以通过“编辑”菜单中的“复制图为图像”直接复制到 Word 等文字处理软件中,或者通过“文件”菜单中的“导出图”导出为 png、jpeg、tiff、emf 等格式的图片,然后在文字处理软件中将其插入即可。

通过上面的介绍可知,Excel 与 Origin 软件功能强大,应用广泛。在物理实验数据处理应用方面,主要体现在数据计算和实验测量点作图并拟合曲线,给出相应的拟合曲线函数及相关系数,从而由实验求得某些物理常数或物理量。用 Excel 与 Origin 软件处理实验数据,可减轻繁杂数据处理的负担,培养学生利用计算机处理并分析实验数据的能力。

2.3　物理实验基本调整技术

实验时对仪器设备按照正确的操作规程预先进行正确的调整,不仅可以将系统误差减小到最低限度,而且对提高实验结果的准确度有着直接的影响。下面介绍物理实验中一些最基本的、具有普遍性的调整和操作技术。

1. 零位(起始位)的调整

测量前应检查各测量仪器的零位是否正确,对于有偏差的零位要进行校准或修正,否则会对测量结果带来系统误差。

根据仪器的不同,零位调整方法也有所不同。对于电流表、电压表、检流计、万用表、物理天平等带有零位校正器的,可直接调零。有的仪器使用专用工具(小扳手、小螺丝刀)进行零位调节。

不能进行零位调节的仪器，要进行零点修正。即测量前，检查零线是否重合，不重合则记下读数，然后在测量结果中加以修正，如游标卡尺、螺旋测微器、机械秒表、端点磨损的米尺等。

2. 水平与铅直的调整

许多仪器在使用前必须进行水平或铅直调整，如平台的水平调整或支柱的铅直调整。水平调整常常借助于水准器，铅直状态的判断一般要借助于悬垂。这类仪器装置一般都在底座安装有三个调节螺钉，三个螺钉位置连线为等边三角形。常规调节分为以下几类。

(1)导轨、光学平台的水平调节，是调节底座螺钉，使条形气泡水准器中的气泡居中。

(2)物理天平、刚体转动实验仪、三线摆、单摆、重力加速度实验仪、迈克尔逊干涉仪、拉伸法杨氏模量仪的平台水平或支柱铅直的调节，密立根油滴仪的平行板处于水平，是调整底座上的螺钉使圆形水准仪中的气泡居中，或使悬锤的锤尖对准底座上的座尖。

(3)焦利氏秤没有配置水平仪及悬锤，调节立柱铅直，是调节底脚螺钉使平面镜悬挂在玻璃管的中间。

(4)分光计载物平台与刻度盘平行(转轴垂直)调整，是利用载物平台下三个螺钉所组成的等边三角形，一个螺钉位于另两个螺钉连线的中垂线上的特点，先调节两个螺钉，使之相互平衡，然后再调节第三个螺钉，并使之平衡。

3. 视差的消除

要测准物体的尺寸与大小，必须将标尺与被测物体紧贴在一起。如果标尺与被测物体有距离，读数将随眼睛的位置不同而有差异，这就是视差。消除的方法有以下两类。

(1)电表、检流计的指针和标度面有一定距离，读数会随眼睛的移动而变化。为消除误差，要做到正面垂直观察，视线垂直于标度面板。对安装有反射镜的电表，消除视差的正确读数方法是人的视线与电表面板垂直正视，使指针与刻度槽下面平面镜中的像重合。焦利氏秤的三线对齐也是同样道理。

(2)带叉丝的测微目镜、望远镜、读数显微镜中看到的被测物是一个看得见摸不着的像，是一个非接触式测量。这类仪器通常在目镜的焦平面内侧附近安有一个叉丝(或带有刻度的玻璃分划板)。使用时，应先调节目镜使叉丝清晰，然后调物镜，使被测物的像清晰，再把被测物的像平面调至叉丝像平面，使两平面重合，即微调叉丝与物镜之间的距离，观察目镜筒内待测物的像与叉丝之间的位置不会随眼睛的移动而变化，视差则被消除。

4. 同轴的调节

几乎所有的光学系统都要求系统内部各个光学元件的光轴与主光轴重合。为此，要对各个光学元件进行同轴的调节。一般分为粗调和细调两个步骤来进行。

粗调主要是靠目测法来判断，将各个光学元件和光源的中心调成等高，各个元件所在平面基本上互相平行且铅直。若各元件可沿水平轨道或在光学平台上滑动，可先将它们靠拢，再调等高共轴，可减小视觉判断的误差。利用其他仪器或成像规律进行的调整则称为细调。

普通物理光学实验中涉及的同轴调节方法如下。

(1)对于单透镜成像,是把已调平的光具座上导轨作为平直的基准,在平直光路(一维光路)中,利用自准直法或二次成像法进行调整时,通过移动各光学元件,使像没有上下左右移动,就把光学系统的光轴调到和光具座导轨平行的状态。

(2)用激光做干涉、衍射实验时一维光路的"同轴调节",其方法为:

①以光具座导轨为基准,调节激光器的水平和左右,使激光束平行于导轨;

②放扩束透镜要正、直,其平面尽可能与导轨垂直,调节透镜左右和高低,使扩束后光斑中心和原光点基本重合。

(3)用光学平台做实验时,由于平面上各元件构成二维光路,它的"同轴调节"首先要以台面为基准,然后调节各元件与台面平行。调节原则为:

①用条形气泡水准器检验平台是否水平,不平则调节平台底脚螺钉,使之达到要求;

②再根据实验要求,一个一个部件去调,比如激光全息照相实验,先调节激光器俯仰角,使激光束平行于台面,在此基础上再调下一个部件。

(4)分光计上的"同轴调节",是以刻度盘平面为基准,应用自准直原理调望远镜适合平行光,然后用逐次逼近法调望远镜光轴与中心转轴垂直,再调节准直管使其产生平行光,并使其光轴与望远镜的光轴重合。

①望远镜光轴调节采用自准直光路,使双面镜的两面都与望远镜垂直,则平面镜两面法线都与望远镜光轴平行,达到三线平行(一线为望远镜光轴,另两线为双面平面镜法线),说明望远镜光轴平行于刻度盘,且垂直于转轴。具体调节方法可参阅分光计调整实验。

②平行光管光轴调节是以调好的望远镜为基准,使它的光轴与望远镜光轴平行即可。具体方法为:将平行光管竖狭缝旋转90°变为横狭缝,且与望远镜中间黑叉丝对齐。

2.4 物理实验基本操作技术

1. 逐次逼近法

物理实验中,经常涉及平衡位置(或测量位置),如物理天平与电桥的平衡位置,或光学成像准确位置的判断与确定等问题。仪器调节通常不能一次到位,都要依据一定的判据反复多次地调节。逐次逼近调整法就是一种快速有效的调整方法。在天平调平衡、电桥调平衡、补偿法测电动势时调整补偿点等的调节过程中,都是首先观察判断平衡点所在的范围,然后逐渐缩小调节范围直至最后调到平衡点的。

(1)物理天平在调节平衡时,先估计物体的质量,加一适当的砝码(假定指针偏左,记下偏左几格),旋转止动旋钮支起横梁,判明轻重后,旋转止动旋钮放下横梁,再加一适当砝码(使指针偏右,记下偏右几格),定出砝码轻重范围,从重到轻依次更换,直到平衡。

(2)自组电桥、箱式电桥进行测量时,应先进行粗调,即在检流计支路内串一阻值较大的电位器,在桥路远离平衡状态时,其阻值取最大。然后接通各支路,观察检流计指针的偏转方向和大小，如果观察到检流计的指针向左偏转，则设法通过调节比较臂电阻使检流计的指针向右偏转，如此反复可逐步缩小电阻范围，使检流计指针的偏转幅度越来越小直至电桥接近平衡；逐渐减小检流计支路上的电位器阻值，直至减至零，再调节比较臂电阻，使桥路达到最终平衡。电位差计的调节也采用同样方法。

(3)物体经光学系统成像，在物距不变的情况下，像屏前后移动一段距离，其屏上的像看起来都是清晰的，这段距离叫影深。由于影深的存在，不好确定像面，也就测不准像距，从而影响到焦距的测量。解决的方法是，利用影深具有对称性的特点，设法找到它的范围，计算其中点，这个方法常称为左右逼近法。

(4)分光计中望远镜光轴的调节，要使望远镜光轴与双平面镜的两面垂直，则要多次旋转平面镜(连载物平台一起旋转)，反复调节，使绿十字像与上黑十字的位移逐渐减小，望远镜光轴逐次逼近平衡位置，最后达到完全平行。

2. 消除空转误差

有许多测量仪器是由鼓轮通过螺杆推动测量准线移动的，如测微目镜、迈克尔逊干涉仪等。由于齿轮和螺纹间不可能是理想的密配合结构，当鼓轮正、反向旋转之初(包括由正向转动转为反向转动时)，鼓轮转动了一个角度，由于齿轮与螺纹间间隙的存在，使得测量准线尚未移动，这种误差称为空转误差。凡是螺纹传动又在鼓轮上读数的测量系统，都有空转误差现象存在。

空转误差只发生在鼓轮正、反向转动之初的一个较小的转角内。因此在使用这类仪器时，只需使鼓轮沿所需方向转过一定角度后，重新确定标尺线的零点即可开始测量，或者在测量距离差时保持单向测量即可，切勿忽正忽反旋转读数。

这里特别强调的是，测量时要避免空转误差的影响，务必注意不让鼓轮在测量过程中间反转。假如在向一侧目标移动时，因转过而未能读数，这时切记不可倒着转回去，而应沿原方向转过另一侧目标，继续转一段距离，再反向旋转去对准目标。在牛顿环、测干涉与衍射条纹和单缝宽度等实验中测量不当都会出现空转误差。

3. 仪器的布局

做物理实验时，仪器的合理布局对于顺利完成实验非常重要。其布局的原则为：方便操作，容易观察和读数，注意安全，总体整齐。

电学实验首先要有规整的电路图，识别图上符号所代表的仪器实物，了解仪器仪表性能及使用方法，明确电路各部分的作用，预先确定好电源、电表、电阻等器具的规格，按照布局原则合理摆放仪器。电源应靠后放，经常要调节或读数的仪器放在操作者近处，电源开关放在操作者手的附近，以便万一电路出故障时可以及时断电。

4. 电磁学实验的基本操作

(1)实验准备。按照电路图选择仪器、仪表，按布局原则合理摆放仪器。

(2)连接电路。要按照电路原理图，从电源一端开始(电源开关一定要断开)，按照先沿主回路、后沿支路的顺序进行，主回路、支路最好用不同颜色的导线，以便于检查和识别；接头要旋紧，但不要旋死；注意电路中的节点接法，不宜在一个接线柱上接过多的导线（不超过三根），接线要注意避免接触不良、接头脱落等。

（3）检查电路。电路连接后应先自行检查，复查电路连接正确与否，开关是否全部断开；电表和电源正负极是否连接正确，量程是否合理；电阻箱数值是否符合要求（不能过小甚至为零）；变阻器的接触端位置是否正确，限流器的阻值要调至最大，分压器要调到输出电压最小的位置；检流计有粗调与细调的要把旋钮扭向粗调，否则要加上保护电阻并把阻值调至最大。再经指导老师复查，在正确无误的情况下才能通电。绝对不允许未经仔细检查就将电路通电。

（4）通电初试。采用跃接法接通电源，通电的瞬间要观察电路仪器的反应，手不能离开电源开关，发现表针有反向偏转和超出量程、电表指针指零不动、电路打火、冒烟、出现焦煳味、特殊响声等异常现象时，要立即断开电源，重新检查，排除故障。如正常则接通电源进入测量阶段。

（5）测量原则。为避免测量的盲目性，要采取“先定性，后定量”原则。即先定性观察实验全过程，了解测量数据的大致范围和变化趋势，再定量测量数据，减少将来不必要的返工。作实验曲线时，对于线性图线的测量点，间距均等即可；而对于非线性图线，在变化陡峭处要多测几个实验点，减小测量间隔。

（6）安全操作，预防触电。操作中要做到：①避免用手或身体直接接触电路中裸露导线；②注意断电规则；③需带电操作时，尽可能用单手操作，不要用双手触及不同的电位；④做高压实验时，须采取保护措施。

（7）断电处理。实验中途更换电路或元器件、仪器换挡、量程改变及线路改变时，应将电路中各个仪器的有关旋钮拨到安全位置，然后断开电源开关，改变后需重新检查才可闭合开关继续实验。实验拆线时也必须先断电。

（8）归整仪器。测量完数据，不要急于拆线，先要自己分析数据是否合理，有无漏测或错测，若有则要补测或重测。经老师检查，确认数据无误后，把电源电压调至最小（或把分压器和限流器调至安全位置），减小电压和电流，防止断电时电表剧烈打针或电感等元件产生反向电压击穿仪器仪表，再关掉电源开关方可拆线。拆线应从电源一头开始，以防万一忘记关电源时导线短路引起仪器烧坏等事故。

拆下的导线要理顺、摆好，仪器仪表也要恢复原状，摆放整齐。

5. 电路故障检查

先检查电路接线是否有错接、漏接和多接。在电路接线正确的情况下，电路还可能存在因电表或元件损坏而导致的断路或短路，因导线断路或焊接点假焊、电键接触不良等造成的断路等故障。这些故障从外观上往往不容易发现，需要用万用表进行检查。

（1）电压检查法。在通电的情况下，用万用表的电压挡先检查电源电压是否正常，然后根据电路图逐点测试电压，发现某处电压突然为零或明显偏离正常值时，说明该处存在故障。

(2)电阻检查法。要在切断电源后不带电的情况下，用万用表的欧姆挡，对电路各个元件、导线逐个进行检查。检查其是否符合标称值或理论计算值，判断某个电阻是否有损坏、某处导线是否有断线或接触不良等故障。

(3)导线替换法。用一无断路导线逐段替换回路导线，以检查断线与虚接故障。

6. 光学仪器的基本操作

由于光学仪器精密、贵重，调节技术含量高，容易损坏，使用时须遵守如下规则。

(1)要弄清仪器结构、原理和操作方法，不该调节的部件不要调，该调的部件要适量，用力不能太大，调不动时要分析原因。切忌无目的地、心不在焉地乱调仪器。搬动时要轻起轻落、稳妥。不能在台面上随意扭动仪器。

(2)安放透镜、反射镜、全息光栅等光学元件时，要拿稳夹牢、轻拿轻放，要放在稳妥的地方，不要放在桌边或书本上，以防不小心掉在地上而损坏元件。

(3)仪器镜头、平面镜、三棱镜、光栅等光学元件不能触摸其表面，以免留下手印，也不能对其哈气，使手印、水汽玷污光学表面。棱镜要拿毛玻璃面，其他元件要拿边缘。如有手印、油污、斑痕，要报告老师，不能随意用纸、布擦拭，以免对光学镀膜造成损伤。

(4)在不具备装调和检验条件时，绝不能拆卸仪器，或用手和其他工具捅光学镜筒，以免损坏叉丝、分划板、反光片、小棱镜等。

(5)实验中要注意光源。激光器电源为高压电源，要防止触电。特别要注意激光的安全与防护问题。汞灯、钠灯不能忽开忽关，灯熄灭后，须等冷却后才能重新启动。若遇断电，应立即断开开关，待其冷却后再合上，以免缩短寿命。

(6)实验完毕，须切断电源，把光学仪器和装置整理如初。

第3章　力学实验

实验1　基本力学量的测量

【实验目的】

(1)学会游标卡尺、螺旋测微计的使用。

(2)学习有效数字和不确定度处理数据。

【实验仪器和用具】

游标卡尺、螺旋测微计、物理天平、金属小球、金属圆柱体。

【实验原理】

1. 游标卡尺

游标卡尺由主尺和游标组成,其外形如图3-1-1所示。游标可在主尺上滑动,内量爪A′、B′和外量爪A、B分别用来测量物体的内径、外径,尾尺C用来测量深度,F为固定螺钉。

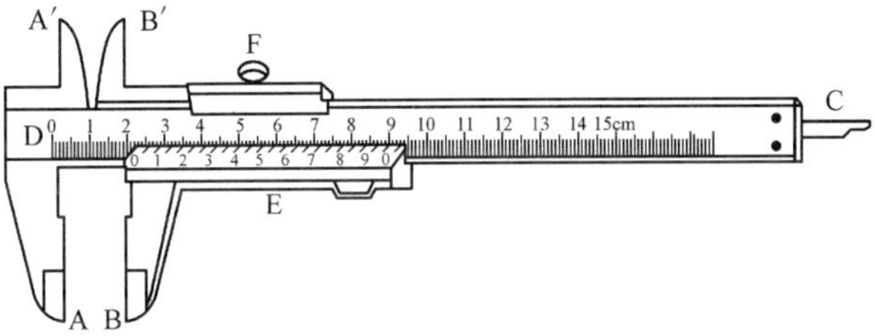

图3-1-1　游标卡尺结构图

游标卡尺按照游标上的分度数不同有不同型号,常见的有10分度、20分度、50分度游标卡尺。如,主尺上最小分度为1 mm,其游标上的格数分别为10、20、50,则游标上的分度值(最小读数)分别为0.1 mm、0.05 mm、0.02 mm。本实验中采用50分度的游标卡尺,下面以该型号卡尺为例说明游标卡尺的读数方法。测量时,根据游标上"0"线所对主尺的位置,如图3-1-2(a)所示,可在主尺上读到毫米位的准确数;再找到游标上与主尺上的某刻线对齐的那条线,该线前面游标上的整数就是十分之毫米的数值,该线的尾数部分以小格数目×0.02得到百分之毫米的数值,三部分之和,就是要读取的数据。如在图3-1-2(a)中读数为21 mm+24(格)×0.02 mm=21.48 mm。其他游标卡尺读数方法与此类同。

游标卡尺测量值,实际是分度差累计放大得到的值。依据游标卡尺的特点,如图3-1-2(b)所示,主尺上$n-1$分格的长度与游标上的n分格长度相等,若主尺上分度值为$a=1$ mm,游标上的分度值为b,则有$b\cdot n=a(n-1)$,故主尺与游标分度差$a-b=\frac{a}{n}$。

游标卡尺读数:

(1)零点读数______ mm;

(2)50 分游标 $n=50$，分度值为 0.02 mm；

(3)仪器误差限 0.02 mm；

(4)B 类不确定 $\Delta X_B = 0.02/\sqrt{3}$。

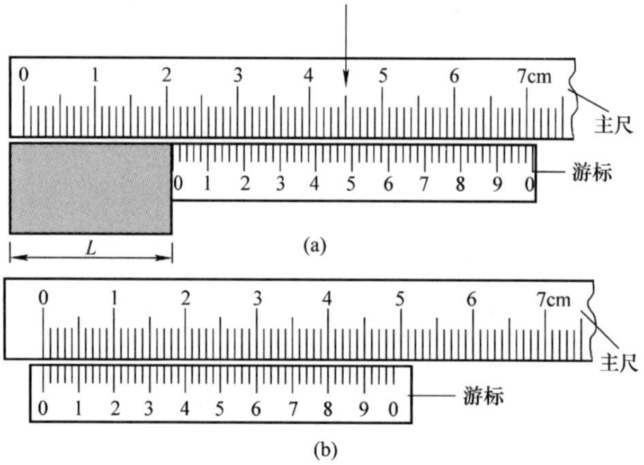

图 3-1-2　游标卡尺读数示意图

(a)示意图 1　(b)示意图 2

2. 螺旋测微计(千分尺)

螺旋测微计结构的主要部分是一个装在架子上的精密螺杆，如图 3-1-3 所示。它主要由一个精密的测微螺杆与螺母套管组成。测微螺杆在主尺 A 的内部，套筒 D 套在主尺 A 外与测微螺杆相连。D 转一圈，测微螺杆转一周，前进或后退一个螺距。套筒边缘 d 均匀刻有 50 分格，称为螺尺。螺尺每转过一个分格，螺杆前进或后退 0.01 mm，螺旋测微计的准确度为 0.01 mm。K 是制动开关，可使螺杆制动。

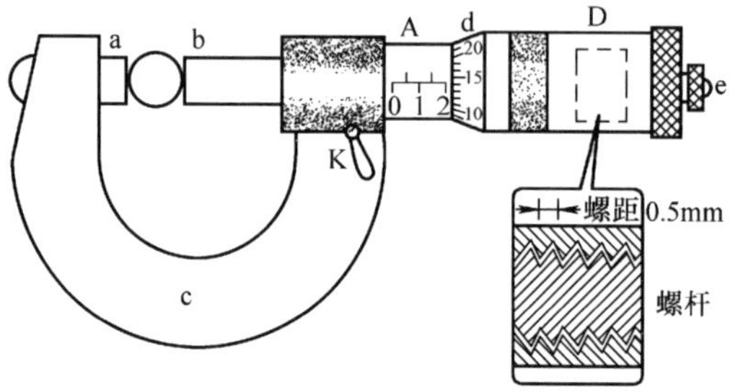

图 3-1-3　螺旋测微计

测量时，应轻轻转动旋柄 e，推动螺旋杆前进，把待测物体刚好夹住。读数时，先由主尺上毫米刻度线读出毫米读数，若露出上面的半毫米刻度线，应增加 0.5 mm，剩余尾数由螺尺读出。如图 3-1-4(a)、(b)所示，其读数分别是 3.067 mm、3.768 mm。

使用螺旋测微计时，应注意如下事项：零点校正。注意观察 a、b 端面吻合时，即两面刚好接触，螺尺上的零线是否与主尺上的基准线对齐，若没有对齐而显示某一数值，该数值称为零点读数(或零差)。螺尺零刻线以上修正值为正，螺尺零刻线以下修正值为负，如图 3-1-5所示，测量结果应减去该修正值。若零点与准线对齐，修正值为 0.000 mm。

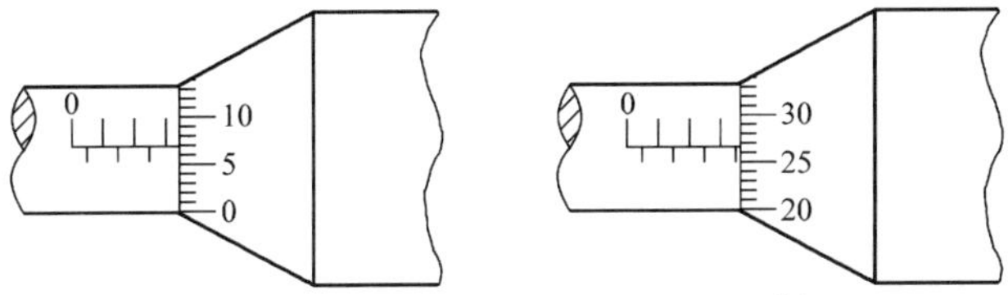

图 3-1-4　螺旋测微计读数示意图

(a)示意图 1　(b)示意图 2

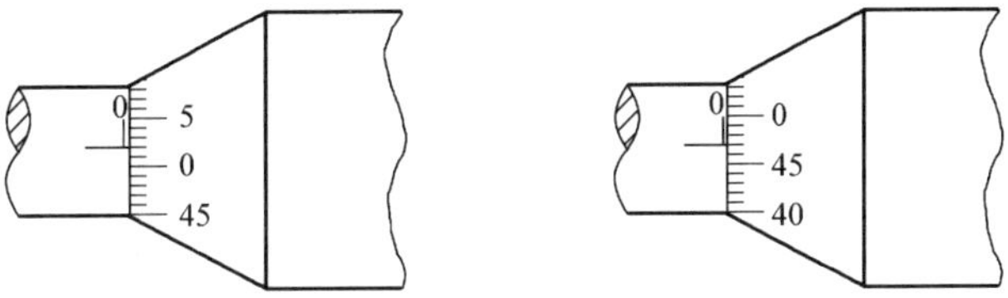

图 3-1-5　螺旋测微计零差读数

(a)零差 +0.018 mm　(b)零差 -0.031 mm

螺旋测微计：对于螺距为 $X=0.5$ mm 的螺旋每转一周，螺旋将前进或后退一个螺距，若转 $\frac{1}{n}$ 周，螺旋将移动 $\frac{X}{n}$。

螺旋测微计读数：

(1)零点读数______ mm；

(2)当 $n=50$ 时，分度值为 0.01 mm；

(3)可以估读到 0.001 mm；

(4)仪器误差限 0.004 mm 或 0.005 mm；

(5)B 类不确定 $\Delta X_B=0.004/\sqrt{3}$ mm 或 $0.005/\sqrt{3}$ mm。

3. 物理天平

物理天平的结构如图 3-1-6 所示。在横梁上装有三角刀口 A、F_1、F_2，中间刀口 A 置

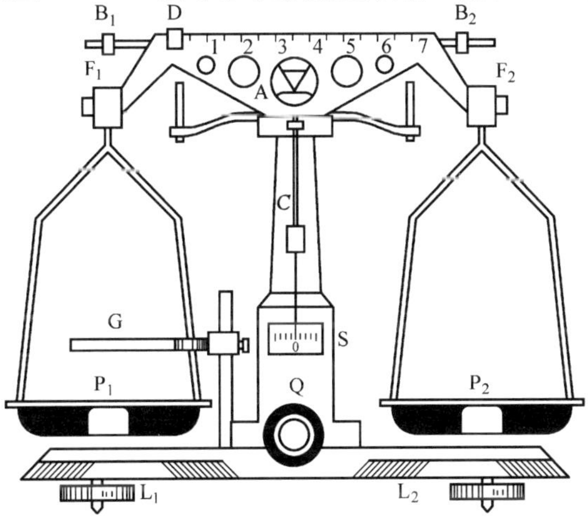

图 3-1-6　物理天平

于支柱顶端的玛瑙刀垫上,作为横梁的支点。两边刀口各悬挂秤盘 P_1、P_2,横梁下方固定一指针,当横梁摆动时,指针尖端就在支柱下方标尺前摆动,制动旋钮 Q 可以使横梁升起或降下,当横梁降下时,制动架就会把它托住,以免刀口磨损。横梁两端各有一个平衡螺母 B_1、B_2,用于空载调节平衡。横梁上装有游码 D,用于 1 g 以下的称量。本实验所用天平的仪器误差限为 $\Delta_{仪}=0.05$ g 或 $\Delta_{仪}=0.02$ g。

物理天平的规格由称量和感量(或灵敏度)表示。称量是天平能称量的最大质量;感量是指天平的指针从刻度尺 S 上零点平衡位置转过最小分格时,天平两秤盘上的质量差,灵敏度是感量的倒数。物理天平的操作步骤如下。

(1)水平调节:使用天平时,先调节天平底座下两个螺丝 L_1、L_2,使水平仪中的气泡位于圆圈的中央位置。

(2)空载平衡调节:天平空载时,将游码 D 拨到左端,与 0 刻度线对齐。两秤盘悬挂在刀口上。顺时针方向旋启制动旋钮 Q,使横梁升起,观察天平是否平衡。当指针在刻度尺 S 上左右对称均匀摆动时,便可认为天平达到了平衡。如果不平衡,反时针旋转启制动旋钮 Q,将横梁放下使天平制动,调节天平两端的平衡螺母 B_1、B_2,再将横梁升起判断是否平衡,直至达到空载平衡为止。

(3)测量:把待测物体放于左盘中,右盘中放置砝码,轻轻右旋启制动旋钮使天平启动,观察天平指针向哪边摆动;然后立即反旋启制动旋钮,使天平制动,酌情增减砝码,再升起天平横梁,观察天平指针摆动情况。如此反复调节,直到天平指针能够左右对称摆动。然后调节游码,使天平达到平衡,此时右盘中砝码的质量加上游码的读数就是待测物体的质量。称量时选用砝码应由大到小,逐个试用,直到最后利用游码使天平平衡。

【实验内容】

(1)用游标卡尺测量圆柱体的高度 h,测量 6 次。

(2)用螺旋测微计测量圆柱体外径 d,测量 6 次,并注意与游标卡尺测量结果的比较。

(3)调节物理天平用交换法测圆柱体的质量 m。

(4)计算圆柱体的密度,结果用不确定度表示。

【数据记录】

(1)游标卡尺零点读数______ mm、螺旋测微计零点读数______ mm。

(2)圆柱体的测量数据记入表 3-1-1。

表 3-1-1 圆柱体的测量

次数 n	1	2	3	4	5	6	平均值
h/mm							
d/mm							

【数据处理】

(1) $h:\Delta h_A=\sqrt{\dfrac{\sum_{i=1}^{n}(h_i-\overline{h})^2}{n(n-1)}}=$ ______, $\Delta h_B=\dfrac{0.02}{\sqrt{3}}$ mm, $\Delta h_{合}=\sqrt{\Delta h_A^2+\Delta h_B^2}=$

______。

直接测量量：$h=\overline{h}\pm\Delta h_{合}=$______。

(2) d：$\Delta d_A=\sqrt{\dfrac{\sum_{i=1}^{n}(d_i-\overline{d})^2}{n(n-1)}}=$______，$\Delta d_B=\dfrac{0.005}{\sqrt{3}}$ mm，$\Delta d_{合}=\sqrt{\Delta d_A^2+\Delta d_B^2}=$______。

直接测量量：$d=\overline{d}\pm\Delta d_{合}=$______。

(3) m：$\overline{m}=\sqrt{m_{左}\cdot m_{右}}=$______，$\Delta m_A=0$，$\Delta m_B=\dfrac{0.02}{\sqrt{3}}$ g，$\Delta m_{合}=\sqrt{\Delta m_A^2+\Delta m_B^2}$ $=$______。

直接测量量：$m=\overline{m}\pm\Delta m_{合}=$______。

(4) ρ：$\overline{\rho}=\dfrac{4\overline{m}}{\pi\,\overline{d}^2\cdot\overline{h}}=$______$(\mathrm{g/cm^3})$，$\Delta\rho_{合}=\overline{\rho}\sqrt{\left(\dfrac{\Delta m_{合}}{\overline{m}}\right)^2+\left(\dfrac{\Delta h_{合}}{\overline{h}}\right)^2+\left(\dfrac{2\Delta d_{合}}{\overline{d}}\right)^2}$ $=$______。

间接测量量：$\rho=\overline{\rho}\pm\Delta\rho_{合}=$______$(\mathrm{g/cm^3})$。

【思考题】

(1)使用螺旋测微计没有进行零点校正，将对测量结果产生什么影响？

(2)物理天平的两臂如果不相等，砝码是标准的，应该怎样测量才能消除不等臂对测量结果的影响？

(3)在实验内容中，误差主要来源是什么？

【附】 注意事项

1. 游标卡尺

(1)使用游标卡尺时，应注意将被测物轻轻卡住即可读数，切忌将被测物在卡口内拉动。

(2)测完后，应使量爪保持一定缝隙，放回盒内。

2. 螺旋测微计

(1)使用螺旋测微计时，不得直接拧转螺尺套筒 D，必须旋转顶端旋柄 e，以免损坏精密螺纹。

(2)读数时应注意螺尺套筒的前沿是否露出半毫米刻线，若露出半毫米刻线，应加上0.5 mm。

(3)仪器使用完毕，钳口端面 a、b 应留一空隙，以免热膨胀时 a、b 过分压紧而损坏螺纹与端面。

3. 物理天平

(1)天平的负载量不得超过其称量，以免损坏刀口和压弯横梁。

(2)为了避免刀口受冲击而损坏，在取放物体、取放砝码、调节平衡螺母、调节游码以及不使用天平时，必须使天平横梁放下。只是在判断天平是否平衡时才将天平横梁升起。天平升起或降下时，旋转制动旋钮动作要轻。

(3)砝码不能用手拿取,必须用镊子夹取。从秤盘中取下砝码后应立即放入砝码盒中的对应位置。

(4)测量时,待测物体及砝码都应放在秤盘中间,同时使用几个砝码时,大砝码放在中间,小砝码放在周围,以免秤盘摆动过大。

(5)测量完毕,将制动旋钮向左旋转,放下横梁,并将秤盘摘离刀口。

实验2　单摆测重力加速度

【实验目的】

(1)掌握光电计时器的使用方法。

(2)了解误差的传递和合成。

(3)学习用单摆测量仪测当地的 g。

【实验仪器和用具】

单摆实验装置、微秒计、米尺、游标卡尺、金属小球。

【实验原理】

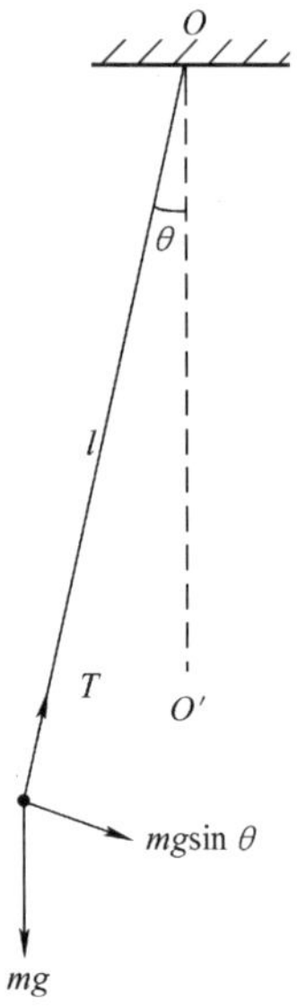

图3-2-1　单摆

单摆是由一摆线连着质量为 m 的摆球所组成的力学系统,是力学基础教科书中都要讨论的一个力学模型。当年伽利略在观察比萨教堂中的吊灯摆动时发现,摆长一定的摆,其摆动周期不因摆角而变化,因此可用它来计时,后来惠更斯利用了伽利略的这个观察结果,发明了摆钟。如今进行的单摆实验,是要进一步精确地研究该力学系统所包含的力学线性和非线性运动行为。单摆在摆角很小,不计阻力时的摆动为简谐振动,简谐振动是一切线性振动系统的共同特性,它们都以自己的固有频率做正弦振动,与此同类的系统有:线性弹簧上的振子,LC 振荡回路中的电流,微波与光学谐振腔中的电磁场,电子围绕原子核的运动等,因此单摆的线性振动,是具有代表性的。

如图3-2-1所示,将一质量为 m 的金属小球悬挂在支点 O 的位置,其质心到支点的距离为摆长 l。

由牛顿第二运动定律,质心的运动方程为

$$ma_{切} = -mg\sin\theta \tag{3-2-1}$$

当摆角 θ 很小时,则 $\sin\theta \approx \theta$,得小球做简谐振动的方程为

$$ml\frac{d^2\theta}{dt^2} = -mg\theta \tag{3-2-2}$$

由(3-2-2)式化简得

$$\frac{d^2\theta}{dt^2} = -\frac{g}{l}\theta \tag{3-2-3}$$

小球做简谐振动时固有角频率为

$$\omega_0 = \frac{2\pi}{T} = \sqrt{\frac{g}{l}} \tag{3-2-4}$$

由式(3－2－4)$T = 2\pi\sqrt{\frac{l}{g}}$可知

$$g = 4\pi^2 \frac{l}{T^2} \tag{3-2-5}$$

在实验时,测量一个周期的相对误差较大,依据实验条件一般是测量连续摆动 n 个完整的振动周期后累计时间 t,由 $T = \frac{t}{n}$得

$$g = 4\pi^2 \frac{n^2 l}{t^2} \tag{3-2-6}$$

式中 π 和 n 不考虑误差,因此式(3－2－6)的误差传递公式为

$$\frac{\Delta g}{g} = \frac{\Delta l}{l} + 2\frac{\Delta t}{t} \tag{3-2-7}$$

从上式可以看出,在 Δl、Δt 大体一定的情况下,增大 l 和 t 对测量 g 有利。

【实验内容】

(1)分别用游标卡尺、米尺测量小球直径 D 和摆线长 l。

(2)调节实验装置,当振幅 $\theta \leqslant 5°$时,用微秒计测时间 t。

(3)计算重力加速度 $\bar{g}$ 的值,结果用不确定度表示。

*(4)改变摆长,测定重力加速度 g,使 50 cm$\leqslant l \leqslant$110 cm,测出不同摆长下的 T。

①用直角坐标纸作 $l - T^2$ 图,如果是直线说明什么? 由直线得斜率求 g。

②以摆长 l 及相应的 T^2 数据,用最小二乘法做直线拟合,求其斜率,并由此求出 g。

*(5)固定摆长,改变摆角 $5° \leqslant \theta \leqslant 30°$,测定周期 T。使 $5° \leqslant \theta \leqslant 30°$,用光电计时器测摆动周期 T,然后做比较。

①用周期 T 随摆角 θ 变化的二级近似式

$$T_1 = 2\pi\sqrt{\frac{l}{g}}\left(1 + \frac{1}{4}\sin^2\frac{\theta}{2}\right) \tag{3-2-8}$$

计算出上述相应角度的周期数值,并进行比较(其中 g 取当地标准值)。

②用式 $T = 2\pi\sqrt{\frac{l}{g}}$计算出周期 T 的值,并进行比较(其中 g 取当地标准值)。从以上比较中体会要求摆角 θ 很小这一条件的重要性,并体会摆角 θ 略偏大时,用式(3－2－8)进行修正的必要性。

*(6)其他系统误差的考虑。

除了摆角的影响以外,由于存在理论、方法等方面的误差,还需从以下方面逐项分析,考察并修正测量结果。

①复摆的修正。

单摆公式 $T=2\pi\sqrt{\frac{l}{g}}$ 中，假定小球是一个质点，而且不计摆线质量，实际上，从精确测量的角度分析，摆线质量并不等于零，小球半径也不等于零，即不是理想的单摆，而是一个绕固定轴摆动的复摆。其周期可用下式表达：

$$T_2=2\pi\sqrt{\frac{l}{g}}\cdot\sqrt{1+\frac{2}{5}\frac{d^2}{l^2}-\frac{1}{6}\frac{m_0}{m}} \tag{3-2-9}$$

式中 m——小球质量；

m_0——摆线质量；

l——摆线长度；

d——小球半径。

上式中 $\frac{2}{5}\frac{d^2}{l^2}$ 和 $\frac{1}{6}\frac{m_0}{m}$ 项为单摆周期公式的修正项。

②空气浮力与阻力的修正。

考虑到空气的浮力和阻力影响，周期将增大。即

$$T_3=2\pi\sqrt{\frac{l}{g}}\cdot\sqrt{\left(1+\frac{8}{5}\frac{\rho_0}{\rho}\right)} \tag{3-2-10}$$

式中 ρ_0——空气密度；

ρ——小球密度。

上式中 $\frac{8}{5}\frac{\rho_0}{\rho}$ 项为修正项。

【数据记录】

(1)用游标卡尺单次测量摆球的直径 $D=$ ________ mm。

(2)用米尺多次测量摆线长 x_i，则摆长 $l_i=x_i+d$，数据记入表3-2-1。

表3-2-1 摆长测量

次数 i	1	2	3	4	5	6
x_i/cm						
l_i/cm						

(3)用微秒计测 $n=50$ 个振动周期的时间 t_i，数据记入表3-2-2。

表3-2-2 时间测量

次数 i	1	2	3	4	5	6
t_i/s						

【数据处理】

(1)摆长测量，计算结果用不确定度表示。

l：$\bar{l}=\frac{\sum_{i=1}^{n}l_i}{n}=$ ________，$\Delta l_A=\sqrt{\frac{\sum_{i=1}^{n}(l_i-\bar{l})^2}{n(n-1)}}=$ ________，$\Delta d_A=0$，$\Delta d_B=\frac{0.02}{\sqrt{3}}$ mm，

$$\Delta x_B = \frac{0.5}{\sqrt{3}}\text{ mm}, \Delta l_{合} = \sqrt{\Delta l_A^2 + \Delta d_B^2 + \Delta x_B^2} = \underline{\qquad\qquad}。$$

摆长：$l = \bar{l} \pm \Delta l_{合} = \underline{\qquad\qquad}$。

(2)时间测量，计算结果用不确定度表示。

$$t: \bar{t} = \frac{\sum_{i=1}^{n} t_i}{n} = \underline{\qquad\qquad}, \quad \Delta t_A = \sqrt{\frac{\sum_{i=1}^{n}(t_i - \bar{t})^2}{n(n-1)}} = \underline{\qquad\qquad}, \Delta t_B = \frac{1}{\sqrt{3}}\ \mu\text{s}(忽略),$$

$$\Delta t_{合} = \sqrt{\Delta t_A^2 + \Delta t_B^2} = \underline{\qquad\qquad}。$$

时间：$t = \bar{t} \pm \Delta t_{合} = \underline{\qquad\qquad}$。

(3)重力加速度测量，计算结果用不确定度表示。

$$g: \bar{g} = 4\pi^2 \frac{50^2 \cdot \bar{l}}{\bar{t}^2} = \underline{\qquad\qquad}, \Delta g_{合} = \bar{g}\sqrt{\left(\frac{\Delta l_{合}}{l}\right)^2 + \left(\frac{2\Delta t_{合}}{\bar{t}}\right)^2} = \underline{\qquad\qquad}。$$

重力加速度：$g = \bar{g} \pm \Delta g_{合} = \underline{\qquad\qquad}$。

【思考题】

(1)在实验中，误差主要来源于哪里？

(2)有一摆长很长的单摆，不许直接去测量摆长，你能否设法用测时间的工具测出摆长？

(3)请想出一种用摆锤为不规则形状的重物(如一把挂锁)制成“单摆”，并测定重力加速度 g 的方法。

(4)假设单摆的摆动不在竖直平面内，而是作圆锥形运动(即“锥摆”)。若不加修正，在同样的摆角条件下，所测的 g 值将会偏大还是偏小？为什么？

【附】 单摆的实验装置

实验装置(图 3-2-2)功能说明如下。

(1)松开锁紧螺钉 9，摆线从挂线轴 10 的中间小孔穿过穿线柱 12 的小孔绕在绕线轴 13 上。线的长度调节好后用锁紧螺钉 9 将其锁紧。

(2)将锁紧螺钉 20 松开可上下调节光电门。

(3)将锁紧螺钉 16 松开，转动转动圆环 17”，可将光电门调节至设想的角度，然后再锁紧。

(4)挡光针为长 15 mm、直径 2.7 mm 的中空塑料圆柱，实验时将其插在小球的底部孔中。

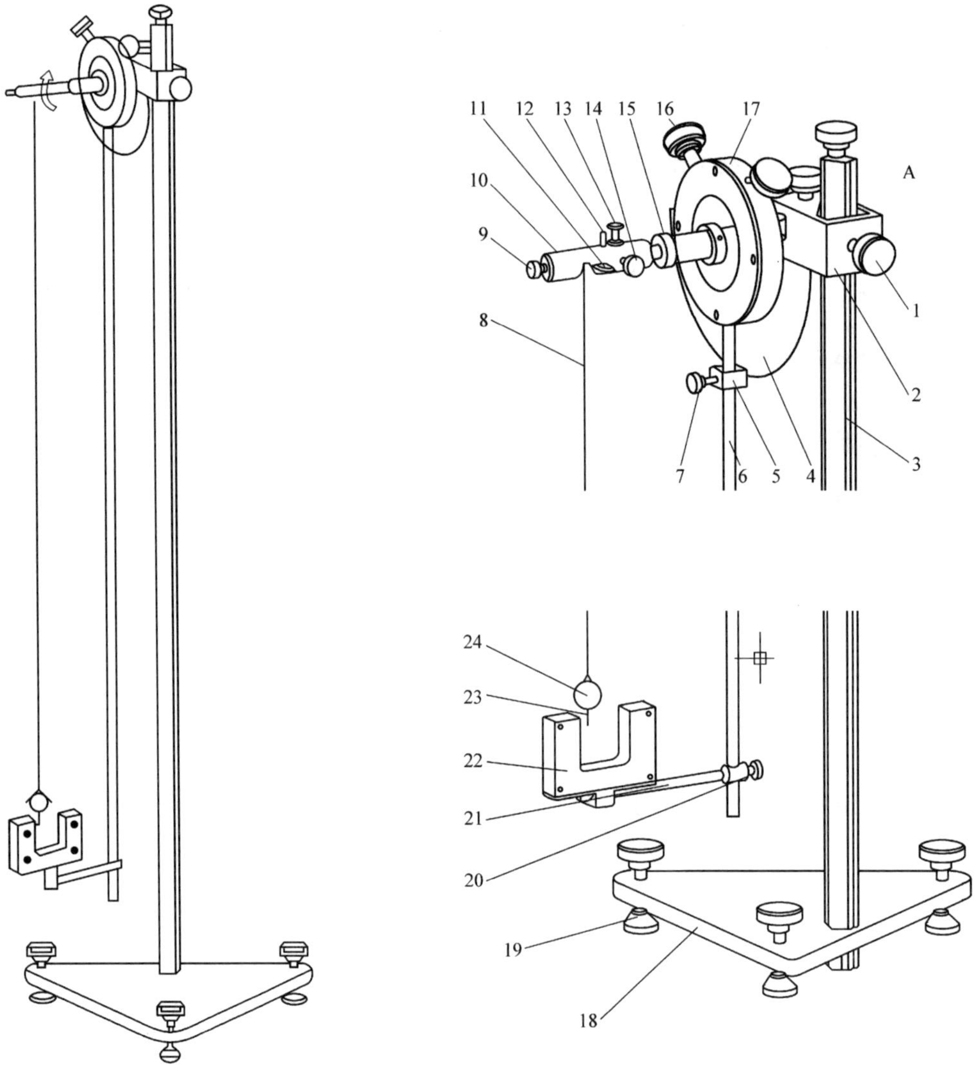

图 3-2-2　实验装置

1—锁紧螺钉;2—夹座;3—支架柱;4—刻度盘;5—刻度指针;6—摆杆;7—锁紧螺钉;
8—摆线;9—锁紧螺钉;10—挂线轴;11—挂板;12—穿线柱;13—绕线轴;14—锁紧螺钉;15—锁紧螺帽;16—锁紧螺钉;
17—转动圆环;18—底座;19—底座脚;20—锁紧螺钉;21—光电门安装轴;22—光电门;23—挡光针;24—摆球

实验 3　固体和液体密度的测量

【实验目的】

(1)学会正确使用物理天平。

(2)熟悉固体与液体密度的测量方法。

(3)学习用不确定度表示测量结果。

【实验仪器和用具】

物理天平、待测固体、待测液体、温度计、细线、比重瓶。

【实验原理】

密度是物质的一种特性。它不随质量和体积的变化而变化，只随物态、温度、压强变化而变化。物体的密度是单位体积内含有物质的质量，与物质的成分、种类、结构有关。密度在生产技术上的应用可从以下几个方面反映出来：可鉴别组成物体的材料，计算物体中所含各种物质的成分，计算某些很难称量的物体的质量或形状比较复杂的物体的体积，可判定物体是实心还是空心，计算液体内部压强以及浮力等。

物体密度的测量的基本方法有：测量称衡法、比重瓶法、阿基米德定律法、密度计法。物体的质量 M 可用天平称量，对于外形规则而又便于测量外形尺寸的物体，可通过测外形尺寸来计算体积，对于一般外形不规则的固体，则必须采用其他方法求其体积。本实验介绍常用的测量不规则固体与液体密度的方法，实验装置如图 3-3-1 所示。

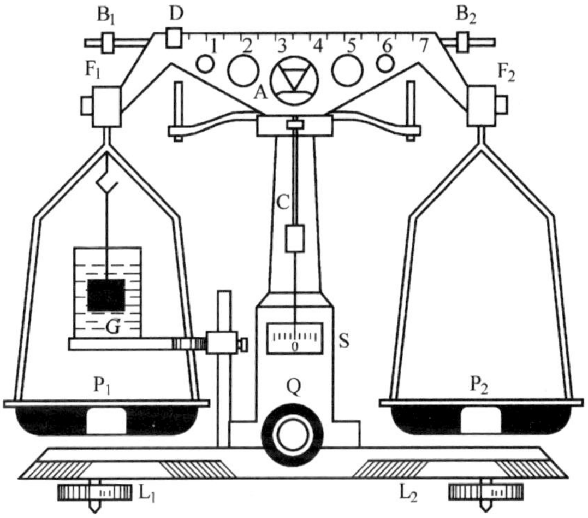

图 3-3-1 实验装置

在水的密度已知的条件下进行如下测量。

1. 用静力称衡法测量固体的密度

设被测物不溶于水，用物理天平称其在空气中的质量为 M_1，如果不计空气的浮力，待测物在空气中的重量为 M_1g，用细线将其悬吊在水中称得质量为 M_2，其完全浸没在水中的重量为 M_2g，待测物在水中受到的浮力：

$$F_{浮} = (M_1 - M_2)g \tag{3-3-1}$$

依据阿基米德原理，待测物在水中所受的浮力等于它排开水的重量 $G = F_{浮}$ 得

$$(M_1 - M_2)g = V\rho_{水} g \tag{3-3-2}$$

由 $\rho_{M_1} = \dfrac{M_1}{V}$ 得

$$\rho_{M_1} = \frac{M_1}{M_1 - M_2}\rho_{水} \tag{3-3-3}$$

2. 用静力称衡法测量液体的密度

更换液体，用细线将待测物悬吊在待测液中称得质量为 M_3，依据阿基米德定律 $G = F_{浮}$ 得

$$(M_1 - M_3)g = V\rho_{液} g \tag{3-3-4}$$

由式(3－3－2)、式(3－3－4)得

$$\rho_{液}=\frac{M_1-M_3}{M_1-M_2}\rho_{水} \tag{3-3-5}$$

【实验内容】

(1)调节物理天平底座水平。

(2)游码调节到零刻度，调节横梁平衡。

(3)用静力称衡法测量固体的密度。

①称量待测物在空气中的质量 M_1。

②用细线将待测物悬吊在天平横梁左侧的小钩上，如图3－3－1所示，再将待测物全部浸入盛有蒸馏水的容器中，称出此时物体在水中称衡时天平的砝码值 M_2。(注意不要让待测物触碰容器并除去待测物周围附着的气泡)

③测水的温度值，并查出此温度下水的密度 $\rho_{水}$。

④由式(3－3－3)计算固体的密度，并用不确定度表示测量结果($\rho_{M_1}=\bar{\rho}_{M_1}\pm\Delta\rho_{M_1合}$)。

(4)用静力称衡法测量液体的密度。

①更换液体，依照用静力称衡法测量固体的密度的②的内容用同样的方法称量待测物在待测液体中的质量 M_3。

②测待测液的温度值。

③由式(3－3－5)计算液体的密度，并用不确定度表示测量结果($\rho_{液}=\bar{\rho}_{液}\pm\Delta\rho_{液合}$)。

(5)用静力称衡法测量待测物体的密度小于液体的密度(选做)。

如图3－3－2所示，将待测物下方拴一密度较大的重物，使待测物连同重物全部浸入盛有蒸馏水的容器中(图3－3－2(a))称得质量 M_4；再将待测物提升到液面之上，而重物仍完全浸入盛有蒸馏水的容器中(图3－3－2(b))称得质量 M_5，待测物在液体中所受浮力为

$$F_{浮}=(M_5-M_4)g=\rho_{水}V_{待}g \tag{3-3-6}$$

由 $\rho_{待}=\dfrac{M_{待}}{V_{待}}$ 得

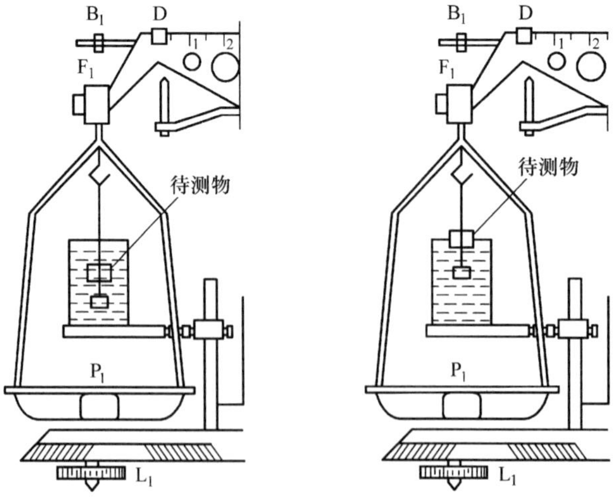

图3－3－2　静力称衡

(a)待测物连同重物全部浸入　(b)待测物提升到液面之上，重物仍完全浸入

$$\rho_{待} = \frac{M_{待}}{M_5 - M_4}\rho_{水} \tag{3-3-7}$$

并用不确定度表示测量结果($\rho_{待} = \bar{\rho}_{待} \pm \Delta\rho_{待合}$)。

(6)用比重瓶法测量小块固体密度(选做)。

用比重瓶法测量形状不规则的小块固体、液体或粉末颗粒密度时,要求小块固体不溶于水且没有化学反应,逐一称出空比重瓶质量 $M_{空}$,固体加入比重瓶后的质量 M_6,装满蒸馏水的比重瓶的质量 M_7,以及装满蒸馏水的比重瓶内投入小块固体后的总质量 M_8。显然,被小块固体从瓶中排出的水的质量为 $M_7 + M_6 - M_8$,因此在体积相同的条件下,小块固体的密度为

$$\rho_{固} = \frac{M_6 - M_{空}}{M_7 + M_6 - M_{空} - M_8}\rho_{水} \tag{3-3-8}$$

整个实验过程中,要保证体积相同的条件,就必须保持温度不变,因为密度随温度变化,而且温度改变会引起比重瓶体积的变化。

①洗净、烘干比重瓶,并称出干燥比重瓶的质量 $M_{空}$。

②将小玻璃球(约 10 粒)烘干,小玻璃球加入比重瓶后的质量为 M_6。

③称装满蒸馏水的比重瓶的质量 M_7。

④将已称其质量为 M_6 的玻璃球放入已盛满蒸馏水的比重瓶内,塞上瓶塞,擦干瓶外的蒸馏水,称出此时比重瓶、水和玻璃球的总质量 M_8。

⑤由式(3-3-8)计算出玻璃球的密度并用不确定度表示测量结果($\rho_{玻} = \bar{\rho}_{玻} \pm \Delta\rho_{玻合}$)。

(7)用比重瓶法测量液体的密度(选做)。

①洗净、烘干比重瓶,并称出干燥比重瓶的质量 $M_{空}$。

②将待测液体酒精充满比重瓶,用吸水纸擦干瓶外的酒精,再称其质量 M_9。

③倒出酒精,将比重瓶放入恒温箱(恒温箱温度控制在 70 ℃以下)中进行烘干,然后将干燥的比重瓶充满蒸馏水,称其质量 M_{10}。

④用式 $\rho_{酒} = \frac{M_9 - M_{空}}{M_{10} - M_{空}}\rho_{水}$ 计算酒精的密度并用不确定度表示测量结果($\rho_{酒} = \bar{\rho}_{酒} \pm \Delta\rho_{酒合}$)。

【数据记录】

$\rho_{水}$ =________ g/cm^3,$t_{水}$ =________℃,$t_{盐水}$ =________℃,$\Delta M_{仪}$ =_____ g。

质量的测量数据记入表 3-3-1。

表 3-3-1 质量的测量

次数 n	1	2	3	4	5
M_1/g					
M_2/g					
M_3/g					

【数据处理】

1. 质量测量

(1) M_i：$\Delta M_{iA} = \sqrt{\dfrac{\sum_{i=1}^{n}(M_i - \overline{M}_i)^2}{n(n-1)}} =$ ________，$\Delta M_{iB} = \dfrac{0.02}{\sqrt{3}}$ 或 $\dfrac{0.05}{\sqrt{3}}$，$\Delta M_{i合} = \sqrt{\Delta M_{iA}^2 + \Delta M_{iB}^2} =$ ________。

直接测量量：$M_1 = \overline{M}_1 \pm \Delta M_{1合} =$ ________。

同理：$M_2 = \overline{M}_2 \pm \Delta M_{2合} =$ ________，$M_3 = \overline{M}_3 \pm \Delta M_{3合} =$ ________。

2. 密度测量

$$\bar{\rho}_{M_1} = \frac{\overline{M}_1}{\overline{M}_1 - \overline{M}_2}\rho_{水} = \text{\_\_\_\_\_\_\_\_}。$$

$$\Delta\rho_{M_1合} = \bar{\rho}_{M_1}\sqrt{\left(\frac{\Delta\rho_{水}}{\rho_{水}}\right)^2 + \left(\frac{\Delta M_{2合}}{\overline{M}_1 - \overline{M}_2}\right)^2 + \left(\frac{\overline{M}_2 \cdot \Delta M_{1合}}{\overline{M}_1(\overline{M}_1 - \overline{M}_2)}\right)^2} = \text{\_\_\_\_\_\_\_\_}。$$

间接测量量：$\rho_{M_1} = \bar{\rho}_{M_1} \pm \Delta\rho_{M_1合} =$ ________。

3. 待测液密度

$$\bar{\rho}_{液} = \frac{\overline{M}_1 - \overline{M}_3}{\overline{M}_1 - \overline{M}_2}\rho_{水} = \text{\_\_\_\_\_\_\_\_}。$$

$$\Delta\rho_{液合} = \bar{\rho}_{液}\sqrt{\left(\frac{\Delta\rho_{水}}{\rho_{水}}\right)^2 + \left(\frac{\Delta M_{3合}}{\overline{M}_1 - \overline{M}_3}\right)^2 + \left(\frac{\Delta M_{2合}}{\overline{M}_1 - \overline{M}_2}\right)^2 + \left[\frac{(\overline{M}_3 - \overline{M}_2)\Delta M_{1合}}{(\overline{M}_1 - \overline{M}_2)(\overline{M}_1 - \overline{M}_3)}\right]^2}$$

间接测量量：$\rho_{液} = \bar{\rho}_{液} \pm \Delta\rho_{液合} =$ ________。

【思考题】

(1)你将怎样通过实验来测量蜡的密度?

(2)试分析本次实验产生误差的主要原因。

(3)实验中我们略去了空气浮力的影响,为什么?

(4)公元前三世纪,希腊科学家阿基米德利用他所发现的浮力原理做实验,去判断工匠给希艾罗王做的纯金王冠中是否掺进其他金属。现在请你用这个实验的方法来确定,一个由两种材料(A 和 B)混合而成的物体中这两种材料的重量百分比。除待测物体外实验室还可提供纯粹的材料 A、B 样品,物理天平,试设计实验方案。

实验 4　自由落体运动实验

【实验目的】

(1)用重力加速度仪测定当地重力加速度。

(2)学习用最小二乘法处理数据。

【实验仪器和用具】

ZT - B 自由落体实验仪器装置、HMS - 2 数字毫秒计、金属小球。

【实验原理】

仅在重力作用下,物体由静止开始竖直下落的运动称为自由落体运动。由于受空气阻力的影响,自然界中的落体都不是严格意义上的自由落体。只有在高度抽真空的试管内才可观察到真正的自由落体运动——一切物体(如铁球与鸡毛)以同样的加速度运动。这个加速度称为重力加速度。

重力加速度 g 是物理学中的一个重要参量。在地球上各个地区的重力加速度,随地球纬度和海拔高度的变化而变化。一般来说,在赤道附近 g 的数值最小,纬度越高,越靠近南北两极,则 g 的数值越大。在地球表面附近 g 的最大值与最小值相差仅约 1/300。准确测定重力加速度 g,在理论、生产和科研方面都有着重要的意义。而研究 g 的分布情形对地球物理学这一领域尤为重要。利用专门仪器,仔细测绘小地区内重力加速度的分布情况,还可对地下资源进行勘查。

本实验对小球下落运动的研究,仅限于低速情形,因此,空气阻力可以忽略,可视其为自由落体运动。实验装置如图 3－4－1 所示,如果自由落体从静止开始运动一小段路程到达光电门 1 的位置 A 点的时刻开始计时,继续自由下落通过光电门 1,2(即 A,B 点)之间的距离为 s,时间为 t,则初速不为零的自由落体运动方程为

$$s = v_0 t + \frac{1}{2}gt^2 \qquad (3-4-1)$$

将式(3－4－1)线性化处理得

$$\frac{s}{t} = v_0 + \frac{1}{2}gt \qquad (3-4-2)$$

令 $y = s/t$,$x = t$。显然 $y(t)$ 是一直线方程。若 s 取一系列给定值,通过实验分别测出对应的 t 值,$k = \frac{1}{2}g$、$b = v_0$ 作 y—x 实验曲线即可验证上述方程。

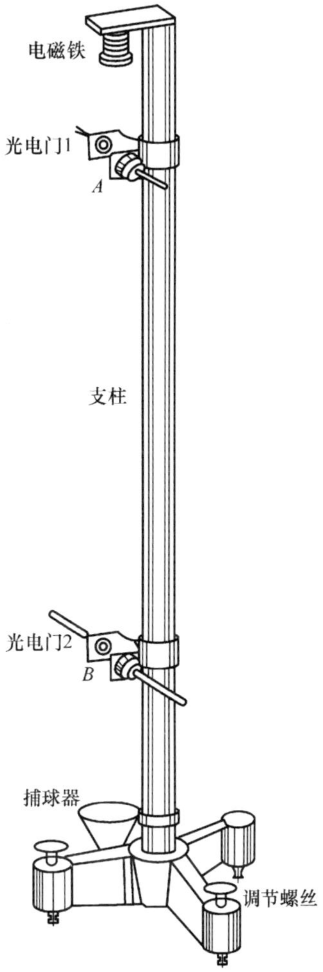

图 3－4－1　实验装置

在实际实验中为了避免测不准 s 的困难,同时消除电磁铁剩磁的影响,可以采用以下方法来测量重力加速度 g,原理如下。

保持光电门 1 位置不变,改变光电门 2 的位置,分别记录两光电门之间的距离 s 及小球下落不同距离 s_i 时所用的时间 t_i。设小球在经过光电门 1 的时间 $t_A = 0$,则有

$$t_1 = t_{AB} = (t_B - t_A) = t_B \qquad (3-4-3)$$

$$s_1 = s_{AB} = |s_B - s_A| \qquad (3-4-4)$$

……

$$t_i = t_{AB_i} = (t_{B_i} - t_A) = t_{B_i} \qquad (3-4-5)$$

$$s_i = s_{AB_i} = |s_{B_i} - s_A| \qquad (3-4-6)$$

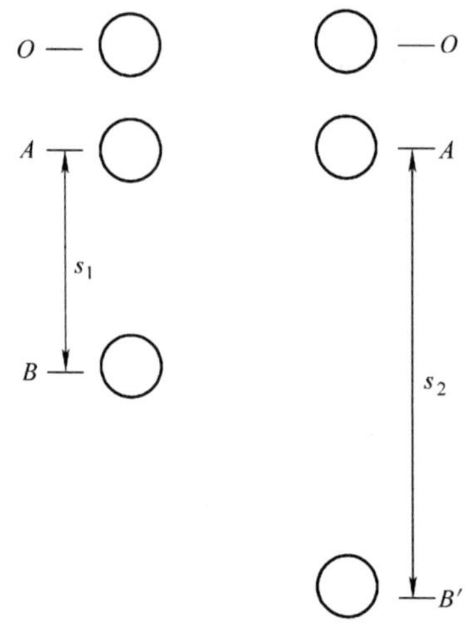

图 3-4-2　小球自由下落

让物体从 O 点开始自由下落，如图 3-4-2 所示，设它到达 A 点的速度为 v_1。从 A 点开始，经过时间 t_1 后，物体到达点 B。令 A、B 点间的距离为 s_1，则有

$$s_1 = v_0 t_1 + \frac{1}{2} g t_1^2 \tag{3-4-7}$$

若保持前面所述的条件不变，则从 A 点起，经过时间 t_2 后，物体到达 B' 点。令 A、B' 点间的距离为 s_2，则有

$$s_2 = v_0 t_2 + \frac{1}{2} g t_2^2 \tag{3-4-8}$$

将上述两式分别乘以 t_2 和 t_1 并相减，得

$$g = \frac{2\left(\frac{s_2}{t_2} - \frac{s_1}{t_1}\right)}{t_2 - t_1} \tag{3-4-9}$$

如果将光电门 2 每隔一定距离（如 10.00 cm）下移，记下相应的 s_i，t_i 则有

$$s_1 = v_0 t_1 + \frac{1}{2} g t_1^2 \tag{3-4-10}$$

$$s_2 = v_0 t_2 + \frac{1}{2} g t_2^2 \tag{3-4-11}$$

……

$$s_i = v_0 t_i + \frac{1}{2} g t_i^2 \tag{3-4-12}$$

在上述各方程中任意取两个，就可以解得重力加速度 g。

【实验内容】

（1）将两组光电门拉开至最大距离，调节底脚调节螺钉，利用铅垂线调节实验装置铅直，使下落的小球能通过光电门 1 和 2 的中心。

（2）把光电门 1 置于立柱上 15 cm 处，光电门 2 置于 25 cm 处。打开如图 3-4-3 所示的 HMS-2 通用电脑式毫秒计机箱后面板上电磁铁控制开关，将小钢球送至磁铁上，在仪器平稳状态下，关闭控制开关，使小钢球下落，测 s_1、t_1。

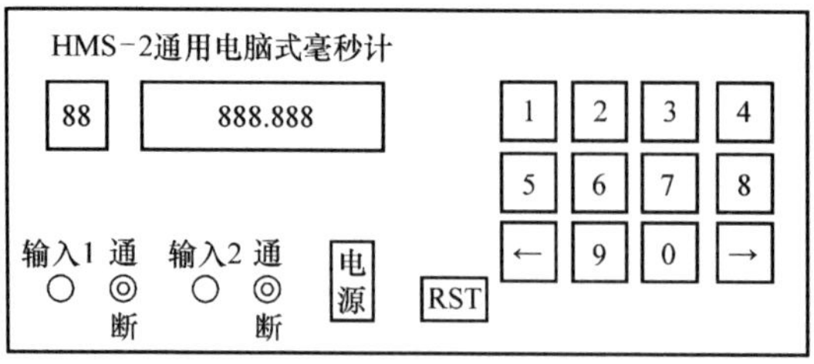

图 3-4-3　HMS-2 通用电脑式毫秒计

（3）光电门 1 位置固定不变，将光电门 2 每次下移 10 cm，测 s_n、t_n。

【数据记录】

将距离、时间的测量数据记入表 3-4-1。

表 3－4－1　距离、时间的测量

次数 n	1	2	3	4	5
距离 s/cm					
时间 t/s					

【数据处理】

1. 普通作图法处理

(1)根据数据的测量范围，选取坐标纸进行处理。

(2)在坐标纸上按图解法作 $y(t)$ 曲线。检查各测值点在本实验的测量误差范围内是否分布在一直线上。

(3)用两点式求出该直线的斜率并确定 g 值。将该实验曲线向左延长找出与 y 轴交点的坐标确定 v_0。

2. 用最小二乘法处理

最小二乘法处理数据见表 3－4－2。

表 3－4－2　最小二乘法处理数据表

次数 n	1	2	3	4	5	平均值
$s_n = t_n \cdot y_n$						$\bar{s} =$
t_n						$\bar{t} =$
$y_n = s_n/t_n$						$\bar{y} =$
t_n^2						$\overline{t^2} =$
y_n^2						$\overline{y^2} =$

为了能从上述实验的五组测值 s_i，t_i 处理得出 g 的最佳值，可应用最小二乘法处理。最小二乘法拟合图线差值如图 3－4－4 所示。令 $k = \frac{1}{2}g$，$b = v_0$，$x = t$，于是式(3－4－2)变为 $y = kt + b$，目标是要从实验的五组测量值得出式中 k 和 b 的最佳值。设想若 k 和 b 的最佳值已知，则分别将各个测值 t_i 代入式(3－4－2)使可得到对应的各个计算值 $\overline{y_i}$，即 $\overline{y_i} = k\,\overline{t_i} + v_0 (i = 1, 2, \cdots, 5)$ 和 t_i 对应的测量值 y_i 与相应的计算值 $\overline{y_i}$ 之间的用 u_i 表示，称之为残差。即残差为 $u_i = y_i - \overline{y_i} (i = 1, 2, \cdots, 5)$，最小二乘法原理指出：$k$ 和 b 的最佳值应使得上述各测量点残差的平方和有极小值。

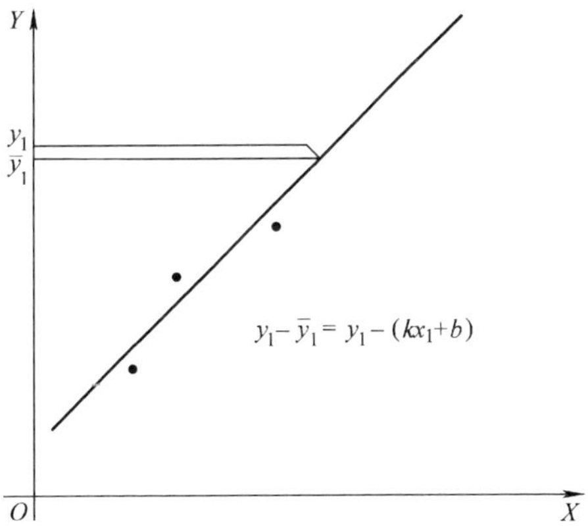

图 3－4－4　最小二乘法拟合图线差值

即 $\sum u_i^2 = \sum (y_i - \overline{y_i})^2 = \sum [y_i - (k\,\overline{t_i} + v_0)]^2$ 为零据此可以推导出：

$$k = \frac{\bar{t} \cdot \bar{y} - \bar{s}}{\bar{t}^2 - \overline{t^2}} = \frac{1}{2}g \tag{3-4-13}$$

$$v_0 = \bar{y} - k\bar{t} \tag{3-4-14}$$

其中 $\bar{t}=\sum t_i/n$，$\bar{y}=\sum y_i/n$，$\overline{t^2}=\sum t_i^2/n$，$\overline{t\cdot y}=\bar{s}=\sum s_i/n$，本实验 $n=5$。于是从式(3－4－13)、式(3－4－14)便可得出 k 和 b 的最佳值。在此基础上作 $y(t)$ 曲线，则直线在 y 轴上的截距为 v_0，直线通过点 $(\bar{t},\bar{y})$，直线斜率为 $\frac{1}{2}g$。按下式计算线性相关系数 γ：

$$\gamma=\frac{\bar{s}-\bar{y}\cdot\bar{t}}{\sqrt{[\overline{t^2}-(\bar{t})^2]\cdot[\overline{y^2}-(\bar{y})^2]}} \tag{3-4-15}$$

其中，$\Delta t_i=t_i-\bar{t}$，$\Delta y_i=y_i-\bar{y}$ 利用线性相关系数 γ 检验实验数据是否满足线性关系。最终结果用不确定度表示，标准差

$$\Delta k=\sqrt{\frac{1-r^2}{n-2}}\cdot\frac{\bar{k}}{\gamma} \tag{3-4-16}$$

重力加速度测量结果：

$$g_{测}=2\bar{k}\pm 2\Delta k$$

【思考题】

(1)物体在流体中运动时所受的阻力有两种：黏滞阻力和压差阻力。描述流体阻力时一个关键参数是雷诺数 Re($Re=\rho vd/\eta$，其中 ρ、η 是流体的密度和动力黏度，v 与 d 是运动物体的速度和线度)。一般地说，当 $Re<1$ 时，物体所受阻力主要是黏滞阻力，压差阻力可以忽略不计。这时阻力 f 与 v 成正比，而当 Re 较大时，压差阻力则成为主要因素。此时，阻力 f 与 v 不再是线性关系，而是取如下表达式：

$$f=c\cdot\frac{\pi d^2}{4}\cdot\frac{\rho v^2}{2} \tag{3-4-17}$$

其中，c 是与雷诺数有关的系数。本实验中 $Re\approx 10^3$，对于从 1 m 高处下落至地面的小球速度而言，c 可取为 0.46。若小球的质量 $m=1.0\times10^{-2}$ kg，小球的线度 $d=1.30\times10^{-2}$ m，$\eta_{空气}=18.1\times10^{-6}$ Pa·s，$\rho_{空气}=1.3$ kg/m^3，估算小球从 1 m 高处下落至地面时，受到的空气阻力，并与重力数值比较。

(2)如果用体积相同而质量不同的小木球来代替小铁球，试问实验所得到的 g 值是否不同？你将怎样通过实验来证实你的答案呢？

(3)试分析本次实验产生误差的主要原因，并讨论如何减小重力加速度 g 的测量误差。

实验5 精密称衡

【实验目的】

(1)学会正确使用分析天平。

(2)精密称衡线和金属小球的质量。

(3)测量结果用不确定度表示。

【实验仪器和用具】

TG328A 分析天平、米尺、细线、金属小球。

【实验原理】

1. 分析天平的构造原理

分析天平为杠杆式双盘等臂天平，是根据杠杆原理制成的，用已知重量的砝码来衡量被称物体的重量。在分析工作中，通常称量某物质的重量，实际上称得的都是物质的质量。

2. 基本构造

1）天平横梁

天平横梁是天平的主要部件，在梁的中下方装有细长而垂直的指针，梁的中间和等距离的两端装有三个玛瑙三棱体即支点刀，固定在天平立柱中间刀口向下，两端刀口向上，三个刀口的棱边完全平行且位于同一水平面上。梁的两边装有两个平衡螺丝，用来调整梁的平衡位置（也即调节零点）。

2）吊耳和秤盘

两个承重刀上各挂一吊耳，吊耳的上钩挂着秤盘，在秤盘和吊耳之间装有空气阻尼器。空气阻尼器是两个套在一起的铝制圆筒，内筒比外筒略小，正好套入外筒，两圆筒间有均匀的空隙，内筒能自由地上下移动。当天平启动时，利用空气阻力来减少横梁摆动的时间，达到迅速静止，提高工作效率。

3）开关旋钮和盘托

天平启动和关闭是通过开关旋钮完成的。需启动时，顺时针旋转开关旋钮，带动升降枢，控制与其连接的托架下降，天平梁放下，刀口与刀承相承接，天平处于工作状态。需关闭时，逆时针旋转开关旋钮，使托架升起，天平梁被托起，刀口与刀承脱离，天平处于关闭状态。秤盘下方的底板上安有盘托，也受开关旋钮控制。关闭时，盘托支持着秤盘，防止秤盘摆动，且可保护刀口。

4）三挡机械加码装置

天平外框左侧装有三挡机械加码装置，机械加码装置是一种通过转动指数盘加减环形码（亦称环码）的装置。环码分别挂在码钩上。称量时，转动指数盘旋钮将砝码加到承受架上。当平衡时，环码的质量可以直接在砝码指数盘上读出。通过三挡增减砝码指示旋钮变换 10 mg ~ 199.990 g 砝码以内所需质量值。

5）光学读数装置

光学读数装置固定在支柱的前方。称量时，固定在天平指针上微分标尺的平衡位置可以通过光学系统放大投影到光屏上。标尺上的读数直接表示 10 mg 以下的质量，每一大格代表 1 mg，每一小格代表 0.1 mg。从投影屏上可直接读出 0.1 ~ 10 mg 以内的数值。

6）天平箱

为了天平在稳定气流中称量及防尘、防潮，天平安装在一个由木框和玻璃制成的天平箱内，天平箱前面和右边有门，前门一般在清理或修理天平时使用，右侧的门分别供取放样品和砝码用。天平箱固定在大理石板上，箱座下装有三个支脚，后面的一个支脚固定不动，前面的两个支脚可以上下调节，通过观察天平内的水平仪，使天平调节到水平状态。

3. 天平的读数方法

分析天平左侧横梁下方有三层承受架，用来挂砝码。最小分度值为：0.1 mg，误差限 0.1 mg，最大称量 200 g。

如图 3-5-1 所示，天平的读数：二挡加码指示盘读数 + 投影屏上的读数。

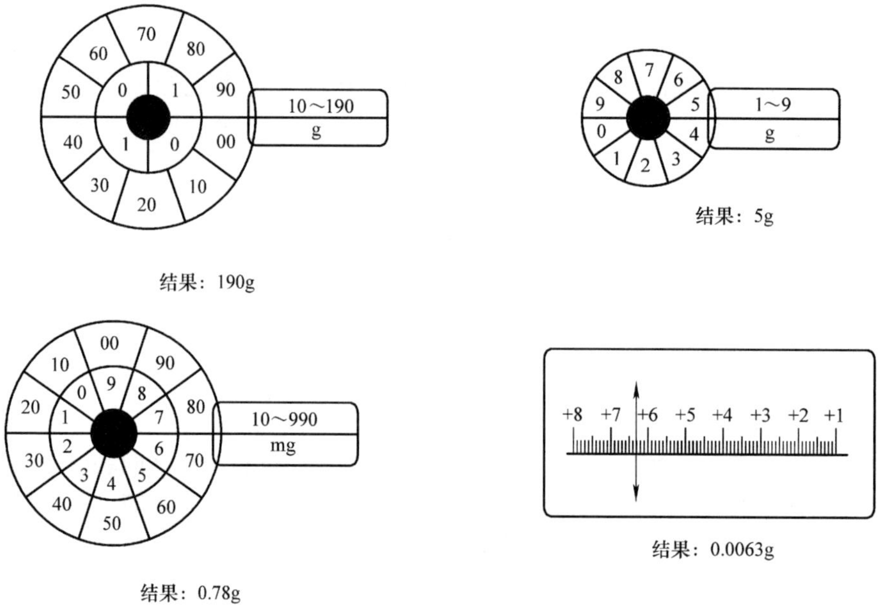

图 3－5－1　TG328A 型天平读数示意图

总读数为：195.786 3 g。

【实验内容】

(1)调节天平底座水平，使横梁平衡。

①掀开防尘罩叠放在天平箱上方。检查天平是否正常：天平是否水平，秤盘是否洁净，指数盘是否在“000”位，环码有无脱落，吊耳是否错位等。

②调节零点接通电源，轻轻地按顺时针旋转启制动旋钮，启动天平，在光屏上即看到标尺，标尺停稳后，光屏中央的黑线应与标尺中的“0”线重合，即为零点（天平空载时平衡点）。如不在零点，差距小时，可调节微动调节杆，移动屏的位置，直至调到零点；如差距大时，关闭天平，调节横梁上的平衡螺丝，再开启天平，反复调节，直至零点。

(2)称量细线质量。

(3)测量细线长 l。

(4)称量小球质量。

(5)用比重瓶法测量不规则小块固体的密度（选做）。

若用比重瓶法测量形状不规则的小块固体、液体或粉末颗粒密度时，要求小块固体不溶于水且与水没有化学反应。洗净、烘干比重瓶，并称出干燥比重瓶的质量 $M_{空}$，将小玻璃球（约 10 粒）烘干，称出小玻璃球加入比重瓶后的质量 M_1，装满蒸馏水的比重瓶的质量 M_2 以及装满蒸馏水的比重瓶内投入小块固体后的总质量 M_3。显然，被小块固体从瓶中排出的水的质量为 $M_1+M_2-M_3$，因此在体积相同的条件下，小块固体的密度为

$$\rho_{固}=\frac{M_1-M_{空}}{M_1+M_2-M_{空}-M_3}\rho_{水} \qquad (3-5-1)$$

整个实验过程中，要保证体积相同的条件，就必须保持温度不变，因为密度随温度变化，而且温度改变会引起比重瓶体积的变化。

由式(3 -5 -1)计算玻璃球密度,用不确定度表示测量结果($\rho_{玻} = \bar{\rho}_{玻} \pm \Delta\rho_{玻合}$)。

(6)用比重瓶法测量液体的密度(选做)。

测量液体的密度时,洗净、烘干比重瓶,并称出干燥比重瓶的质量 $M_{空}$;然后将待测液体酒精充满比重瓶,用吸水纸擦干瓶外的酒精,再称其质量 M_1。倒出酒精,将比重瓶放入恒温箱中进行烘干(恒温箱温度控制在 70 ℃以下),将温度相同的蒸馏水注满比重瓶,称其质量 M_2。则体积相同的待测液体和蒸馏水的质量分别为 $M_1 - M_{空}$ 和 $M_2 - M_{空}$,即

$$\left.\begin{aligned} V &= \frac{M_2 - M_{空}}{\rho_{酒}} \\ V &= \frac{M_3 - M_{空}}{\rho_{水}} \end{aligned}\right\} \tag{3-5-2}$$

其中,$\rho_{水}$ 和 $\rho_{酒}$ 分别为水和液体的密度。由式(3 -5 -2)得到

$$\rho_{酒} = \frac{M_1 - M_{空}}{M_2 - M_{空}} \rho_{水} \tag{3-5-3}$$

用式(3 -5 -3)计算酒精的密度并用不确定度表示测量结果($\rho_{酒} = \bar{\rho}_{酒} \pm \Delta\rho_{酒合}$)。

【数据记录】

细线的测量数据记入表 3 -5 -1。

表 3 -5 -1　细线的测量

次数 n	1	2	3	4	5	平均值
m/g						
l/m						

小球质量的测量,数据记入表 3 -5 -2。

表 3 -5 -2　小球质量的测量

次数 n	1	2	3	4	5	$\overline{m}$
m/g						

【数据处理】

1. 线 m 测量

(1) m:$\Delta m_A = \sqrt{\dfrac{\sum\limits_{i=1}^{n}(m_i - \overline{m})^2}{n(n-1)}}$ = ________,$\Delta m_B = \dfrac{0.1}{\sqrt{3}}$ mg,$\Delta m_{合} = \sqrt{\Delta m_A^2 + \Delta m_B^2}$ = ________。

直接测量量:$m = \overline{m} \pm \Delta m_{合}$ = ________。

(2) l:$\Delta l_A = \sqrt{\dfrac{\sum\limits_{i=1}^{n}(l_i - \bar{l})^2}{n(n-1)}}$ = ________,$\Delta l_B = \dfrac{0.5}{\sqrt{3}}$ mm,$\Delta l_{合} = \sqrt{\Delta l_A^2 + \Delta l_B^2}$ = ________。

直接测量量:$l = \bar{l} \pm \Delta l_{合}$ = ________。

(3) ρ: $\bar{\rho} = \frac{\bar{m}}{\bar{l}} =$ ________, $\Delta\rho_{合} = \bar{\rho}\sqrt{\left(\frac{\Delta m}{\bar{m}}\right)^2 + \left(\frac{\Delta l}{\bar{l}}\right)^2} =$ ________。

间接测量量: $\rho = \bar{\rho} \pm \Delta\rho_{合} =$ ________。

2. 小球质量测量

m: $\Delta m_A = \sqrt{\frac{\sum_{i=1}^{n}(m_i - \bar{m})^2}{n(n-1)}} =$ ________, $\Delta m_B = \frac{0.1}{\sqrt{3}}$ mg, $\Delta m_{合} = \sqrt{\Delta m_A^2 + \Delta m_B^2} =$ ________。

直接测量量: $m = \bar{m} \pm \Delta m_{合} =$ ________。

【思考题】

试分析本次实验产生误差的主要原因。

【附】 注意事项

(1)称量未知物的质量时,一般要在台秤上粗称。这样不仅可以加快称量速度,同时可保护分析天平的刀口。

(2)加减机械加码的顺序是:由大到小,依次调定。在取、放称量物或加减机械加码时,必须关闭天平。启动开关旋钮时,一定要缓慢均匀,避免天平剧烈摆动。这样可以保护天平刀口不致受损。

(3)称量物必须放在秤盘中央,避免秤盘左右摆动。不能称量过冷或过热的物体,以免引起空气对流,使称量的结果不准确。称取具腐蚀性、易挥发物体时,必须放在密闭容器内称量。

(4)同一实验中,所有的称量要使用同一架天平,以减少称量的系统误差。天平称量不能超过最大载重,以免损坏天平。

(5)在使用机械加码旋钮时,要轻轻逐格旋转,避免环码脱落。

(6)机械加码调定后,关闭天平门,待标尺在投影屏上停稳后再读数,及时在记录本上记下数据。机械加码的质量加标尺读数(均以克计)即为被称物质量。读数完毕,应立即关闭天平。

(7)复原称量完毕,取出被称物放到指定位置,机械加码指数盘退回到“000”位,关闭两门,盖上防尘罩。登记,教师签字,凳子放回原处。

实验 6 牛顿第二运动定律的验证

【实验目的】

(1)学会正确使用物理天平。

(2)熟悉计时计数测速仪使用方法。

(3)学习在气垫导轨上验证牛顿第二运动定律。

【实验仪器和用具】

物理天平、L-QG-T-1500/5.8 型气垫导轨、MUJ-5C 计时计数测速仪、小型气源、滑块、钩码等。

【实验原理】

物体加速度的大小跟物体受到的作用力成正比,跟物体的质量成反比,加速度的方向跟合外力的方向相同。而以物理学的观点来看,牛顿运动第二运动定律亦可以表述为“物体随时间变化之动量变化率和所受外力之和成正比”,即动量对时间的一阶导数等于外力之和。牛顿第二运动定律说明了在宏观低速下,用比例式表达:$F \propto ma$ 或 $a \propto F/m$;用数学表达式可以写成 $F = ma$,这就是熟知的牛顿第二运动定律的数学表达式。

按牛顿第二运动定律,对于一定质量 m 物体,其所受的合外力 F 和物体所获得的加速度 a 之间,存在如下关系:$F = ma$。本实验就是测量在不同的外力 F 作用下运动系统的加速度 a,检验两者之间是否符合上述关系。如图 3 -6 -1 所示,用细线将滑块和钩码相连接,在忽略细线与滑轮、滑块与导轨之间的摩擦,不计细线质量的条件下:

$$F_{合} - T_2 = ma \tag{3-6-1}$$

$$T_1 = Ma \tag{3-6-2}$$

$$T_1 = T_2 \tag{3-6-3}$$

由式(3 -6 -1)、式(3 -3 -2)、式(3 -6 -3)得

$$F_{合} = (M + m)a \tag{3-6-4}$$

式中砝码的质量为 m,滑块的质量为 M,则运动系统的总质量为 $M + m$,系统所受的合外力 $F_{合} = mg$。

从式(3 -6 -4)看,由于各部分质量均可精确测量,因此只需精确测量出加速度 a 即可验证牛顿第二运动定律。

(1)当总质量 $M + m$ 不变时,验证 a 与 $F_{合}$成正比。

(2)当 $F_{合} = mg$ 不变时,验证 a 与 $m + M$ 成反比。

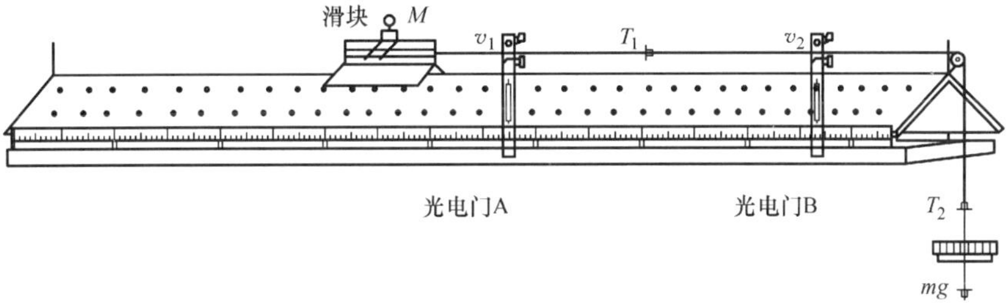

图 3 -6 -1　验证牛顿第二运动定律的实验装置

【实验内容】

(1)调节物理天平底座水平,横梁平衡。

(2)称量滑块的质量 M,称量配重 M_1、M_2、M_3。

(3)通气,放上滑块,调节导轨的底脚螺丝使导轨静态水平。动态检验是否水平的方法:将数字毫秒计功能键按下看滑块自由运动时经过光电门 A 和 B 的时间或速度是否相等(相对差别应小于 1%),如相等,便说明滑块做匀速直线运动,导轨是水平的。

(4)$M + m_i$ 不变时,改变 $F_{合}$ = 5 g,10 g,15 g,20 g,25 g 测加速度 a;验证物体质量 $M + m_i$ 一定时,所获得的加速度 a 与所受的合外力 $F_{合}$成正比。

①数字毫秒计采用光控输入插座连接两个光电门,检查光电门,依据计时计数测速仪上的功能键组织测量。

②把系有砝码盘的细线通过气垫导轨定滑轮与滑块相连,再将滑块移至远离定滑轮的

一端，松手后滑块便从静止开始通过光电门 A 和 B 做匀加速直线运动。

③重复步骤②四次，每次从滑块上将一个砝码移至砝码盘中（砝码盘和每个砝码的质量均为5.00 g），按下功能键选择"加速度 a"以及砝码和加在砝码盘上砝码的总质量 m_i。将测量结果填入表 3－6－1 中。

④测出各加速度 a 之后作出 F_i—a_i 关系图，纵轴表示 $F_{合}$，横轴表示加速度 a。所作的图线应是一直线，求出所得图线的斜率，并将其与运动系统总的质量 $M+m_i$ 做比较，理论上两者应相等，如在实验误差范围内，则验证了物体的质量 $M+m_i$ 不变时，物体的加速度 a 与所受合外力 $F_{合}$成正比。

（5）$F_{合}=m_4g$ 不变时，滑块为 M、$M+M_1$、$M+M_1+M_2$、$M+M_1+M_2+M_3$ 时测加速度 a；验证物体所受合外力一定时，系统质量与其加速度成反比。

①把系有砝码盘的细线通过气垫导轨定滑轮与滑块相连，再将滑块移至远离定滑轮的一端，松手后滑块便从静止开始通过光电门 A 和光电门 B 作匀加速直线运动。

②保持砝码盘与砝码盘中砝码的总质量不变，按下功能键选择"加速度 a"，每次给滑块加配重 M_1、M_1+M_2、$M_1+M_2+M_3$，将测量结果填入表 3－6－2。

③测出各加速度 a_i 之后，作$\dfrac{1}{M_i+m_4}$—a_i 关系图线，纵轴表示$\dfrac{1}{M_i+m_4}$，横轴表示加速度 a_i。所作的图线应是一直线，求出所得图线的斜率，并将其与运动系统的 $F_{合}=m_4g$ 做比较，如果两者相等或者它们的差异未超出实验容许的范围，则可以认为合外力一定时，运动系统的质量 M_i+m_4 与其加速度 a_i 在误差范围内是成反比的。

【数据记录】

$$g=9.796\ 17\ \text{m/s}^2$$

（1）$M+m_i$ 不变时：$M=$________g。

验证物体质量一定时，加速度 a 与所受的合外力 $F_{合}=m_ig$ 成正比，数据记入表3－6－1。

表 3－6－1　验证物体质量一定时，加速度 a 与所受的合外力 $F_{合}=m_ig$ 成正比

次数 n	a_1	a_2	a_3	a_4	a_5	$\bar{a}$
$m_0=5.00$ g						
$m_1=10.00$ g						
$m_2=15.00$ g						
$m_3=20.00$ g						
$m_4=25.00$ g						

（2）$F_{合}=m_4g$ 时：$M_1=$________g、$M_2=$________g、$M_3=$________g。

验证物体所受合外力一定时，系统质量与其加速度成反比，数据记入表 3－6－2。

表 3－6－2　验证物体所受合外力一定时，系统质量与其加速度成反比

次数 n	a_1	a_2	a_3	a_4	a_5	$\bar{a}$
M						
$M+M_1$						
$M+M_1+M_2$						
$M+M_1+M_2+M_3$						

【数据处理】

1. $M+m_i$ 不变时，加速度测量

(1) $a_i:\Delta a_{iA}=\sqrt{\dfrac{\sum_{i=1}^{n}(a_i-\bar{a}_i)^2}{n(n-1)}}=$ ________，$\Delta a_{iB}=\dfrac{0.01}{\sqrt{3}}$，$\Delta a_{i合}=\sqrt{\Delta a_{iA}^2+\Delta a_{iB}^2}=$ ________。

直接测量量：$a_i=\bar{a}_i\pm\Delta a_{i合}=$ ________。

(2) 根据实验数据作 F_i—a_i 图线验证加速度 a_i 与所受的合外力 F_i 成正比。

2. $F_{合}=m_4 g$ 时，加速度测量

(1) $a_i:\Delta a_{iA}=\sqrt{\dfrac{\sum_{i=1}^{n}(a_i-\bar{a}_i)^2}{n(n-1)}}=$ ________，$\Delta a_{iB}=\dfrac{0.01}{\sqrt{3}}$，$\Delta a_{i合}=\sqrt{\Delta a_{iA}^2+\Delta a_{iB}^2}=$ ________。

直接测量量：$a_i=\bar{a}_i\pm\Delta a_{i合}=$ ________。

(2) 根据实验数据作 $\dfrac{1}{M_i+m_4}$—a_i 图线验证质量 M_i+m_4 与其加速度 a_i 成反比。

【思考题】

(1) 数字毫秒计的电路连好后，动作不正常，应首先检查哪部分？

(2) 为什么要将备用的砝码放在滑块上，而不是放在实验台上？

(3) 为什么滑块的起始位置要保持一定？

(4) 实验开始时，如果未将导轨充分调平，得到的 F_i—a_i 图应是什么样的？对验证牛顿第二运动定律将有什么影响？

(5) 试求加速度 a 的相对误差和绝对误差，并确定加速度 a 测量值的有效数字位数。

(6) 如果不用天平，而用气垫导轨和毫秒计来测量滑块的质量，试推导计算滑块质量的公式，并扼要地说明测量的具体步骤。

(7) 式(3-6-2)中的质量 M 是哪几个物体的质量？作用在质量 M 上的作用力 F 是什么力？

(8) 在验证物体质量不变，物体的加速度与外力成正比时，为什么把实验过程中用的砝码放在滑块上？

【附】 气垫导轨介绍

气垫导轨如图 3-6-2 所示。

气垫导轨是一种阻力极小的力学实验装置。它利用气源将压缩空气打入导轨型腔，再由导轨表面上的小孔喷出气流，在导轨与滑行器之间形成很薄的气膜，将滑行器浮起，并使滑行器能在导轨上做近似无阻力的直线运动。

气垫导轨表面小孔喷出的压缩空气，将滑行器浮起，使运动时的接触摩擦阻力大为减小，从而可以进行一些较为精确的定量研究。工业上利用气垫技术，还可以减少机械或器件的磨损，延长使用寿命，提高速度和机械效率，所以，气垫技术是 20 世纪 60 年代发展起来的新技术，已在交通运输、纺织、机械等领域得到了广泛的应用，利用这项技术制成的气垫车、气垫船、气垫陀螺、空气轴承以及气垫传输等，在减少机械磨损、延长使用寿命、提高机械效

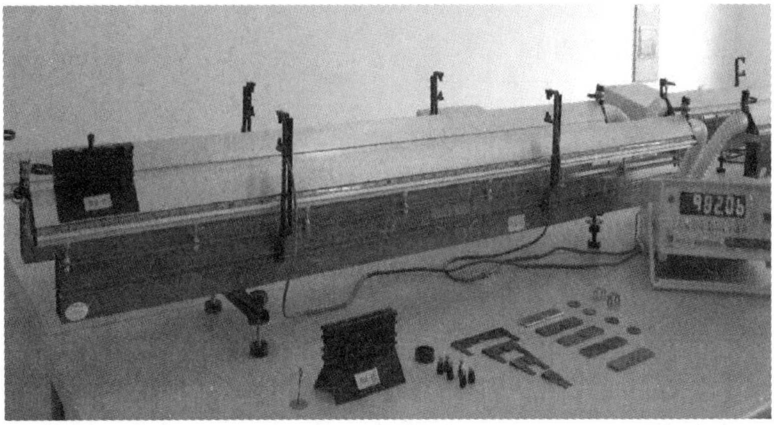

图 3-6-2　气垫导轨

率、节约能源等方面起着很好的作用。

利用气垫导轨可以实现的实验项目有很多,主要有:①测定匀加速直线运动的速度,并验证匀加速直线运动公式;②验证动量定理和动量守恒定律;③验证机械能守恒定律;④弹簧振子的运动规律;⑤简谐振动——振子质量与共振,频率和振幅的关系;⑥阻尼振动;⑦牛顿第二运动定律的验证等。

全套设备包括导轨、计时系统、气源三大部分,下面分别进行介绍。

1. 导轨部分

(1)导轨是用一根平直、光滑的三角形铝合金制成,固定在一根刚性较强的钢梁上。导轨长为 1.5 ~2.0 m,导轨面宽为 40.0 mm,轨面上均匀分布着孔径为 0.6 mm 的两排喷气小孔,导轨一端封死,另一端装有进气嘴。气泵将压缩空气送入空腔管后,再由小孔高速喷出。托起滑行器,滑行器漂浮的高度,视气流大小及滑行器重量而定。为了避免碰伤,导轨两端及滑轨上都装有缓冲弹射器。在导轨上安放滑块,在导轨下装有调节水平用的底脚螺丝和用于测量光电门位置的标尺。双脚端的螺钉用来调节轨面两侧线高度,单脚端螺钉用来调节导轨水平。或者将不同厚度的垫块放在导轨底脚螺钉下,以得到不同的斜度。滑轮和砝码用于对滑行器施加外力。整个导轨通过一系列直立的螺杆安装在工字形铸铝梁上。

(2)滑块是导轨上的运动物体,是由长 0.100 ~0.300 m 的角铝做成的。其角度经过校准,内表面经过细磨,与导轨的两个上表面很好吻合。当导轨的喷气小孔喷气时,在滑块和导轨之间形成一层厚 0.05 ~0.20 mm 流动的空气薄膜——气垫(气垫厚度由滑块重量确定)。这层薄膜就成为极好的润滑剂,这时虽然还存在气垫对滑块的黏滞阻力和周围空气对滑块的阻力,但这些阻力和通常接触摩擦力相比,是微不足道的,它消除了导轨对运动物体(滑块)的直接摩擦,因此滑块可以在导轨上做近似无摩擦的直线运动。

滑块中部的上方水平安装着挡光片,与光电门和计时器相配合,测量滑块经过光电门的时间或速度。滑块上还可以安装配重块(即金属片,用以改变滑块的质量)、尼龙扣、缓冲弹射器及弹簧片等附件,用于完成不同的实验。滑块必须保持其纵向及横向的对称性,使其质心位于导轨的中心线且越低越好,至少不宜高于碰撞点。

(3)气源为专用气泵,用气管与导轨连接,向导轨腔内输送压缩空气。优点是移动方便，适于单机工作。但是小型气源电动机转速较高，容易发热，不宜长时间连续开机；实验中不进行测量时要把气源关闭，以免烧坏电机。

（4）光电测量系统由光电门和光电计时器组成，其结构和测量原理如图 3－6－3 所示。当滑块从光电门旁经过时，安装在其上方的挡光片穿过光电门，从光电门发射器发出的红外光被挡光片遮住而无法照到接收器上，此时接收器产生一个脉冲信号。在滑块经过光电门的整个过程中，挡光片两次遮光，则接收器共产生两个脉冲信号，计时器测出这两个脉冲信号之间的时间间隔 Δt。它的作用与秒表相似：第一次挡光相当于开启秒表（开始计时），第二次挡光相当于关闭秒表（停止计时）。但这种计时方式比手动秒表所产生的系统误差要小得多，光电计时器显示的精度也比秒表高得多。如果预先确定了挡光片的宽度，即挡光片两翼的间距 ΔS，则可求得滑块经过光电门的速度 $v=\dfrac{\Delta S}{\Delta t}$。

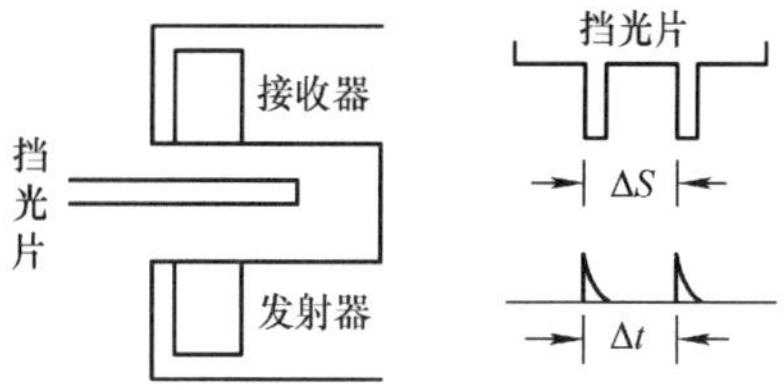

图 3－6－3　光电测量系统的结构和测量原理

光电计时器是以单片机为核心，配有相应的控制程序，具有计时 1、计时 2、碰撞、加速度、计数等多种功能。功能键兼具“功能选择”和“复位”两种功能：当光电门没遮过光，按此键选择新的功能；当光电门遮过光，按此键则清除当前的数据（复位）。取数键则可以在计时 1 和计时 2 之间交替翻查 20 个时间记录。

2. 智能数字计时器部分

1）概述

MUJ－5C 计时计数测速仪（以下简称测时器），是一种通过测时仪器与导轨的配合，可以进行多种力学试验，测得精确可靠的计时数据，也可用于其他测时场合。测时器有双路 4 光电门信号输入（电脉冲信号输入）。机器连接的光电门被挡光时，测时器可测得两次挡光之间的时间。

技术参数如下。

（1）测时。测时范围：0.00～999.99 s。分辨率：0.1 ms。

（2）测速。测速范围：0.1～1 000.0 cm/s。

（3）计数。计数最大容量：0～99 999。信号间最小时间间隔：>1 ms。

（4）时基频率。范围：2 MHz ±50 Hz。

（5）显示方式：5 位 LED 数码管，小数点自动定位。

（6）电源。电压：交流 220（1 ±10%）V。频率：50～60 Hz。功耗：<12 W。

（7）环境条件。温度：0～＋45 ℃。

2）工作原理

MUJ－5C 计时计数测速仪：该仪器以单片微机为核心，外加光电门信号整形电路、电频信号检测电路和显示电路组成。由内部程序控制，具有计时 1、计时 2、加速度、碰撞、重力加速度、周期、计数、信号源等测量功能。

光电门输入部分有两路信号输入 A 和 B 可连接光电门，TTL 或电平脉冲信号（上升沿触发计时器计时）。该信号经整形送至单片机，由单片机完成计时、计数等工作。在软件控制下,它可完成多种工作,如测时、计数和测频等,并有数据的处理和计算功能,使测时器具有智能功能。同时,它还控制着数据显示和按键输入的工作。

3)结构特征

MUJ-5C 测时器由机体和附件组成,机箱采用塑料机箱,体积较小。仪器前面板和后面板分别如图 3-6-4 和图 3-6-5 所示

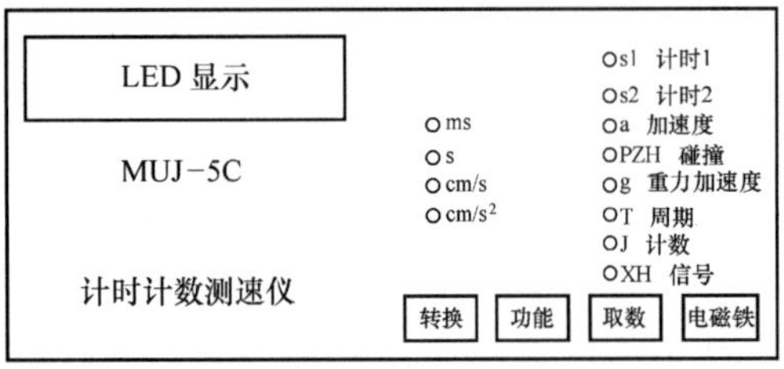

图 3-6-4 前面板

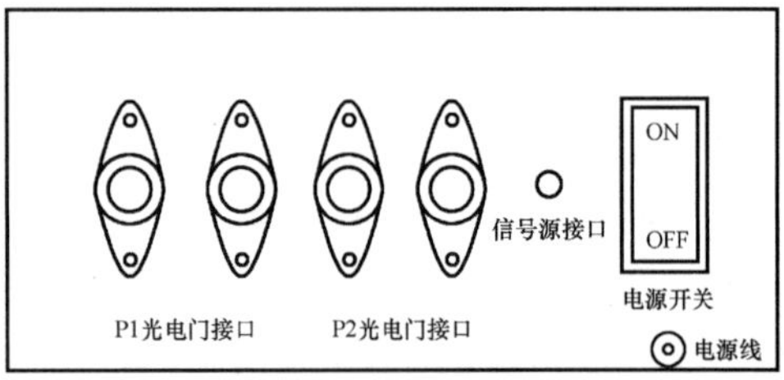

图 3-6-5 后面板

下面介绍各开关、按键的作用。

(1)电源开关:在仪器后面板上,扳至"ON"接通电源。

(2)功能键:如按下功能键之前,光电门遮过光,则清 0,功能复位。光电门没遮过光,按下功能键,仪器将选择新的功能。或按下功能键不放,可循环选择功能,至所需的功能灯亮时,放开此键即可。

①计时 1(s1):测量对光电门的挡光时间,从光电门被遮挡开始计时,至挡光结束停止计时,可连续测量。

②计时 2(s2):测量对光电门两次挡光的间隔时间,从光电门第一次被遮挡开始计时,至第二次被遮挡停止计时,可连续测量。

(3)取数键:在计时 1(s1)、计时 2(s2)、周期(T)功能时,仪器可自动存入前 20 个测量值,按下取数键,可显示存入值。当显示"E ×"时,提示下面将显示存入的第 × 值。在显示存入值过程中,按下功能键,会清除已存入的数值。

(4)转换键:在计时、加速度、碰撞功能时,按下转换键小于 1 s,测量值在时间或速度间转换。按下转换键大于 1 s 可重新选择所用的挡光片宽度 1.0 cm、3.0 cm、5.0 cm、10.0 cm。

(5)电磁铁开关键:按动此键可改变电磁铁的吸合、放开。

4)使用方法(以配合使用气垫导轨为例)

Ⅰ. 准备

(1)调整好气垫导轨,将一套或两套光电门架固定于导轨上。

(2)在导轨滑块上安装好挡光片,并使挡光片正好从光电门支架中穿过。计时器将测出移动的挡光片两次挡光的时间间隔 Δt。

①测定速度和加速度时必须使用开口即 U 形挡光片。

②Δt 为滑块通过 Δs 距离所需的时间。

Ⅱ. 连接

(1)将光电门连接插头插在光电门 A 和光电门 B 插座上。

注:两套光电门必须同时插上,否则无法工作。

(2)使电源开关处于 OFF 位置。

(3)将电源线插头插入测时器电源插座上，另一端插入 220 V 插座。

Ⅲ. 使用步骤

将计时器的电源开关打开。

Ⅰ)速度的测量

一个在水平气轨上悬浮的滑块，它所受的合外力为零，因此，滑块在气轨上可以静止，或以一定速度做匀速直线运动。在滑块上装一窄的 U 形挡光片，当滑块经过设在某位置上的光电门时，则挡光片将遮住照在光电元件上的光。因为挡光片的宽度是一定的，遮光时间的长短与物体通过光电门的速度成反比。测出挡光片的有效宽度 ΔS(图 3－6－6)和遮光时间 Δt，根据平均速度的公式，就可算出滑块通过光电门的平均速度，即

$$\bar{v}=\frac{\Delta S}{\Delta t} \tag{3-6-5}$$

式中 $\bar{v}$——滑块通过光电门的平均速度；

ΔS——挡光片的有效宽度；

Δt——遮光时间。

由于 ΔS 比较小，在 ΔS 范围内滑块的速度变化也较小，故可以把 $\bar{v}$ 看成是滑块经过光电门的瞬时速度。同样还可看出，如果 Δt 愈小(相应的挡光片也愈窄)，则平均速度 $\bar{v}$ 愈准确地反映在该位置上滑块运动的瞬时速度。

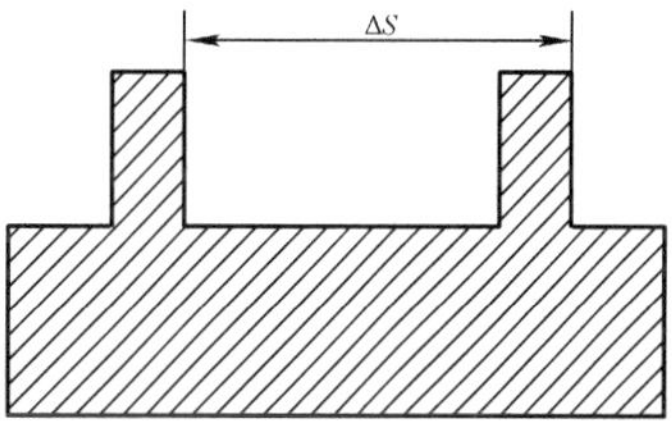

图 3－6－6 挡光片示意图

例如，使用开 U 形挡光片，只用光电门 A，测出的是两次挡光的时间间隔。而使用光电门 A 和 B，安装不开口挡光片，测出的是滑块从光电门 A 移动到光电门 B 所用的时间。

(1)测两个时间间隔。通过按功能键计时 1(s1)显示亮，则进入测两个时间间隔功能。等待光电门 A 或者 B，两次通过 U 形挡光片时，实现四次挡光，屏幕显示时间。先显示出来的是后一次的时间间隔。再按一次取数键，则出现第一个时间间隔。每按一次取数键，两个测出的时间间隔交替出现。

可连续测量，自动存入前 20 个数据，按下取数键查看。

(2)速度测量。当滑块上安装的是 U 形挡光片时，可测出滑块运动的平均速度。按转换键进入 cm/s 显示后，开机默认使用宽度 S 为 1.0 cm 的开口挡光片。如想不使用 1.0 cm 挡光片还可以使用 3.0 cm、5.0 cm 等多种规格的挡光片，只需再按转换键大丁 1 s 便可依次选择上述几种规格的挡光片以便求出滑块的平均速度。

选择好挡光片宽度后按功能键进入测速。挡光一次后屏幕显示平均速度 v_1，单位为 cm/s；等待第二次挡光后屏幕显示测得速度 v_2，单位为 cm/s。

按功能键归零后，可进行另一系列新的测量。

Ⅱ)加速度的测量

可通过测量速度和距离计算得到加速度，若滑块在水平方向上受一恒力作用，则它将做匀加速运动。将系有重物(砝码盘、砝码)的细线经气轨一端的滑轮，与装有 U 形挡光片的滑块相连，如图 3－6－7 所示。在气轨中间选一段距离 s，并在 s 两端设置两个光电门，测出

滑块通过 s 两端的始末速度 v_1 和 v_2,则滑块的加速度

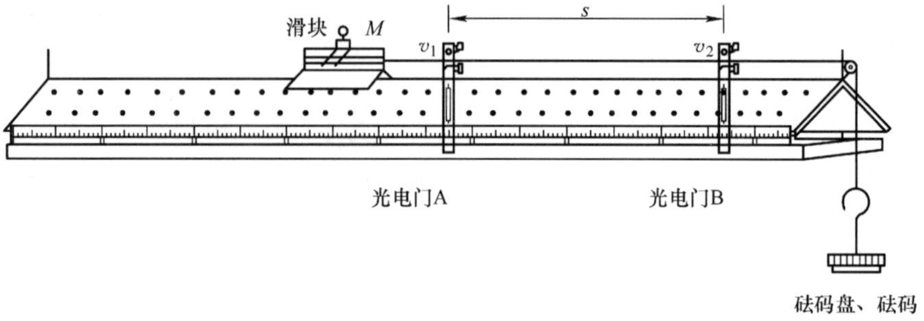

图 3-6-7　测气轨上滑块的加速度

$$a = \frac{v_2^2 - v_1^2}{2s} \qquad (3-6-6)$$

式中　a——平均加速度,单位 cm/s^2;

v_2、v_1——滑块通过光电门时的速度;

s——滑块在光电门 A、B 之间运动的距离。

加速度的测量也可以直接通过功能键选择“加速度 a”完成测量。

按功能键归零后,可进行另一系列新的测量。

Ⅲ)测周期

选择不开口挡光片可以直接通过功能键选择“周期 T”完成测量。

可选预置周期数:进入测试后,按下转换键不放,确认到所需周期数时放开此键即可(只能设定 100 以内的周期数)。每完成一个周期,显示周期数会自动减 1,当最后一次遮光完成,显示累计时间值,显示单位为 ms。

不选预置周期数:进入测试后,周期数显示为 0,每完成一个周期,显示周期数会自动加 1(只能测量 100 以内的周期数),按下转换键即停止测量,显示累计时间值,显示单位为 ms。按取数键,可提取单个周期的时间值。

按功能键归零后,可进行另一系列新的测量。

Ⅳ)测碰撞数据

等质量与不等质量间的碰撞实验测量,在计时器后面板的 P1、P2 接头各接一只光电门,两只滑行器上装好相同宽度的 U 形挡光片和碰撞弹簧,让滑行器从气垫导轨两端向中间运动,各自通过一个光电门后相撞。

做完实验,会循环显示下列数据:

P1.1	第一次通过 P1 光电门
×××××	第一次通过 P1 光电门的遮光时间测量值
P1.2	第二次通过 P1 光电门
×××××	第二次通过 P1 光电门的遮光时间测量值
P2.1	第一次通过 P2 光电门
×××××	第一次通过 P2 光电门的遮光时间测量值
P2.2	第二次通过 P2 光电门

× × × × ×　　　　　　第二次通过 P2 光电门的遮光时间测量值

如滑块通过 P1 光电门三次，但仅通过 P2 光电门一次，则计时器将不显示 P2.2 而显示 P1.3，表示物体第三次通过 P1 光电门的第三次遮光时间。如滑块通过 P2 光电门三次，通过 P1 光电门一次，本机将不显示 P1.2 而显示 P2.3，表示第三次通过 P2 光电门的第三次遮光时间。

按功能键归零后，可进行另一系列新的测量。

当显示为测碰撞功能时，需将功能键按下，灯亮。

按转换键选择开口挡光片宽度。按下转换键大于 1 s 可重新选择所用的挡光片宽度 1.0 cm、3.0 cm、5.0 cm、10.0 cm。

当滑块 A、B 分别以初速 v_1(A)、v_1(B)通过光电门 A、B 后，滑块 A、B 对心碰撞。碰撞后滑块 A、B 再次以末速 v_2(A)、v_2(B)分别通过光电门 A、B，显示出现，显示数为 v_1(B)。交替出现 v_1(B)、v_2(B)。记录下 v_1(B)后，交替出现 v_2(A)、v_1(A)。

按功能键归零后，可进行另一系列新的测量。

Ⅴ)复位自检

(1)当开机时，自动复位。

(2)当屏幕有显示时，按取数键 2 s 以上，测时器自动复位。

(3)当屏幕有显示时，按取数键不放，在开启电源开关，5 位 LED 数码管显示“22222”“55555”，发光二极管全亮，显示 20.47 ms，说明机器固化程序，光电门输入工作正常。仪器长时间不用，应及时充电。

Ⅵ)维修

如出现以下几种情况，请按所示步骤处理。

(1)开机后，数码管不亮。

检查电源连线是否接触良好及电源保险丝是否良好，确认良好再开机。

(2)开机后，有显示，但不能正常工作。

检查光电门 A、B 插座及连线是否接触良好。如接触良好仍不能正常工作，则计时器已损坏。

(3)能工作，但数值误差超过允许范围。

可在光电门输入(或测频输入)接一个标准频率输入，以检查误差是否超过允许范围。如确已超过允许范围，则测时器已损坏。

(4)避免太阳光直射。

3. 气源

DC－3A 气源，气源的气量≥40 m^2/h、压力≥7 kPa、噪声≤56 dB、电流为 1.4 A、功率为 0.3 kW。可带气垫导轨一台，用橡皮管将气源的出气口与导轨的进气口相连，向导轨内输送压缩空气，由导轨表面上的小气孔喷出使滑块浮起。不进行测量时，先拿走导轨上的滑块，关闭气源。

4. 气垫导轨调水平方法

1)静态调节法

打开气泵给导轨通气，将滑块放在导轨中间位置，观察滑块向哪一端移动，就说明哪一端低。调节导轨底脚螺丝直至滑块保持不动或者稍有滑动但无一定的方向性为止。原则上,应把滑块放在导轨上几个不同的地方进行调节。如果发现把滑块放在导轨上某点的两侧时,滑块都向该点滑动,则表明导轨本身不直,并在该点处下凹(这属于导轨的固有缺欠,本实验设备无法继续调整)。这种方法只作为导轨的初步调平。

2)动态调节法

轻拨滑块使其在导轨上滑行,两光电门之间的距离一般应在 50 ~ 70 cm,使滑块依次通过两个光电门,测出滑块通过两光电门的时间 δt_1 和 δt_2,δt_1 和 δt_2 相差较大则说明导轨不水平。要求滑块通过两个光电门的时间 Δt_1 和 Δt_2 相对差异小于 1%。否则应继续调节导轨底脚螺丝,直至达到要求。

由于空气阻力的存在,即使导轨完全水平,滑块也是在做减速运动,即 $\delta t_1 < \delta t_2$,所以不必使两者相等。

5. 注意事项

(1)气垫导轨是一种高精度仪器,它的几何精度直接影响实验效果,在搬运、存放和使用过程中,切忌碰撞、重压,以免产生变形。在使用时注意保护导轨和滑块的工作面不要让硬物碰划伤。

(2)气轨面和滑块内表面有较高的光洁度,且两者配合良好,使用前要用酒精棉擦拭干净,不要用手抚摸、涂拭。

(3)导轨表面上喷气孔径很小,如果小孔被堵塞则影响实验效果,可用直径 0.6 mm 的钢丝通一下。

(4)使用时要先通气,再把滑块放在导轨上,严禁在未通气前就将滑块放在导轨工作面上滑动,以免擦伤导轨表面。严防滑块失落地上,损坏变形。

(5)使用完毕后,先取下滑块再关掉气源。

(6)实验完毕将导轨擦净,罩上防尘罩,导轨工作面上不宜涂油,长期不用时应将两脚间用木块垫起,以防变形,严禁放在潮湿或有腐蚀性气体的地方,将导轨挂起存放最佳。

实验 7 碰撞实验

【实验目的】

(1)验证动量守恒定律。

(2)了解非弹性碰撞和弹性碰撞的特点。

(3)分析和评价实验结果。

【实验仪器和用具】

物理天平、L - QG - T - 1500/5.8 型气垫导轨、MUJ - 5C 计时计数测速仪、气源、滑块、配重片、尼龙搭扣等。

【实验原理】

在理想情况下,完全弹性碰撞的物理过程满足动量守恒和能量守恒。如果两个碰撞小球的质量相等,两个小球碰撞后交换速度。如果被碰撞的小球原来静止,则碰撞后该小球具有了与碰撞小球一样大小的速度,而碰撞小球则停止。事实上,由于小球间碰撞并非理想的弹性碰撞,还会有能量的损失,所以最后小球还是要停下来。碰撞过程中物体往往会发生形变,还会发热、发声。因此在一般情况下,碰撞过程中会有动能损失,即动能、机械能都不守恒,这类碰撞称为非弹性碰撞。碰撞后物体结合在一起,或者速度相等,看做一个整体时动能损失最大,这种碰撞叫作完全非弹性碰撞,完全非弹性碰撞的过程机械能也不守恒。但是该系统的动量守恒。

在本实验中,是利用气垫导轨上两个滑块的碰撞来验证动量守恒定律的。在水平导轨上滑块与导轨之间的摩擦力和空气阻力忽略不计,则两个滑块在碰撞时除受到相互作用的内力外,在水平方向不受外力的作用,因而碰撞的动量守恒。如 m_1 和 m_2 分别表示两个滑块的质量,以 v_{10}、v_{20}、v_1、v_2 分别表示两个滑块碰撞前后的速度。

对于一定质量 m 物体,其所受的合外力 F 为零,则系统各物体动量的矢量和保持不变。

$$\sum_{i=1}^{n} F_i = 0 \Rightarrow \sum_{i=1}^{n} m_i v_i = 恒量 \tag{3-7-1}$$

物体所受的合外力 F 不为零,若合外力在某个方向上的分量为零,则物体总动量在该方向的分量保持不变。

$$\sum_{i=1}^{n} F_{ix} = 0 \Rightarrow \sum_{i=1}^{n} m_{ix} v_{ix} = 恒量 \tag{3-7-2}$$

如图 3-7-1 所示两滑块在气垫导轨上沿直线做对心碰撞时,根据动量守恒定律有:

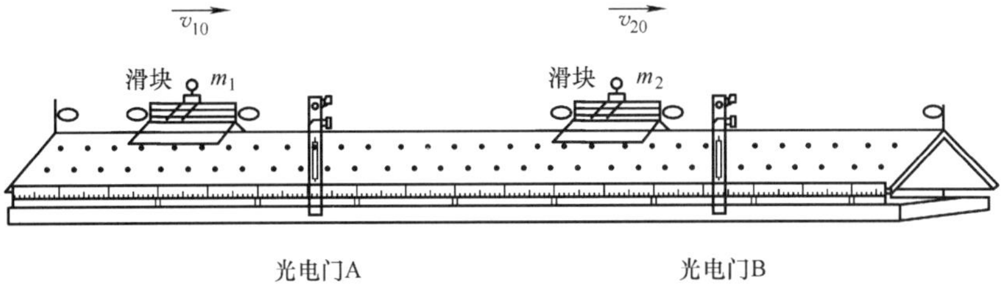

图 3-7-1　滑块碰撞示意图

$$m_1 \vec{v}_{10} + m_2 \vec{v}_{20} = m_1 \vec{v}_1 + m_2 \vec{v}_2 \tag{3-7-3}$$

碰撞的分类可以根据恢复系数的值来确定。所谓恢复系数就是指碰撞后的相对速度和碰撞前的相对速度之比,用 e 来表示,即

$$e = \frac{v_2 - v_1}{v_{10} - v_{20}} \tag{3-7-4}$$

验证:

1. 完全弹性碰撞

弹性碰撞的特点是碰撞前后系统的动量守恒,机械能也守恒。如果在两个滑块相碰撞的两端装上缓冲弹簧,在滑块相碰时,由于缓冲弹簧发生弹性形变后恢复原状,系统的机械能基本无损失,两个滑块碰撞前后的总动量不变,在一维碰撞运动中用正负号表示速度的方向。可用公式表示:

$$m_1 v_{10} + m_2 v_{20} = m_1 v_1 + m_2 v_2 \tag{3-7-5}$$

$$\frac{1}{2} m_1 v_{10}^2 + \frac{1}{2} m_2 v_{20}^2 = \frac{1}{2} m_1 v_1^2 + \frac{1}{2} m_2 v_2^2 \tag{3-7-6}$$

下面分情况进行讨论。

完全弹性碰撞时,取 $m_1 = m_2$、$v_{20} = 0$、$e = 1$。

动量 $$m_1v_{10}=m_2v_2(v_{10}=v_2)$$

动能 $$\Delta E_k+\frac{1}{2}m_1v_{10}^2=\frac{1}{2}m_2v_2^2$$

理论上，动量损失和动能损失都为零，但在实际实验中，由于受到空气阻力摩擦力的作用，导轨本身的原因，不可能完全为零，但在一定误差范围内可以认为是守恒的。

非完全弹性碰撞时，取 $m_1\neq m_2$、$v_{20}=0$、$0<e<1$。

动量 $$m_1v_{10}=m_1v_1+m_2v_2$$

动能 $$\Delta E_k+\frac{1}{2}m_1v_{10}^2=\frac{1}{2}(m_1v_1^2+m_2v_2^2)$$

实际上非完全弹性碰撞只是理想的情况，一般碰撞时总有机械能损耗，所以碰撞前后仅是总动量保持守恒。当 $m_1>m_2$ 时，两滑块相碰后，两者沿相同的速度方向（与 v_{10} 相同）运动；当 $m_1<m_2$ 时，两者相碰后运动的速度方向相反，m_1 将反向，速度应为负值。

2. 完全非弹性碰撞

在两个滑块的两个碰撞端分别装上尼龙搭扣，碰撞后两个滑块儿粘在一起以同一速度运动就可成为完全非弹性碰撞。

$$m_1v_{10}+m_2v_{20}=(m_1+m_2)v_{12} \tag{3-7-7}$$

下面分情况进行讨论。

完全非弹性碰撞时，取 $m_1=m_2$、$v_{20}=0$、$e=0$。

动量 $$m_1v_{10}=2m_2v_{12}(v_{10}=2v_{12})$$

动能 $$\Delta E_k+\frac{1}{2}m_1v_{10}^2=m_1v_{12}^2$$

在完全非弹性碰撞中，动量在一定误差范围内可以认为是守恒的，动能、机械能都不守恒，但动能损失最大。

完全非弹性碰撞时，取 $m_1\neq m_2$、$v_{20}=0$、$e=0$。

动量 $$m_1v_{10}=(m_1+m_2)v_{12}$$

动能 $$\Delta E_k+\frac{1}{2}m_1v_{10}^2=\frac{1}{2}(m_1+m_2)v_{12}^2$$

同样是完全非弹性碰撞，动量在一定误差范围内可以认为是守恒的，动能、机械能都不守恒，但动能损失最大。

【实验内容】

（1）调节物理天平使底座水平，横梁平衡。

（2）称量滑块的质量 m_1、m_2，称量配重 M。

（3）通气，放上滑块，调节导轨水平；检查滑块碰撞弹簧，碰撞前后滑块运行是否平稳对实验十分重要，保证对心碰撞最好不要用手直接去推滑块 1，而是用滑块 1 碰撞导轨上弹簧缓冲器后再去碰撞滑块 2，使推力和导轨平行。

（4）弹性碰撞时，保持 $v_{20}=0$。测 $m_1=m_2$ 和 $m_1\neq m_2$ 时的速度。

①数字毫秒计采用光控输入插座连接两个光电门，检查光电门，依据数字毫秒计上的功能键组织测量。

②按下功能键，选择“速度 v”进行速度测量。

（5）滑块 1 和滑块 2 分别装上尼龙搭扣。

(6)完全非弹性碰撞时，保持 $v_{20}=0$。按下功能键，选择"速度 v"测 $m_1=m_2$ 和 $m_1\neq m_2$ 的速度。

(7)用碰撞前后的速度计算恢复系数 e，动量比 $c=\dfrac{\sum P_{前}}{\sum P_{后}}$ 和能量损失 ΔE_k。

(8)对实验结果做分析和评价。

【数据记录】

$g=9.79617\ \mathrm{m/s^2}$，$m_1=$________ g，$m_2=$________ g，$M=$________ g。

将测量数据并分别记入表 3-7-1 至表 3-7-4。

表 3-7-1 完全弹性碰撞：$e=1$、$m_1=m_2$、$v_{20}=0$ 时

次数 n	1	2	3	4	5	6
v_{10}						
v_2						

表 3-7-2 非完全弹性碰撞：$0<e<1$、$m_1\neq m_2$、$v_{20}=0$ 时

次数 n	1	2	3	4	5	6
v_{10}						
v_1						
v_2						

表 3-7-3 完全非弹性碰撞：$e=0$、$m_1=m_2$、$v_{20}=0$ 时

次数 n	1	2	3	4	5	6
v_{10}						
v_{12}						

表 3-7-4 完全非弹性碰撞：$e=0$、$m_1\neq m_2$、$v_{20}=0$ 时

次数 n	1	2	3	4	5	6
v_{10}						
v_{12}						

【数据处理】

(1)完全弹性碰撞：$m_1=m_2$、$v_{20}=0$ 时，测量结果记入表 3-7-5。

表 3-7-5 完全弹性碰撞的测量结果

次数 n	1	2	3	4	5	6
动量比 c						
恢复系数 e						
ΔE_k						

(2)非完全弹性碰撞：$m_1\neq m_2$、$v_{20}=0$ 时，测量结果记入表 3-7-6。

表 3-7-6 非完全弹性碰撞的测量结果

次数 n	1	2	3	4	5	6
动量比 c						
恢复系数 e						
ΔE_k						

(3)完全非弹性碰撞：$e=0$、$m_1=m_2$、$v_{20}=0$ 时，测量结果记入表 3-7-7。

表 3-7-7　完全非弹性碰撞的测量结果

次数 n	1	2	3	4	5	6
动量比 c						
ΔE_k						

(4)完全非弹性碰撞：$e=0$、$m_1 \neq m_2$、$v_{20}=0$ 时，测量结果记入表 3-7-8。

表 3-7-8　完全非弹性碰撞的测量结果

次数 n	1	2	3	4	5	6
动量比 c						
ΔE_k						

【思考题】

(1)在弹性碰撞情况下，当 $m_1 \neq m_2$，$v_{20}=0$ 时，两个滑块碰撞前后的动能是否相等？如果不完全相等，试分析产生误差的原因。

(2)为了验证动量守恒定律，应如何保证实验条件减少测量误差？

(3)为了使滑块在气垫导轨上匀速运动，是否应调节导轨完全水平？应怎样调节才能使滑块受到的合外力近似等于零？

(4)当滑块在气垫导轨上经过两光电门的时间完全相等时，是否可以认为导轨已真正处于水平状态？为什么？

实验 8　三线摆法测物体的转动惯量

【实验目的】

(1)掌握用三线摆测定物体转动惯量的原理和方法。

(2)学会用累积放大法测量振动的周期。

(3)验证转动惯量的平行轴定理。

【实验仪器和用具】

DH4601 转动惯量测试仪三线摆、待测物(圆环、圆柱体)、水准仪、米尺、游标卡尺、物理天平。

【实验原理】

转动惯量是刚体转动惯性大小的量度，是表征刚体特性的一个物理量。转动惯量的大小除与物体质量有关外，还与质量分布回转轴的位置有关。对于刚体形状简单，且质量分布均匀，可以从外形尺寸及其质量计算出它绕特定轴的转动惯量。而在工程实践中，经常遇到外形复杂，且质量分布不均匀的刚体，用理论计算的方法不是很方便，通常采用回转运动的方法来测定。测量刚体转动惯量的方法有多种，三线摆是通过刚体的扭转运动测量物体的转动惯量，图 3-8-1 是三线摆实验装置的示意图，它具有设备简单、直观、测试方便等优点。

如图 3-8-2 所示，上、下圆盘均处于水平，悬挂在横梁上。三条对称分布的等长悬线将两圆盘相连。上圆盘固定，下圆盘可绕中心轴 OO' 做扭摆运动。当下盘转动角度很小，且略去空气阻力时，扭摆的运动可近似看作简谐运动。根据能量守恒定律和刚体转动定律均可以导出物体绕中心轴 OO' 的转动惯量。当质量为 m_0 的下盘扭转振动，且转角 θ 很小时，其扭动是一个简谐振动，其角位移与时间的关系为

$$\theta = \theta_0 \sin \frac{2\pi}{T_0} t \tag{3-8-1}$$

当摆离开平衡位置最远时，其重心升高 h，势能的增量为 E_p，最大转动动能为 E_k。在忽略摩擦力的影响下，根据机械能守恒定律有

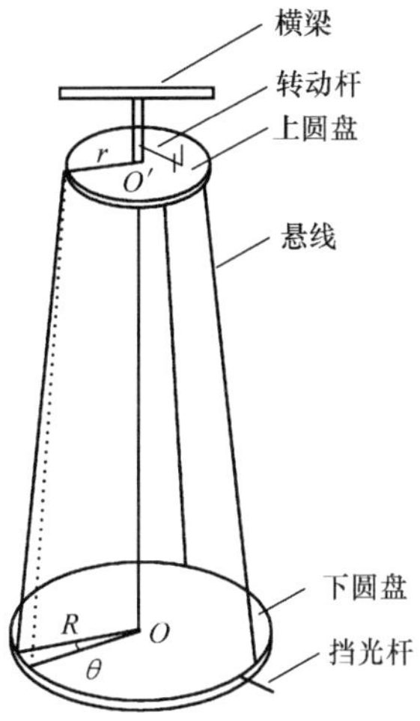

图 3-8-1　三线摆实验装置

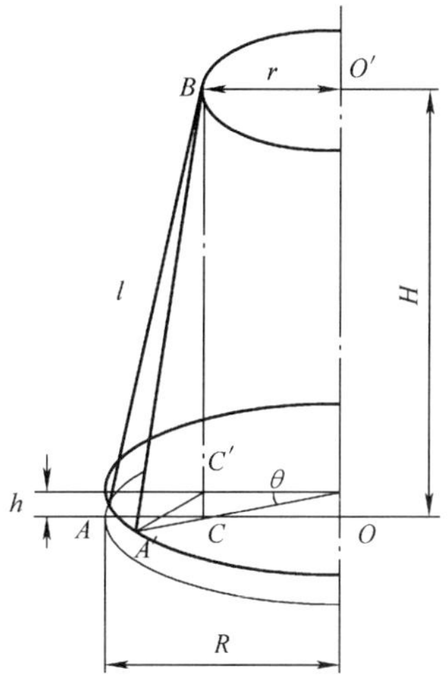

图 3-8-2　三线摆受力分析

$$\frac{1}{2} I_0 \omega_0^2 + \frac{1}{2} m_0 v^2 = m_0 g h \tag{3-8-2}$$

由于转动动能远大于上下运动的平动动能，近似有

$$\frac{1}{2} I_0 \omega_0^2 = m_0 g h \tag{3-8-3}$$

而角速度与时间的关系为

$$\omega = \frac{\mathrm{d}\theta}{\mathrm{d}t} = \frac{2\pi\theta_0}{T} \cos \frac{2\pi}{T} t \tag{3-8-4}$$

当下盘通过平衡位置时，最大角速度为

$$\omega_0 = \frac{2\pi\theta_0}{T_0} \tag{3-8-5}$$

将式(3-8-5)代入式(3-8-3)化简得

$$I_0 = \frac{m_0 g h T_0^2}{2\pi^2 \theta_0^2} \tag{3-8-6}$$

从图 3-8-2 中的几何关系中可得

$$AB^2 = l^2 = H^2 + (R - r)^2 \tag{3-8-7}$$

$$A'B^2 = l^2 = (H - h)^2 + R^2 + r^2 - 2Rr\cos\theta_0 \tag{3-8-8}$$

由式(3-8-7)和式(3-8-8)简化得

$$Hh - \frac{h^2}{2} = Rr(1 - \cos\theta_0) \tag{3-8-9}$$

略去$\frac{h^2}{2}$，且取$1-\cos\theta_0\approx\frac{\theta_0^2}{2}$，则有$h=\frac{Rr\theta_0^2}{2H}$，代入式(3-8-6)得

$$I_0=\frac{m_0gRr}{4\pi^2H}T_0^2 \tag{3-8-10}$$

式中 m_0——下盘的质量；

r、R——上下悬点离各自圆盘中心的距离；

H——平衡时上下盘间的垂直距离；

T_0——下盘做简谐运动的周期；

g——重力加速度。

将质量为 m 的待测物体放在下盘上，并使待测刚体的转轴与 OO' 轴重合。测出此时摆运动周期 T_1 和上下圆盘间的垂直距离 H。同理可求得待测刚体和下圆盘对中心转轴 OO' 轴的总转动惯量为

$$I_1=\frac{(m_0+m)gRr}{4\pi^2H}T_1^2 \tag{3-8-11}$$

如不计因重量变化而引起悬线伸长，则有 $H\approx H_0$。那么，待测物体绕中心轴的转动惯量为

$$I=I_1-I_0=\frac{gRr}{4\pi^2H}[(m+m_0)T_1^2-m_0T_0^2] \tag{3-8-12}$$

由式(3-8-12)式可知，各物体对同一转轴的转动惯量满足线性相加减的关系。因此，只要将待测物的质心恰好放置在中心转轴上，在满足实验要求的条件下，通过测量周期、长度、质量，便可测出的刚体转动惯量。

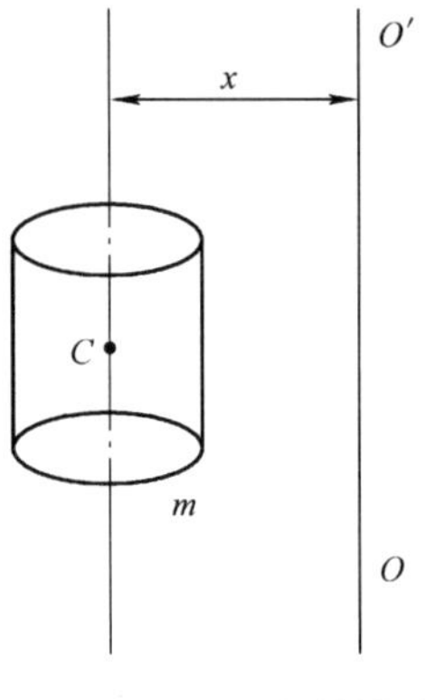

图 3-8-3 平行轴转动

用三线摆法还可以验证平行轴定理：物体的转动惯量随着转轴的不同而改变，转轴可以通过物体内部，也可以在物体外部。若质量为 m 的物体绕通过其质心轴的转动惯量为 I_c，当转轴平行移动距离 x 时(图 3-8-3)，则此物体对新轴 OO' 的转动惯量为 $I_{OO'}=I_c+mx^2$。这一结论称为转动惯量的平行轴定理。

实验时将质量均为 m'，形状和质量分布完全相同的两个金属圆柱体对称地放置在下圆盘上(下盘有对称的两个小孔)。按同样的方法，测出两小圆柱体和下盘绕中心轴 OO' 的转动周期 T_x，通过改变圆柱体质心与三线摆中心转轴的距离 x，则可求出每个柱体对中心转轴 OO' 的转动惯量：

$$I_x=\frac{(m_0+2m')gRr}{4\pi^2H}T_x^2-I_0 \tag{3-8-13}$$

如果测出小圆柱中心与下圆盘中心之间的距离 x 以及小圆柱体的半径 R_x，则可求得金属圆柱体的理论值：

$$I_x'=2\left(m'x^2+\frac{1}{2}m'R_x^2\right) \tag{3-8-14}$$

比较 I_x 与 I_x' 的大小，可验证平行轴定理。

【实验内容】

(1)打开电源，程序预置周期为 $T=30$(数显)，即挡光棒来回经过光电门的次数为 $T=$

$2n+1$ 次。

（2）据具体要求，若要设置 35 次，先按置数键，再按上调（或下调）改变周期 T，再按置数键锁定，此时即可按执行键开始计时，信号灯不停闪烁，即为计时状态，当物体经过光电门的周期次数达到设定值时，数显将显示具体时间，单位“秒”。须再执行“35”周期时，无须重设置，只要按返回键即可回到上次刚执行的周期数“35”，再按执行键，便可以第二次计时。（当断电再开机时，程序从头预置 30 次周期，须重复上述步骤）

（3）用三线摆测定圆环对通过其质心且垂直于环面轴的转动惯量。

（4）用三线摆验证平行轴定理，实验步骤要点如下。

①调整下盘水平：将水准仪置于下盘任意两悬线之间，调整小圆盘上的三个旋扭，改变三悬线的长度，直至下盘水平。

②测量空盘绕中心轴 OO' 转动的运动周期 T_0：轻轻转动上盘，带动下盘转动，这样可以避免三线摆在做扭摆运动时发生晃动。注意扭摆的转角要控制在 5°以内。用累积放大法测出扭摆运动的周期，测量时间时，应在下盘通过平衡位置时开始计数。

③测出待测圆环与下盘共同转动的周期 T_1：将待测圆环置于下盘上，注意使两者中心重合，按同样的方法测出它们一起运动的周期 T_1。

④测出两小圆柱体（对称放置）与下盘共同转动的周期 T_x。

⑤测出上下圆盘三悬点之间的距离 a 和 b，然后算出悬点到中心的距离 r 和 R（等边三角形外接圆半径）。

⑥其他物理量的测量：用米尺测出两圆盘之间的垂直距离 H_0 和放置两小圆柱体小孔间距 $2x$；用游标卡尺测出待测圆环的内、外直径 $2R_1$、$2R_2$ 和小圆柱体的直径 $2R_x$。

⑦记录各刚体的质量。

【数据记录】

$g=9.79617\ \mathrm{m/s^2}$，$H_0=$ ________，$m_0=$ ________，$m=$ ________，$m'=$ ________，$r=$ ________ mm，$R=$ ________ mm。

测量数据记入表 3－8－1 至表 3－8－3。

表 3－8－1　周期的测量

次数 n	1	2	3	4	5	平均值
下盘 T_0/s						
下盘加环 T_1/s						

表 3－8－2　周期和长度的测量

次数 n	1	2	3	4	5
T_x/s					
$2x$/cm					

表 3-8-3 长度的测量

次数 n	1	2	3	4	5	平均值
待测环外直径 $2R_1$/cm						
待测环内直径 $2R_2$/cm						
圆柱体直径 $2R_x$/cm						

【数据处理】

(1)转动惯量 I_0、$I_{环}$测量：$I_{环理}=\frac{m}{2}(R_1^2+R_2^2)=$________。

盘与环的转动惯量数据记入表 3-8-4。

表 3-8-4 盘与环的转动惯量

转动惯量 I	I_0	$I_0+I_{环}$	$I_{环}$	$I_{环理}$
$I/(\mathrm{kg\cdot m^2})$				

待测圆环测量结果与理论计算值 $I_{理}=\frac{m}{2}(R_1^2+R_2^2)$ 比较，求百分误差 $E=\frac{|I_{环}-I_{理}|}{I_{理}}\times100\%$。

(2)转动惯量 $I_{柱}$ 测量：$I_x'=2\left(m'x^2+\frac{1}{2}m'R_x^2\right)=$________。

验证平行轴定理，数据记入表 3-8-5。

表 3-8-5 验证平行轴定理

次数 n	1	2	3	4	5
$I_x/(\mathrm{kg\cdot m^2})$					
$2I_x'/(\mathrm{kg\cdot m^2})$					

求出圆柱体绕自身轴的转动惯量，并与理论计算值 $2I_x'=2m'x^2+m'R_x^2$ 比较，验证平行轴定理。

【思考题】

(1)用三线摆测刚体转动惯量时，为什么必须保持下盘水平？

(2)在测量过程中，如下盘出现晃动，对周期测量有影响吗？如有影响，应如何避免？

(3)三线摆放上待测物后，其摆动周期是否一定比空盘的转动周期大？为什么？

(4)测量圆环的转动惯量时，若圆环的转轴与下盘转轴不重合，对实验结果有何影响？

(5)如何利用三线摆测定任意形状的物体绕某轴的转动惯量？

(6)三线摆在摆动中受空气阻尼，振幅越来越小，它的周期是否会变化？对测量结果影响大吗？为什么？

实验 9 杨氏模量的测定

【实验目的】

(1)熟悉霍尔位置传感器的特性，掌握微小位移量非电量电测的方法。

(2)用静态弯曲法测定金属的杨氏模量。

(3)学会新型传感器的定标。

【实验仪器和用具】

霍尔位置传感器测杨氏模量装置一台(图 3-9-1)、霍尔位置传感器输出信号测量仪、游标卡尺、千分尺、米尺。

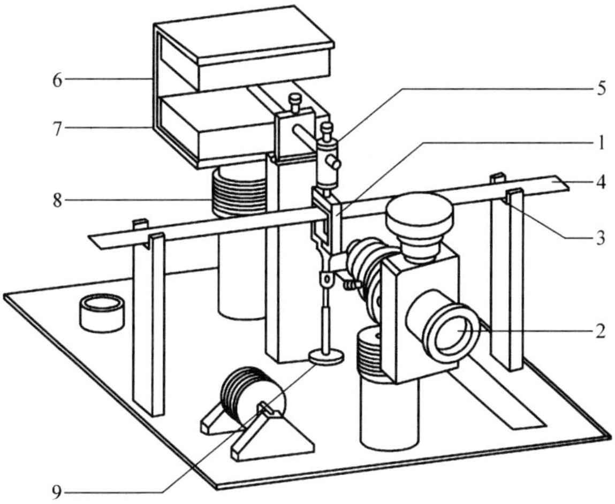

图 3-9-1 霍尔位置传感器测杨氏模量装置

1—铜刀口上的基线;2—读数显微镜;3—刀口;4—横梁;5—铜杠杆(顶端装有 SS495A 型集成霍尔传感器);6—磁铁盒;7—磁铁(N 极相对放置);8—三维调节架;9—砝码

【实验原理】

霍尔位置传感器是利用磁铁和集成霍尔元件间位置的变化输出电信号来测量微小位移,霍尔元件置于磁感强度为 B 的磁场中,在垂直于磁场方向通以恒定的电流 I 时,则在与这两者垂直的方向上将产生霍尔电势差 U_H:

$$U_H = K \cdot I \cdot B \tag{3-9-1}$$

式中 K——霍尔元件的灵敏度,对一定的霍尔元件是一个常数,其大小与材料的性质以及元件的外形尺寸有关。

如果保持霍尔元件的电流 I 恒定不变,而使其在一个均匀梯度的磁场中移动时,则输出的霍尔电势差变化量为

$$\Delta U_H = K \cdot I \cdot \frac{dB}{dZ} \cdot \Delta Z \tag{3-9-2}$$

式中 ΔZ——位移量。

上式表明若 $I \cdot \frac{dB}{dZ}$ 为常数时,ΔU_H 与 ΔZ 成正比。

为实现均匀梯度的磁场,可以如图 3-9-2 所示将两块相同截面积及表面感应强度的磁铁相对放置,即 N 极与 N 极相对,两磁铁之间留有等间距间隙,霍尔元件平行于磁铁放在该间隙的中轴上。间隙大小要根据测量范围和测量灵敏度要求而定,间隙越小,磁场梯度就越大,灵敏度就越高。磁铁截面要远大于霍尔元件,以尽可能减小边缘效应的影响,提高测量精

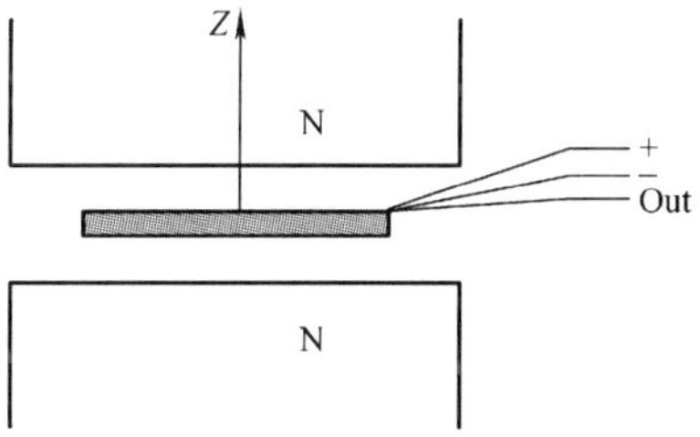

图 3-9-2 磁场示意图

确度。

若磁铁间隙内中心截面处的磁感应强度为零,霍尔元件处于该处时,输出的霍尔电势差应该为零。当霍尔元件偏离中心沿 Z 轴发生位移时,由于磁感应强度不再为零,霍尔元件也就产生相应的电势差输出,其大小可以用数字电压表测量。由此可以将霍尔电势差为零时元件所处的位置作为位移参考零点。

霍尔电势差与位移量之间存在一一对应关系,当位移量较小(<2 mm),这一一对应具有良好的线性关系。

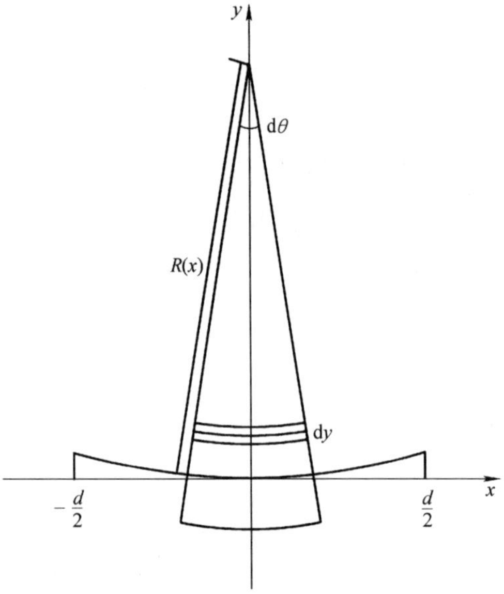

图 3-9-3　弯曲梁受力分析

固体、液体及气体在受外力作用时,形状会发生或大或小的改变,这统称为形变。当物体受到的外力在一定限度内时,撤掉外力,形变就会消失,这种形变称为弹性形变。弹性形变分为长变、切变和体变三种。

将厚为 a、宽为 b 的均匀矩形金属棒放在相距为 d 的二刀刃上,在棒上二刀刃的中点处挂上质量为 m 的砝码,棒被压弯。在横梁发生微小弯曲时,显然梁上半部分为压缩状态,下半部分为拉伸状态,对整体来说,可以理解横梁发生长变,即可以用杨氏模量 E 来表征材料的性质。

如图 3-9-3 所示,而中间层尽管弯曲但长度不变,在弯曲梁上取长为 $\mathrm{d}x$ 的一小段,设其曲率半径为 $R(x)$,对应的张角为 $\mathrm{d}\theta$,弯曲后 $\mathrm{d}x = R(x)\mathrm{d}\theta$;设距中间层为 y,厚为 $\mathrm{d}y$ 的一层面为研究对象,梁弯曲后伸长为 $[R(x)+y]\mathrm{d}\theta$,其变化量为 $[R(x)+y]\mathrm{d}\theta - R(x)\mathrm{d}\theta$。

根据胡克定律有

$$\frac{\mathrm{d}F}{\mathrm{d}S} = E\,\frac{[R(x)+y]\mathrm{d}\theta - R(x)\mathrm{d}\theta}{R(x)\mathrm{d}\theta} = E - \frac{y}{R(x)} \tag{3-9-3}$$

因为

$$\mathrm{d}S = b\cdot\mathrm{d}y$$

则得

$$\mathrm{d}F(x) = -\frac{E\cdot b\cdot y}{R(x)}\mathrm{d}y$$

对中间层的转矩 $M_{矩}$ 为

$$\mathrm{d}M_{矩} = |\mathrm{d}F|\cdot y = \frac{E\cdot b}{R(x)}y^2\cdot\mathrm{d}y$$

积分得

$$M_{矩} = \int_{-\frac{a}{2}}^{\frac{a}{2}} \frac{E\cdot b}{R(x)}y^2\cdot\mathrm{d}y = \frac{E\cdot b\cdot a^3}{12\cdot R(x)} \tag{3-9-4}$$

对梁上各点，有

$$\frac{1}{R(x)}=\frac{y''(x)}{[1+y'(x)^2]^{\frac{3}{2}}};$$

因梁的弯曲微小

$$y'(x)=0$$

故有

$$R(x)=\frac{1}{y''(x)} \tag{3-9-5}$$

梁平衡时，梁在 x 处的转矩应与梁右端支撑力$\frac{1}{2}mg$ 对 x 处的力矩平衡，故有

$$M_{矩}=\frac{mg}{2}\left(\frac{d}{2}-x\right) \tag{3-9-6}$$

由式(3-9-4)、式(3-9-5)、式(3-9-6)得

$$y''(x)=\frac{6mg}{E\cdot b\cdot a^3}\left(\frac{d}{2}-x\right) \tag{3-9-7}$$

据实际问题的边界条件

$$y(0)=0;\quad y'(0)=0$$

解微分方程(3-9-7)得

$$y(x)=\frac{3mg}{E\cdot b\cdot a^3}\left(\frac{d}{2}x^2-\frac{1}{3}x^3\right);$$

将 $x=\frac{d}{2}$代入上式，得右端点的 y 值

$$y=\frac{mg\cdot d^3}{4E\cdot b\cdot a^3} \tag{3-9-8}$$

又因为

$$y=\Delta Z$$

故杨氏模量 $E=\frac{d^3\cdot mg}{4a^3\cdot b\cdot \Delta Z}$，其值与材料性质有关。

【实验内容】

(1)基本内容：测量黄铜样品的杨氏模量和霍尔位置传感器的定标。

①调节三维调节架的上下前后位置的调节螺丝，使集成霍尔位置传感器探测元件处于磁铁中间的位置。

②用水准器观察是否在水平位置，若偏离时用底座螺丝调节到水平位置。

③调节霍尔位置传感器的毫伏表。磁铁盒上可上下调节螺丝使磁铁上下移动，当毫伏表读数值很小时，停止调节固定螺丝，最后调节调零电位器使毫伏表读数为零。

④调节读数显微镜，使眼睛观察十字线及分划板刻度线和数字清晰。然后移动读数显微镜前后距离，使能清晰地看到铜刀架上的基线。转动读数显微镜的鼓轮使刀口架的基线与读数显微镜内十字刻度线吻合，记下初始读数值。

⑤逐次增加砝码 Mi(每次增加 10 g 砝码)，相应从读数显微镜上读出梁的弯曲位移 ΔZ_i 及数字电压表相应的读数值 U_i(单位 mV)，以便计算杨氏模量和对霍尔位置传感器进行定标。

⑥测量横梁两刀口间的长度 d 及不同位置横梁宽度 b 和横梁厚度 a。

⑦用逐差法按式(3－9－8)进行计算,求得黄铜材料的杨氏模量,并求出霍尔位置传感器的灵敏度 $\Delta U_i/\Delta Z_i$。

⑧ 把测量结果与公认值进行比较。

(2)选做内容:用霍尔位置传感器测量可锻铸铁的杨氏模量。

①逐次增加砝码 M_i,相应读出数字电压表读数值。由霍尔传感器的灵敏度,计算出下移的距离 ΔZ_i。

②测量不同位置横梁宽度 b 和横梁厚度 a,用逐差法按式(3－9－8)计算铸铁的杨氏模量。

【数据记录】

$g=9.796\ 17\ \mathrm{m/s^2}$, $a=$ ________ cm, $b=$ ________ cm, $d=$ ________ cm。

将实验相关数据记入表 3－9－1。

表 3－9－1 电压、位移的测量

M_i/g	0.00	10.00	20.00	30.00	40.00	50.00	60.00	70.00	80.00
ΔU_i/mV									
ΔZ_i/mm									

【数据处理】

(1)用逐差法(分组求差法)计算样品在 $M=40.00$ g 的作用下梁的位移 ΔZ/mm。

$$\Delta Z=\frac{(\Delta Z_8-\Delta Z_4)+(\Delta Z_7-\Delta Z_3)+(\Delta Z_6-\Delta Z_2)+(\Delta Z_5-\Delta Z_1)}{4}= \underline{\qquad\qquad}。$$

(2)用最小二乘法处理数据,$\varepsilon=K\cdot I\cdot\frac{\mathrm{d}B}{\mathrm{d}H}=\frac{\overline{\Delta Z}\cdot\overline{\Delta U}-\overline{\Delta Z\cdot\Delta U}}{\overline{\Delta Z}^2-\overline{\Delta Z^2}}=$ ________ mV/mm,

$\Delta Z=\frac{\Delta U}{\varepsilon}=$ ________。

(3)$E=\frac{d^3\cdot mg}{4a^3\cdot b\cdot\Delta Z}=$ ________ $\mathrm{N/m^2}$。

【思考题】

(1)弯曲法测杨氏模量实验,主要测量误差有哪些?估算各因素的标准不确定度 $u(E)$。

(2)用霍尔位置传感器法测位移有什么优点?

实验 10 弦振动的研究

【实验目的】

(1)观察弦振动时产生的驻波。

(2)测量弦线上横波的传播速度。

(3)验证弦振动时波长与张力的关系。

【实验仪器和用具】

电振音叉、砝码、弦线、米尺。

【实验原理】

弦振动装置如图 3－10－1 所示。长方形框内是电振音叉,音叉两臂之间装有一个电磁铁 L,电磁铁线圈两端接 6.3 V 电源的一极,另一端接在螺钉 S 的固定架上,螺钉的尖端可与音叉一臂上的弹片 e 接触。电源另一极接在音叉座架上。通电后,调整螺丝 S,使其尖头与弹片 e 接触,电磁铁线圈中有电流流过,电磁铁 L 吸引音叉臂,随之弹片 e 离开螺钉尖端,电路断开,电磁铁磁性消失,音叉臂恢复原位,电路又接通,如此往复循环。其频率等于音叉固有频率,每次振动都能得到电磁铁补给的能量,因此音叉按固有频率作等幅简谐振动。音叉端头是简谐振动的振源。一根均匀的细线一端系于此音叉端头上,线的另一端跨过一定滑轮 R 悬挂着砝码,此细线中的张力即为砝码重力。

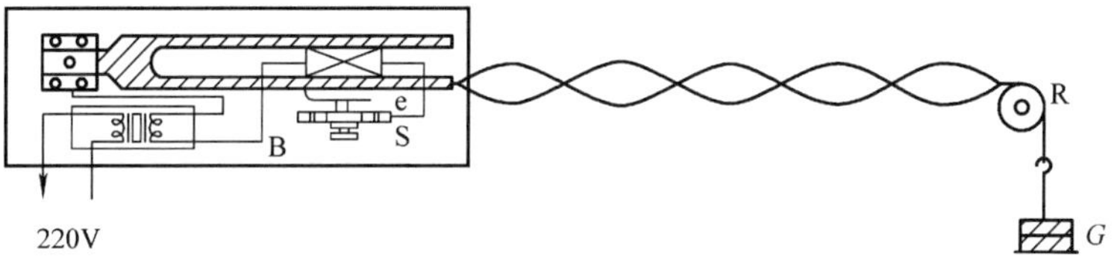

图 3 - 10 - 1　弦振动实验装置

音叉振动时,牵动细线随之振动,并沿细线传播,在线上形成横波。此波传播到线与滑轮接触处后又沿弦线反向传播。这样弦线上有了振动方向相同、振幅相同、频率相同、传播方向相反的两列横波,这样的两列波相干叠加形成弦上驻波,如图 3 - 10 - 2 所示。出现驻波时,可以看到弦上各点振幅不随时间变化,其中振幅为零的点称为波节,振幅最大的点称为波腹。

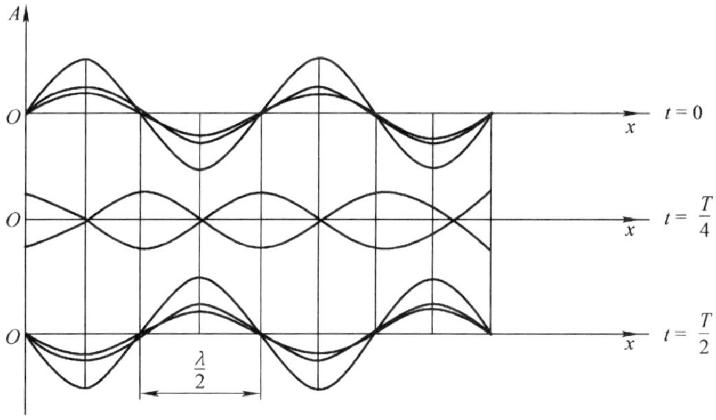

图 3 - 10 - 2　驻波波形图

$n = 1$ 的频率是基频,$n = 2,3$ 的频率是第一、第二谐频,基频最强,它决定弦的频率,谐频则决定其音色。

如图 3 - 10 - 1 所示,将细线的一端固定在电振音叉上,另一端绕过滑轮连上砝码;让音叉做等幅振动时,弦线上各点在音叉的带动下振动。其频率与音叉相同,振动方向与弦线垂直,即形成横波;移动调节音叉与滑轮之间的距离,在一定条件下入射波与反射波叠加形成驻波,若弦上有 n 个半波区,则波长 $\lambda = \dfrac{2l}{n}$,其波速 $v = f \cdot \lambda$。

为了研究问题的方便,当弦线上最终形成稳定的驻波时,在弦线上截取一小段做受力分析。

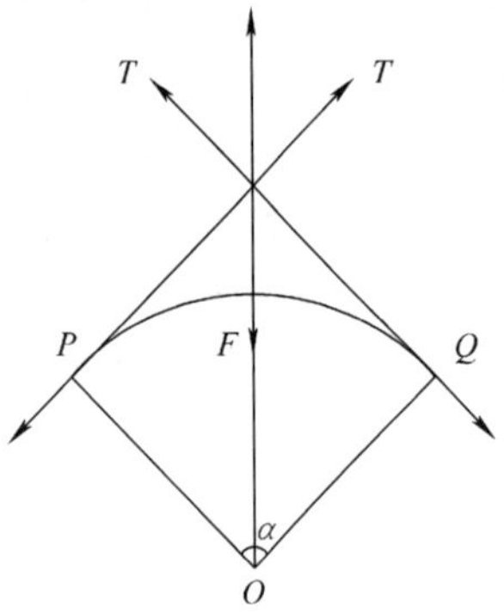

图 3-10-3　微元段受力分析图

如图 3-10-3 所示,设$\widehat{PQ}=\mathrm{d}l$、质量 $m=\rho\cdot\mathrm{d}l$、圆心角 $\alpha=\frac{\mathrm{d}l}{R}$。振动时微元段受到的合力为

$$F_{合}=2T_{张}\sin\frac{\alpha}{2} \tag{3-10-1}$$

当 $\sin\frac{\alpha}{2}\approx\frac{\alpha}{2}$时,由式(3-10-1)得

$$F_{合}=T_{张}\cdot\alpha=T_{张}\cdot\frac{\mathrm{d}l}{R} \tag{3-10-2}$$

由牛顿第二运动定律得弦微元段的运动方程:

$$F_{合}=m\cdot a_{角} \tag{3-10-3}$$

角加速度 $a_{角}=\frac{v^2}{R}$,由(3-10-3)式得

$$F_{合}=m\frac{v^2}{R}=\rho\cdot\mathrm{d}l\cdot\frac{v^2}{R} \tag{3-10-4}$$

由式(3-10-2)、式(3-10-3)化简得

$$\lambda^2=\frac{1}{\rho\cdot f^2}T_{张} \tag{3-10-5}$$

弦上横波波长与张力的关系为

$$\lambda=\frac{1}{f}\sqrt{\frac{T_{张}}{\rho}}=\frac{1}{f}\sqrt{\frac{mg}{\rho}}$$

【实验内容】

(1)测量弦的线密度或由实验室给出。

取 2 m 长实验用弦线,在分析天平上称其质量 m,求出线密度 ρ。

(2)连接好实验装置,调节音叉正常振动;移动音叉使弦线上出现稳定的振幅最大的驻波。

(3)取 $n=1$ 时,确定弦的张力 T_i。

(4)就实验中某一组值用图解法求斜率 $K=\frac{\lambda_{i+1}^2-\lambda_i^2}{T_{i+1}-T_i}$,代入式$\bar{f}_{测}=\sqrt{\frac{1}{\rho\cdot K}}$计算弦振动的频率,并将其和音叉振动的频率作比较。

(5)用米尺测弦长 l_n 并计算频率$\bar{f}_{测}$。

(6)比较两种波速计算值。

从以上各测量中求出 T_5 值对应的波长 λ,用式 $v=f_{音}\cdot\lambda$ 计算出各自的波速。将 T_5 值和 ρ 代入式 $v=\sqrt{\frac{T_5}{\rho}}$,求出各波速。比较两种方法求出的同一 T_5 值的波速,分析产生差异的原因。

(7)改变张力 T_i,研究弦上横波波长 λ_i 与张力 T_i 的关系:$\ln\lambda_i=\ln\left(\frac{1}{f\sqrt{\rho}}\right)+\frac{1}{2}\ln T_i$;并作 $\ln\lambda_i$—$\ln T_i$ 图线。

【数据记录】

$g=9.796\ 17\ \mathrm{m/s^2}$,$\rho=$________$\times10^{-3}$ kg/m,$f_{音}=$________ Hz。

（1）当 $n=1$ 时，确定弦的张力 T_i，测弦线长，记入表 3－10－1。

表 3－10－1　张力改变，半波区不变，测弦线长

i	1	2	3	4	5
n	1	1	1	1	1
T_i/N					
l_i/cm					

（2）当 T_5 不变时，测弦线长，记入表 3－10－2。

表 3－10－2　张力不变，半波区变化，测弦线长

n	1	2	3	4
l/cm				

（3）改变张力 T_i 时，同时改变半波区，测弦线长，记入表 3－10－3。

表 3－10－3　张力改变，半波区改变，测弦线长

m_i/g	T_i/N	l_i/cm	$n=1,2,3,4$				$\bar{\lambda}_i/m$	$\ln T_i$	$\ln \bar{\lambda}_i$
		l_i/cm							
		l_i/cm							
		l_i/cm							
		l_i/cm							

【数据处理】

（1）取 $n=1$ 时，确定 T_i，记入表 3－10－4。

表 3－10－4　张力与波长平方的关系

n	1	1	1	1	1
T_i/N					
λ^2/m^2					

用图解法求斜率 $K=\dfrac{\lambda_{i+1}^2-\lambda_i^2}{T_{i+1}-T_i}$。

（2）比较 $f_{音}$ 和 $\bar{f}_{测}=\sqrt{\dfrac{1}{\rho\cdot K}}$ 的大小，并计算百分误差。

（3）当 $T_5=$________ N 不变时，计算 $v=\sqrt{\dfrac{T_5}{\rho}}=$________ m/s，记入表 3－10－5。

表 3－10－5　波长、波速的测量结果

n	1	2	3	4
l/cm				
λ/m				
f/Hz				
v/(m/s)				

(4)比较 $v=\sqrt{\frac{T_5}{\rho}}$ 与 $v=f\cdot\lambda$ 的大小。

(5)作 $\ln\lambda_i$—$\ln T_i$ 图线。

【思考题】

(1)音色是由弦的哪个频率决定的?

(2)说明弦上传播横波的波动方程是如何导出的?

(3)增大弦的张力时,如线密度 ρ 有变化,对实验将有何影响?

(4)通过实验,说明弦线的共振频率和波速与哪些条件有关?

(5)换用不同弦线后,共振频率有何变化? 存在什么关系?

(6)如果弦线有弯曲或者不是均匀的,对共振频率和驻波有何影响?

(7)相同的驻波频率时,不同的弦线产生的声音是否相同?

【附】 乐理分析

常见的音阶由7个基本音组成,用唱名表示即do,re,mi,fa,so,la,si,用7个音以及比它们高一个或几个八度的音、低一个或几个八度的音构成各种组合就成为各种乐器的"曲调"。每高一个八度的音的频率升高一倍。

振动的强弱(能量的大小)体现为声音的大小,不同物体的振动体现的声音音色是不同的,而振动的频率 f 则体现音调的高低。$f=261.6$ Hz 的音在音乐里用字母c1表示。其相应的音阶表示为c,d,e,f,g,a,b,在将c音唱成"do"时定为c调。人声及器乐中最富有表现力的频率范围约为60~1 000 Hz。c调中7个基本音的频率,以"do"音的频率 $f=261.6$ Hz 为基准,按十二平均律*的分法,其他各音的频率为其倍数,其倍数值如表3-10-6所示。

表3-10-6 音阶与频率的关系

音名	c	d	e	f	g	a	b	c
频率倍数	1	$(\sqrt[12]{2})^2$	$(\sqrt[12]{2})^4$	$(\sqrt[12]{2})^5$	$(\sqrt[12]{2})^7$	$(\sqrt[12]{2})^9$	$(\sqrt[12]{2})^{11}$	2
频率/Hz	261.6	293.7	329.6	349.2	392.0	440.0	493.9	523.2

注:常用的音乐律制有五度相生律、纯律(自然律)和十二平均律三种,所对应的频率是不同的。五度相生律是根据纯五度定律的,因此在音的先后结合上自然协调,适用于单音音乐。纯律是根据自然三和弦来定律的,因此在和弦音的同时结合上纯正而和谐,适用于多声音乐。十二平均律是目前世界上最通用的律制,在音的先后结合和同时结合上都不是那么纯正自然,但由于它转调方便,在乐器的演奏和制造上有着许多优点,在交响乐队和键盘乐器中得到广泛使用。常见的乐器都是参照上述表格确定的值制造的,例如钢琴、竖琴、吉他等。

金属弦线形成驻波后产生一定的振幅,从而发出对应频率的声音。如果将驱动频率设置为表3-10-6所定的值,由弦振动的理论可知,通过调节弦线的张力或长度,形成驻波,就能听到与音阶对应的频率(当然,这时候的环境噪声要小些)。这样做的特点是能产生准确的音调,有助于人们对音阶的判断和理解,例如小提琴弦的不同共振频率导致不同的音阶。

实验 11　声速的测定

【实验目的】

(1)了解压电陶瓷换能器的功能及超声波产生和接收的原理。

(2)学会用共振干涉法和相位比较法测定声速,加深对驻波和振动合成理论的理解。

【实验仪器和用具】

声速测定仪、信号发生器、示波器。

【实验原理】

声波是一种在弹性介质中传播的机械波,声速是描述声波在介质中传播特性的基本物理量。声速的大小取决于传播介质自身的特性,同时也受环境温度、气压的影响。频率在 20 ~2 000 Hz 的声波为可闻声波,超过 2 000 Hz 的声波为超声波。通过对声速的测定,如超声测距、液体浓度、气体温度的测量等,这对研究声波在不同介质中传播现象均有重要意义,因此在现代检测中得到广泛的应用。

由于超声波波长短、抗干扰性强、易于定向发射等优点,可在短距离内进行波长精确测定。超声波的发射和接收最常见的方法是利用压电陶瓷片的正电压和逆电压效应来实现电压和声压之间的相互转换。本实验采用压电陶瓷片作为电声换能器,当压电陶瓷片极化方向上加一个正弦波电信号时,会发生周期性的伸缩变化,从而产生机械振动,使压电陶瓷片成为超声波发射源。反过来,压电陶瓷片也可以在声压变化的作用下产生变化的电压,使其成为超声波接收器。

声波传播过程中的速度 v 与声波的振动频率 f、波长 λ 有如下关系:

$$v=\lambda f \tag{3-11-1}$$

因此只要测出声波的波长 λ 和振动频率 f 就可以求出声速 v。实验中声源振动频率可由声速信号发生器直接读出,而波长 λ 测量的常用方法有两种:共振干涉法和相位比较法。

1. 共振干涉(驻波)法

仪器组成如图 3-11-1 所示,S_1 和 S_2 为声速测定仪上的两个压电陶瓷超声换能器,S_1 为声波发射器,它与信号发生器相连。当信号发生器输出的正弦电信号加到 S_1 上时,S_1 发出声强最大的平面超声波,经 S_2 超声波接收器,把接收到的声压转换成正弦电信号后输入到示波器进行观察。由于 S_2 在接收超声波的同时还反射一部分超声波,这样,由 S_1 发出的超声波和由 S_2 反射的超声波在发射器和接收器之间的区域发生干涉,而形成驻波。假设在无限声场中,仅有一个点声源(发射换能器)和一个接收平面(接收换能器)。当点声源发出声波后,在此声场中只有一个反射面(即接收换能器平面),并且只产生一次反射。

在上述假设条件下,发射波 $\xi_1=A_1\cos(\omega t-2\pi x/\lambda)$。在 S_2 处产生反射,反射波 $\xi_2=A_2\cos(\omega t+2\pi x/\lambda)$,信号相位与 ξ_1 相反,幅度 $A_1>A_2$。干涉区域上某一位置的合振动方程为

$$\begin{aligned}\xi_{合}&=\xi_1+\xi_2=A_1\cos(\omega t-2\pi x/\lambda)+A_2\cos(\omega t+2\pi x/\lambda)\\&=A_1\cos(\omega t-2\pi x/\lambda)+A_1\cos(\omega t+2\pi x/\lambda)+(A_2-A_1)\cos(\omega t-2\pi x/\lambda)\\&=2A_1\cos(2\pi x/\lambda)\cos\omega t+(A_2-A_1)\cos(\omega t-2\pi x/\lambda)\end{aligned}$$

由此可见,合成后的波束 $\xi_{合}$ 在幅度上,具有随 $\cos(2\pi x/\lambda)$ 呈周期变化的特性,在相位上,具有随$(2\pi x/\lambda)$呈周期变化的特性。另外,由于反射波幅度小于发射波,合成波的

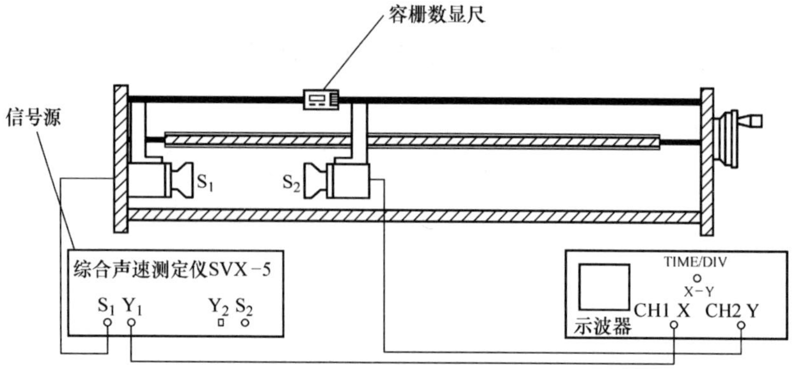

图 3-11-1　驻波法仪器连线图

幅度即使在波节处也不为 0，而是按 $(A_2 - A_1)\cos(\omega t - 2\pi x/\lambda)$ 变化。图 3-11-2 所示波形显示了叠加后的声波幅度，随距离按 $\cos(2\pi x/\lambda)$ 变化的特征。在示波器上观察到的实际上是这两个相干波合成后在声波接收器 S_2 处的振动情况，移动 S_2 位置(即改变 S_1 和 S_2 之间的距离)，从示波器显示上会发现，当 S_2 在某些位置时振幅有最大值。由波的干涉理论可知：任何两相邻的振幅最大值的位置之间(或两相邻的振幅最小值的位置之间)的距离均为 $\lambda/2$。为了测量声波的波长，可以一边观察示波器上声压振幅值的同时，缓慢地改变 S_1 和 S_2 之间的距离。示波器上就可以看到振幅不断地由最大变到最小再变到最大，而振幅每一次周期性的变化，就相当于两相邻的振幅最大之间的距离变化 $\lambda/2$；S_2 移动过的距离亦为 $\lambda/2$。

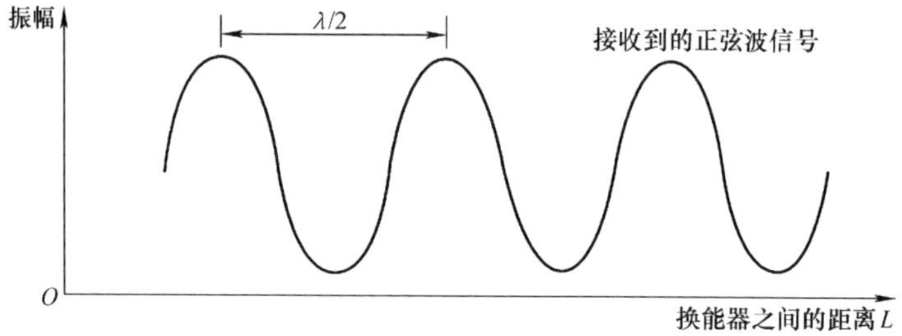

图 3-11-2　换能器间距与合成幅度

如图 3-11-3 中各极大值之间的距离均为 $\lambda/2$，由于散射和其他损耗，各极大值幅值随距离增大而逐渐减小。

在连续多次测量相隔半波长的 S_2 的位置变化及声波频率 f 以后，可应用测量数据计算出声速，用逐差法处理测量的数据。

当 S_1 和 S_2 之间的距离 L 恰好等于半波长的整数倍，即

$$L = n\frac{\lambda}{2} \quad (n = 1, 2, 3, \cdots) \tag{3-11-2}$$

时形成驻波，示波器上可观察到较大幅度的信号；反之，L 不满足式(3-11-2)条件时，观察到的信号幅度较小。实验中，通过转动声速测定仪右边的鼓轮，使 S_2 向右移动，示波器上将

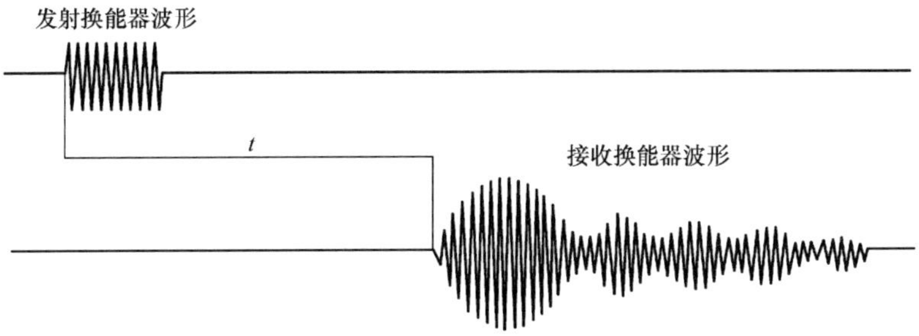

图 3-11-3　接收换能器波形幅值随距离的变化

相继出现一系列共振态，任意两个相邻共振态之间的距离，即对应的 S_2 的位移为

$$\Delta L = L_{n+1} - L_n = (n+1)\lambda/2 - n\lambda/2 = \lambda/2 \qquad (3-11-3)$$

所以当 S_1 和 S_2 之间的距离 L 连续改变时，示波器上的信号幅度每一次周期性变化，相当于 S_1 和 S_2 之间距离改变了 $\lambda/2$。此距离 $\lambda/2$ 可由测定仪上部的刻度尺配合鼓轮上的刻度尺读出，从而得到 λ。声波的频率 f 由信号发生器读取，所以，由式(3-11-1)可求得室温下声波在空气中传播的速度 v。

2. 相位比较法

实验仪器的组成和连线如图 3-11-1 所示，S_1 接信号发生器并接示波器的 X 轴（CH1）输入，S_2 接示波器的 Y 轴（CH2）输入。当 S_1 发射波通过介质到达接收器 S_2 时，接收波和发射波之间产生相位差 $\Delta\phi = \omega\Delta t$，角频率为 $\omega = 2\pi f$；声波经 S_1 到 S_2 之间的位移为 ΔL，传播时间为 Δt，则相位差 $\Delta\phi$ 与声速 v 和波长 λ 有下列关系：

$$\Delta\phi = 2\pi\Delta L/\lambda = 2\pi f\Delta L/v \qquad (3-11-4)$$

当 S_1 和 S_2 之间的距离为 $L_1 = n\lambda (n=1,2,3,\cdots)$ 时，相位差为 $\phi_1 = n2\pi$。当 S_1 和 S_2 之间的距离为 $L_2 = (n+1)\lambda (n=1,2,3,\cdots)$ 时，相位差为 $\phi_2 = (n+1)2\pi$，则 $\Delta L = L_2 - L_1 = \lambda$ 时，相位差为 $\Delta\phi = 2\pi$。因此，可以通过观察测定 $\Delta\phi$ 及对应的 ΔL 可测得波长 λ。

$\Delta\phi$ 的测定可以利用两个相互垂直的简谐振动合成的李萨如图形得到。为此通过示波器观察图形变化如图 3-11-4 所示。

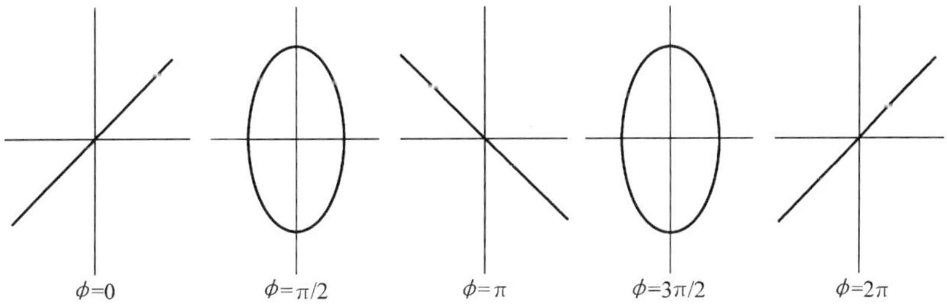

图 3-11-4　李萨如图形

改变 S_1 和 S_2 之间的距离，相当于改变发射波和接收波之间的相位差，示波器上的图形也随着变化。由此可见，距离每变化一个波长，即 $\Delta L = \lambda$，相位差 $\Delta\phi$ 也改变 2π，由于两谐

振动的频率相同随着振动的相位差从 $0 \to \pi$ 的变化，图形也从斜率为正的直线变为椭圆，再变到斜率为负的直线；继续向右移动 S_2 时，相位差再从 $\pi \to 2\pi$ 的变化，图形也从斜率为负的直线变为椭圆，再变到斜率为正的直线；如果选择李萨如图形出现直线 S_2 的位置为测量初始位置，则继续向右移动 S_2 时，S_1 和 S_2 之间的距离 ΔL 每移动一个波长 λ，示波器上的图形就会出现与上次斜率符号相同的直线。由此，可以测得波长 $\lambda = |L_{i+1} - L_i|$，读出信号发生器的输出频率 f，根据式(3－11－1)可求出声波在空气中传播的声速 v。

【实验内容】

1. 仪器调整及共振频率的确定

(1)按图 3－11－1 接好电路，仪器在使用之前，加电开机预热 15 min。在接通市电后，自动工作在连续波方式，这时脉冲波强度选择按钮不起作用。熟悉示波器、信号发生器和声速测定仪的使用。

(2)根据实验室给出的压电陶瓷换能器的谐振频率范围，将信号发生器输出频率调至谐振频率 40 kHz 附近，波形为正弦波。转动声速测定仪右边的转柄，使 S_2 从 S_1 开始向右缓慢移动，可在示波器上看到正弦波振幅的变化，移到振幅较大处，再仔细微调信号发生器的输出频率(如 1 kHz 或 0.1 kHz)的增加，使示波器上图形振幅达到最大时记录共振频率 f_1。

2. 共振干涉法测声速

(1)按图 3－11－1 把各仪器连接好，示波器的 Y 输入连接到换能器 S_2。

(2)在信号发生器以共振频率输出的条件下，将 S_2 重新移至接近 S_1 处(注意不要与 S_1 相接触)，再缓慢向右移动 S_2，当示波器上出现的波形振幅较大时，再微调转柄，并配合微调信号发生器的输出频率，找到振幅最大点，记下此时 S_2 的位置 L_1 及信号发生器的频率 f_1。

(3)以 S_2 的位置 L_1 为测量起点，再继续向右移动 S_2 的位置，重复以上步骤，逐个记下各振幅最大时 S_2 的位置 L_2、L_3、…、L_{10} 共 10 个位置，并记下对应的信号发生器频率 f_2、f_3、…、f_{10} 的值(列表记录)。

(4)用逐差法计算超声波波长 $\lambda_i = \frac{2}{5}|L_i - L_{i+5}|(i = 1,2,3,4,5)$。

3. 相位比较法测声速

(1)按图 3－11－1 把各仪器连接好，调整示波器的功能(TIME/DIV)旋钮在 X－Y 状态。

(2)在共振频率条件下，使 S_2 靠近 S_1，然后再缓慢移离 S_1，观察示波器上李萨如图形的变化。当示波器上图形出现 45°斜线时，再微调 S_2 的位置，使斜线稳定、最细，记下此时 S_2 的位置 L_1'，并同时读取信号发生器的频率 f_1。

(3)以 S_2 的位置 L_1 为测量起点，缓慢向右移动 S_2，观察并记下示波器上的图形由 L_1' 位置时的斜线变为椭圆、斜线、椭圆，再变为原斜线状态时 S_2 的位置 L_2、L_3、…、L_{10} 共 10 个位置数据，记录对应的频率 f_2、f_3、…、f_{10} 的值(列表记录)。

(4)用逐差法计算超声波波长 $\lambda_i = \frac{1}{5}|L_i - L_{i+5}|(i = 1,2,3,4,5)$。

【数据记录】

(1)f = ________ kHz，室温 t = ________ ℃。共振干涉法数据记入表 3－11－1。

表 3－11－1　共振干涉法数据表

测量点序号	测量点位置 L_i/mm	λ_i	$\Delta\lambda_i^2=(\bar{\lambda}-\lambda_i)^2$
1			
2			
3			
4			
5			
6			
7			
8			
9			
10			
波长的平均值		$\bar{\lambda}_{共}=$	$\sum\Delta\lambda_i^2=$

(2)$f=$________ kHz，室温 $t=$________℃。相位的比较法数据记入表 3－11－2。

表 3－11－2　相位比较法数据

测量点序号	测量点位置 L_i/mm	λ_i	$\Delta\lambda_i^2=(\bar{\lambda}-\lambda_i)^2$
1			
2			
3			
4			
5			
6			
7			
8			
9			
10			
波长的平均值		$\bar{\lambda}_{共}=$	$\sum\Delta\lambda_i^2=$

【数据处理】

1. 共振干涉法

(1)计算出空气介质中共振干涉法测得的波长平均值$\bar{\lambda}_{共}$及其标准偏差 $\Delta\lambda_A$，即 $\Delta\lambda_A=\sqrt{\sum_{i=1}^{5}(\lambda_i-\bar{\lambda})^2/5\times(5-1)}=$________。

(2)仪器的误差限为 $\Delta\lambda_{仪}=0.01$ mm，$\Delta\lambda_B=\Delta\lambda_{仪}/\sqrt{3}$，$\Delta\lambda_{合}=\sqrt{\Delta\lambda_A^2+\Delta\lambda_B^2}$，经计算可得波长的测量结果$\bar{\lambda}_{共}\pm\Delta\lambda_{合}=$________。

(3)按理论值公式 $v_S=v_0\sqrt{\dfrac{T}{T_0}}$，算出理论值 v_S。(式中 $v_0=331.45$ m/s 为 $T_0=273.15$

K 时的声速，$T=(t+273.15)\mathrm{K}$)或按经验公式 $v=(331.45+0.59t)\mathrm{m/s}$，计算 v_S。

（4）在室温 $t=$________℃时，计算共振干涉法测得超声波在空气中的传播速度 $\bar{v}_共=\bar{\lambda}_共 f$，将实验结果与理论值比较，计算百分比误差 $\delta_共=\frac{|\bar{v}_共-v_S|}{v_S}\times100\%$，分析误差产生的原因。

（5）仪器误差 $\Delta f_仪=0.001\ \mathrm{kHz}$，$\Delta f_B=\Delta f_仪/\sqrt{3}$，$\Delta f_合=\Delta f_B=\Delta f_仪/\sqrt{3}$，$\Delta v_合=\bar{v}_共\sqrt{\left(\frac{\Delta\lambda_合}{\bar{\lambda}}\right)^2+\left(\frac{\Delta f_B}{f}\right)^2}=$________。

（6）测量结果：$\bar{v}_共\pm\Delta v_合=$________。

2. 相位比较法

（1）计算空气介质中相位比较法测得的波长平均值 $\bar{\lambda}_位$ 及其标准偏差 $\Delta\lambda_A$，即 $\Delta\lambda_A=\sqrt{\sum_{i=1}^{5}(\lambda_i-\bar{\lambda})^2/5\times(5-1)}=$________。

（2）仪器的误差限 $\Delta\lambda_仪=0.01\ \mathrm{mm}$，$\Delta\lambda_B=\Delta\lambda_仪/\sqrt{3}$，$\Delta\lambda_合=\sqrt{\Delta\lambda_A^2+\Delta\lambda_B^2}$，经计算可得波长的测量结果 $\bar{\lambda}_位\pm\Delta\lambda_合=$________。

（3）按理论值公式 $v_S=v_0\sqrt{\frac{T}{T_0}}$ 算出理论值 v_S。（式中 $v_0=331.45\ \mathrm{m/s}$ 为 $T_0=273.15\ \mathrm{K}$ 时的声速，$T=(t+273.15)\mathrm{K}$)或按经验公式 $v=(331.45+0.59t)\mathrm{m/s}$，计算 v_S。

（4）在室温 $t=$________℃时，用相位比较法测得超声波在空气中的传播速度 $\bar{v}_位=\bar{\lambda}_位 f$，将实验结果与理论值比较，计算百分比误差 $\delta_位=\frac{|\bar{v}_位-v_S|}{v}\times100\%$，分析误差产生的原因。

$$\Delta v_合=\bar{v}_位\sqrt{\left(\frac{\Delta v_合}{\bar{\lambda}}\right)^2+\left(\frac{\Delta f_B}{f}\right)^2}=\text{________}。$$

（5）仪器误差为 $\Delta f_仪=0.001\ \mathrm{kHz}$，$\Delta f_B=\Delta f_仪/\sqrt{3}$，$\Delta f_B=\Delta f_合=\Delta f_仪/\sqrt{3}$。

（6）测量结果：$\bar{v}_位\pm v_合=$________。

【思考题】

（1）本实验中测量声速的两种方法各有什么特点？

（2）系统的共振状态必须满足哪些条件？为什么要在系统谐振频率下测定声速？

实验 12　液体黏滞系数的测定

【实验目的】

（1）了解用斯托克斯公式测定液体黏滞系数的原理，掌握其适用条件。

（2）学习用落球法测定液体的黏滞系数。

(3)熟练运用基本仪器测量时间、长度和温度。

(4)掌握用外推法处理实验数据。

【实验仪器和用具】

液体黏滞系数仪、螺旋测微器、游标卡尺、米尺、钢球($\phi=1.000$ mm)、秒表、温度计。

【实验原理】

液体的黏滞系数又称为内摩擦系数或黏度,是描述液体内摩擦力性质的一个重要物理量。它表征液体反抗形变的能力,只有在液体内存在相对运动时才表现出来。

当小钢球在液体中运动时,物体将会受到液体施加的与运动方向相反的摩擦阻力的作用,这种阻力称为黏滞阻力,简称黏滞力。黏滞阻力并不是物体与液体间的摩擦力,而是由附着在物体表面并随物体一起运动的液体层与附近液层间的摩擦而产生的。黏滞力的大小与液体的性质、物体的形状和运动速度等因素有关。流体力学中,雷诺数是流体惯性力与黏性力比值的量度,它是一个无量纲数。雷诺数较小时,黏滞力对流场的影响大于惯性力,流场中流速的扰动会因黏滞力而衰减,流体流动稳定,为层流;反之,若雷诺数较大时,惯性力对流场的影响大于黏滞力,流体流动较不稳定,流速的微小变化容易发展、增强,形成紊乱、不规则的涡流。

根据斯托克斯定律,光滑的小球在无限广阔的液体中运动时,当液体的黏滞性较大,小球的半径很小,且在运动中不产生涡流时,小球所受到的黏滞阻力

$$f=3\pi\eta vd \tag{3-12-1}$$

式中 d——小球的直径;

v——小球的速度;

η——液体黏滞系数,η 就是液体黏滞性的度量,与温度有密切的关系,对液体来说,η 随温度的升高而减少(见附表)。

本实验应用落球法来测量液体的黏滞系数。小球在液体中做自由下落运动时,受到三个力的作用,三个力都在竖直方向,它们是重力 ρgV、浮力 $\rho_0 gV$、黏滞阻力 f。开始下落时小球运动的速度较小,相应的阻力也小,重力大于黏滞阻力和浮力,所以小球做加速运动。由于黏滞阻力随小球的运动速度增加而逐渐增加,加速度也越来越小,当小球所受合外力为零时,三力平衡:

$$\rho gV=\rho_0 gV+3\pi\eta vd \tag{3-12-2}$$

此时小球趋于匀速运动,此时的速度称为收尾速度,记为 v_0。经化简可得液体的黏滞系数

$$\eta=\frac{(\rho-\rho_0)gd^2}{18v_0} \tag{3-12-3}$$

式中 ρ_0——液体的密度;

ρ——小球的密度;

g——当地的重力加速度。

可见,要测定 η,关键是要测得 v_0。但是液体可以看成在各方向上都是无限广阔条件下的液体,这在实际实验中是无法实现的。

因此,本实验采用线性外推作图法来求 v_0。实验仪器采用多管的液体黏滞系数仪,如图 3-12-1 所示。

将一组直径不同、装有同种待测液体的管子,安装在同一水平底板上,每个管子的液体

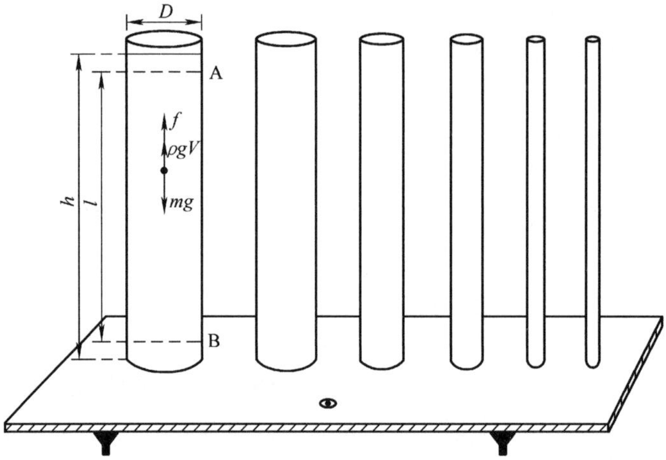

图 3－12－1　实验仪器

深度 h 与两刻线 A、B 间的距离 l 均相等。上刻线 A 与液面间具有适当的距离，以致当小球下落经过 A 刻线时，可以认为小球已经在做匀速运动。依次测出小球通过管中的两刻线 A、B 间所需的时间 t，各管的直径用一组 D_n 值表示，则大量的实验数据及用线性拟合进行数据处理表明，t 与 d/D_n 成线性关系。即以 t 为纵坐标轴，以 d/D_n 为横坐标轴，根据实验数据可以作出一条直线，延长该直线与纵轴相交，其截距 t_0 就是当 $D\to\infty$ 时即在"无限广延"的液体中，小球匀速下落通过距离 l 所需的时间，所以有

$$v_0=\frac{l}{t_0} \tag{3-12-4}$$

将 v_0、ρ_0、ρ、g 的值代入式(3－12－2)，就能求出液体的黏滞系数。式中各量均采用国际单位，η 的单位为帕·秒，记为 Pa·s，1 Pa·s＝1 kg/(m·s)。

【实验内容】

(1)调节液体黏滞系数仪的底脚螺丝，用气泡水准仪观察其水平，以保证有机玻璃管中心轴线处于铅直状态。

(2)用螺旋测微器测量小钢球的直径 d。

(3)用游标卡尺测量各管子的内径 D_n。

(4)用游标卡尺测量管子上 A、B 刻线间的距离 l。

(5)用镊子将浸润后的小钢球依次从各管子上端中心处放入，并用秒表记下小钢球在管子中 A、B 刻线间下落的时间 t。

(6)以 t 为纵轴，d/D_n 为横轴作图，并用线性外推法作图求 t_0。

(7)计算黏滞系数 η。

*(8)其他系统误差的考虑。由于存在理论、方法等方面的误差，还需从以下这些方面逐项分析，考察并修正测量结果。

①雷诺数的影响。

斯托克斯公式 $f=3\pi\eta vd$ 是小钢球在液体运动中不产生涡流情况下导出的，实际上，从精确测量的角度分析，小球下落时并不是这样理想的状态。其雷诺数可用下式表达：

$$Re = \frac{dv_0\rho}{\eta} \quad (3-12-5)$$

修正后的斯托克斯公式为

$$f = 3\pi\eta vd\left(1 + \frac{3}{16}Re - \frac{19}{1\,080}Re^2 + \cdots\right) \quad (3-12-6)$$

式中$\frac{3}{16}Re$ 项和$\frac{19}{1\,080}Re^2$ 项是斯托克斯公式的第一、二修正项。

②容器壁的修正。

液体可以看成在各方向上都是无限广阔的条件是不能成立的，考虑到容器壁影响，式(3－12－6)变为

$$f = 3\pi\eta vd\left(1 + 2.4\frac{d}{D_n}\right)\left(1 + 3.3\frac{d}{2h}\right)\left(1 + \frac{3}{16}Re - \frac{19}{1\,080}Re^2 + \cdots\right) \quad (3-12-7)$$

式(3－12－7)中容器内经 D_n 和液体深度 h 为修正因子。

③最佳值 η_0。

数据处理时，先由式(3－12－3)计算出 η，将其代入式(3－12－5)确定 Re 值。依据 Re 值的范围进行修正得到符合实验要求黏度系数。

当 $Re < 0.1$ 时，

$$\eta_0 = \frac{(\rho - \rho_0)gd^2}{18v_0\left(1 + 2.4\frac{d}{D_n}\right)\left(1 + 3.3\frac{d}{2h}\right)} \quad (3-12-8)$$

当 $0.1 < Re < 0.5$ 时，

$$\eta_0 = \frac{(\rho - \rho_0)gd^2}{18v_0\left(1 + 2.4\frac{d}{D_n}\right)\left(1 + 3.3\frac{d}{2h}\right)\left(1 + \frac{3}{16}Re\right)} \quad (3-12-9)$$

当 $Re > 0.5$ 时，

$$\eta_0 = \frac{(\rho - \rho_0)gd^2}{18v_0\left(1 + 2.4\frac{d}{D_n}\right)\left(1 + 3.3\frac{d}{2h}\right)\left(1 + \frac{3}{16}Re - \frac{19}{1\,080}Re^2\right)} \quad (3-12-10)$$

【数据记录】

$g = 9.796\,17\ \mathrm{m/s^2}$，小钢球的密度 $\rho \approx 7\,900\ \mathrm{kg/m^3}$，液体温度 $T =$ ______℃，间距 $l =$ ______。

长度、时间的测量数据记入表 3－12－1。

表 3－12－1　长度、时间的测量

n/次数	1	2	3	4	5
d/mm					
D_n/mm					
h/mm					
t/s					

【数据处理】

(1)拟合直线方程，最小二乘法拟合数据记入表 3－12－2。

表 3-12-2　最小二乘法拟合数据

n/次数	1	2	3	4	5
d/D_n t/s					

最小二乘法拟合：$K = \dfrac{\overline{\left(\dfrac{d}{D_n}\right)} \cdot \bar{t} - \overline{\left(\dfrac{d}{D_n} \cdot t\right)}}{\overline{\left(\dfrac{d}{D_n}\right)}^2 - \overline{\left(\dfrac{d}{D_n}\right)^2}} =$ ________。

线性方程：$t_0 = \bar{t} - K \cdot \overline{\left(\dfrac{d}{D_n}\right)} =$ ________。

线性相关系数：$\gamma = \dfrac{\overline{\left(\dfrac{d}{D_n}\right) \cdot t} - \overline{\left(\dfrac{d}{D_n}\right)} \cdot \bar{t}}{\sqrt{\left[\overline{\left(\dfrac{d}{D_n}\right)^2} - \overline{\left(\dfrac{d}{D_n}\right)}^2\right] \cdot \left[\overline{t^2} - (\bar{t})^2\right]}} =$ ________。

(2)收尾速度：$v_0 = \dfrac{\bar{l}}{t_0} =$ ________。液体在不同内径容器中黏滞系数的测量结果记入表 3-12-3。

表 3-12-3　液体在不同内径容器中黏滞系数的测量结果

n/次数	1	2	3	4	5
$D_n \times 10^{-3}$/m v_0/(m/s) η_0/(Pa·s)					

(3)不确定度：$\Delta\eta_0 = \sqrt{\dfrac{\sum_{i=1}^{n}(\eta_0 - \overline{\eta_0})^2}{5 \times (5-1)}} =$ ________。

(4)结果：$\eta_0 = \overline{\eta_0} \pm \Delta\eta_0 =$ ________。

【思考题】

(1)式(3-13-3)$\eta = \dfrac{(\rho - \rho_0)gd^2}{18v_0}$在什么条件下才能成立？

(2)如何判断小球已进入匀速运动阶段？

(3)观察小球通过刻线时，如何避免视差？

(4)为了减小不确定度，应对测量中哪些量的测量方法进行改进？

【附】 注意事项

(1)待测液体应加注至管子内刻线 A 上一定位置，以保证小球在刻线 A、B 间匀速运动。

(2)小球要于管子轴线位置放入。

(3)放入小球与测量其下落时间时，眼与手要配合一致。

(4)管子内的液体应无气泡，小球表面应光滑无油污。

(5)测量过程中液体的温度应保持不变,实验测量过程持续的时间应尽可能短。

【附录】

甘油的密度 $\rho_0 \approx 1\ 261\ kg/m^3$(20 ℃),蓖麻油的密度 $\rho_0 \approx 960 \sim 970\ kg/m^3$。

甘油和蓖麻油的黏滞系数值与温度的关系见下表。

附表　甘油和蓖麻油的黏滞系数值与温度的关系

温度/℃	甘油 η/(Pa·s)	温度/℃	甘油 η/(Pa·s)	温度/℃	蓖麻油 η/(Pa·s)	温度/℃	蓖麻油 η/(Pa·s)
14.3	1.383	41.0	0.282	10.0	2.418	28.5	0.513
20.3	0.830	43.0	0.224	15.0	1.514	30.0	0.451
27.5	0.729	45.0	0.214	15.9	1.403	31.4	0.414
29.5	0.621	47.0	0.197	18.0	1.274	32.0	0.390
32.0	0.506	49.0	0.172	20.9	0.931	33.0	0.360
34.0	0.430	51.0	0.153	22.3	0.851	34.1	0.340
36.0	0.387	53.0	0.146	24.6	0.651	35.0	0.312
39.0	0.313	55.0	0.131	26.7	0.592	40.0	0.231

实验 13　惯　性　秤

【实验目的】

(1)了解惯性秤的构造并掌握用它测量惯性质量的方法。

(2)研究物体的惯性质量与引力质量之间的关系。

(3)研究重力对惯性秤的影响。

【实验仪器和用具】

惯性秤、定标用标准质量块(共 10 块)、铁架台、数字毫秒计、待测圆柱体。

【实验原理】

惯性质量和引力质量是两个不同的物理概念。万有引力方程中的质量称为引力质量,它是一物体与其他物体相互吸引性质的量度,一般用天平称衡的物体质量就是物体的引力质量;牛顿第二运动定律公式中的质量称为惯性质量,它是物体的惯性度量,用惯性秤称衡的物体质量就是物体的惯性质量。

在牛顿定律中质量的概念是作为物体的惯性的量度而提出的。实验表明,以同样大小的力作用到不同的物体上时,一般说来,它们所获得的加速度是不同的。例如:用同样大小的力推动一辆空车和一辆载重车时,空车获得的加速度要比载重车获得的加速度大。这就说明,在外加力的作用下,物体所获得的加速度不仅与力有关,而且还与物体本身的某种特性有关,这个特性就是惯性。在同样大小的力作用下,空车获得的加速度大,就表明它维持原有运动状态的能力小,即惯性小;载重车获得的加速度小,就表明它维持原有运动状态的能力大,即惯性大。在物理学中,就引入惯性质量这样一个物理量来表示物体惯性的大小。

当惯性秤沿水平固定后,将秤台沿水平方向推开约 1 cm,手松开后,秤台及其上面的负载将左右振动。它们虽同时受重力及秤臂的弹性恢复力的作用,但重力垂直于运动方向,对物体运动的加速度无关,而决定物体加速度的只有秤臂的弹性恢复力。在秤台上负载不大且秤台的位移较小的情况下,实验证明可以近似地认为弹性恢复力和秤台的位移成比例,即秤台是在水平方向做简谐振动。设弹性恢复力 $F = -kx$(k 为秤臂的弹性系数,x 为秤台质

心偏离平衡位置的距离)。根据牛顿第二运动定律,可得

$$(m_0 + m_i)\frac{\mathrm{d}^2x}{\mathrm{d}t^2} = -kx \tag{3-13-1}$$

式中 m_0——空秤的惯性质量;

m_i——砝码或待测物的惯性质量。

用$(m_0 + m_i)$除上式两侧,得出

$$\frac{\mathrm{d}^2x}{\mathrm{d}t^2} = -\frac{k}{m_0 + m_i}x \tag{3-13-2}$$

此微分方程的解为

$$x = A\cos\omega t(设初相位为零)$$

式中 A——秤台振幅;

ω——角频率。

将上式代入式(3-13-2),可得

$$\omega^2 = \frac{k}{m_0 + m_i}$$

因为 $\omega = \frac{2\pi}{T}$,所以

$$T = 2\pi\sqrt{\frac{m_0 + m_i}{k}} \tag{3-13-3}$$

设惯性秤空载时周期为 T_0,加负载 m_1 时周期为 T_1,加负载 m_2 时周期为 T_2,则从式(3-13-3)可得

$$\left.\begin{aligned} T_0^2 &= \frac{4\pi^2}{k}m_0 \\ T_1^2 &= \frac{4\pi^2}{k}(m_0 + m_1) \\ T_2^2 &= \frac{4\pi^2}{k}(m_0 + m_2) \end{aligned}\right\} \tag{3-13-4}$$

从上式中消去 m_0 和 k,得

$$\frac{T_1^2 - T_0^2}{T_2^2 - T_0^2} = \frac{m_1}{m_2} \tag{3-13-5}$$

此式表示,当 m_1 已知时,则在测得 T_0、T_1 和 T_2 之后,便可求出 m_2。实际上不必用上式去计算,可以用图解法从 T_i—m_i 图线上求出未知的惯性质量。

首先,测出空秤($m_i = 0$)的周期 T_0;其次,将具有相同惯性质量的砝码依次对称地加在秤台上,测出相应的周期为 $T_1, T_2, \cdots, T_i$。用这些数据作 T_i—m_i 图线(图 3-13-1)。测某待测物的惯性质量时,可将其置于砝码所在位置(砝码已取下)处,测出其周期为 T_j,则从图线上查出 T_j 对应的质量 m_j,就是被测物的惯性质量。

惯性秤必须严格水平放置才能得到正确结果,否则,这时秤台除受到秤臂的弹性恢复力外,还会受到重力在水平方向上的分力影响;所得 T_i—m_i 图线将不单纯是惯性质量与周期的关系。

为了研究重力对惯性秤运动的影响,还可从下一种情况去考虑。

水平放置惯性秤，用细线将一圆柱体铅直悬吊在铁架上，此时，圆柱体的重量由吊线承担，使圆柱体位于秤台圆孔中（图 3－13－2）。当秤台振动时，带动圆柱体一起运动，圆柱体所受重力的水平分力将和秤臂的弹性恢复力一起作用于秤台。这时测得的周期，要比该圆柱体直接搁在秤台圆孔上时的周期小，即振动快些。

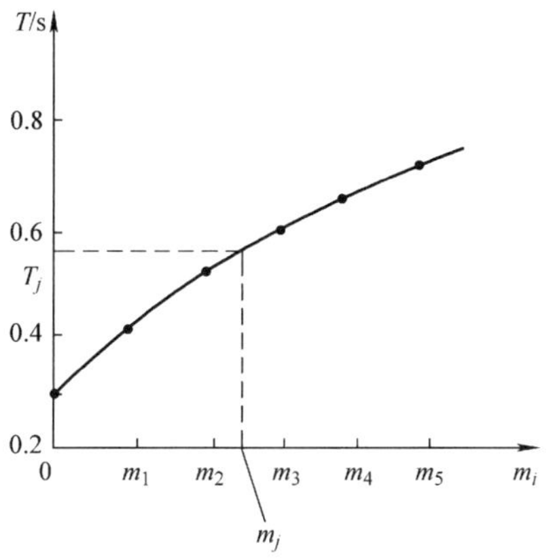

图 3－13－1　T_i—m_i 图线

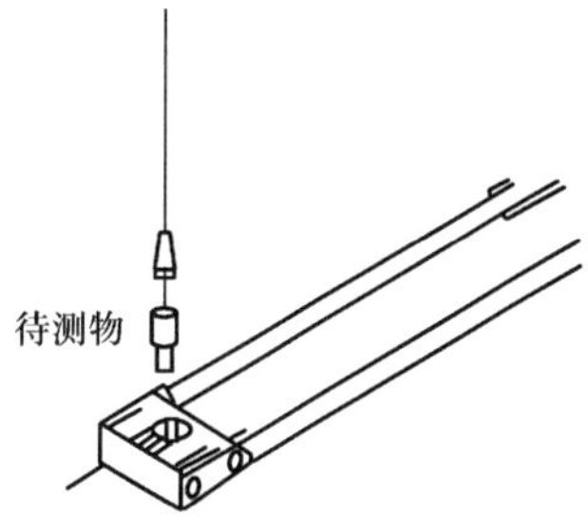

图 3－13－2　秤台装置

【实验内容】

（1）水平放置惯性秤，测完空秤的周期后，再分别测量惯性秤上对称加入砝码时的周期。（砝码夹作为秤台的一部分固定在台上，确保砝码插到夹底）

测量周期时要将光电门上的照明灯和光电二极管分别和数字毫秒计的低压输出端以及光控端相连。使用数字毫秒计能测周期的功能部分——“时标信号选择”，用 1 ms 挡。如图 3－13－3 所示，使惯性秤前端的挡光片位于光电门的正中间，用手将惯性秤前端扳开约 1 cm，松开惯性秤使之振动，数字毫秒计上第一次显示的即振动周期，每次测量都要将惯性秤扳开同样远。

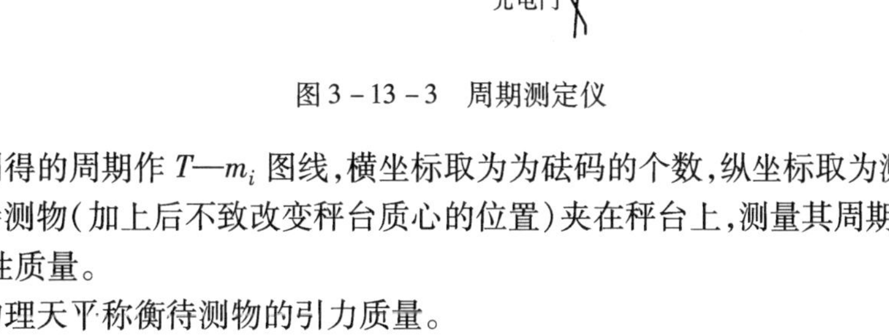

图 3－13－3　周期测定仪

（2）用测得的周期作 T—m_i 图线，横坐标取为为砝码的个数，纵坐标取为测量的周期。

（3）将待测物（加上后不致改变秤台质心的位置）夹在秤台上，测量其周期，从 T—m_i 图上查出其惯性质量。

（4）用物理天平称衡待测物的引力质量。

在惯性秤误差范围内（即对应 $\pm0.01T$ 的质量范围），从这些数据分析，你对惯性质量和引力质量得出什么结论：①两者相等？②互成比例？③毫无关系？

（5）研究重力对惯性秤的影响。

水平放置惯性秤，将圆柱体与铁架通过长约 50 cm 的细线铅直悬吊在秤台的圆孔内（图 3－13－2），测量秤台的振动周期并与直接将圆柱体放在圆孔上测得的周期进行比较，两者有何不同？

【数据记录】

（1）用周期测定仪测 $n=10$ 个振动周期的时间 t_i，记入表 3－13－1。

表 3－13－1　质量与时间的关系

测量次数 i	1	2	3	4	5	6
m_i/g						
t_i/s						

（2）测一号待测圆柱体 $n=10$ 个振动周期的时间 t_j，记入表 3－13－2。

一号待测圆柱体引力质量 $m=$______ g。

表 3－13－2　时间的测量

测量次数 j	1	2	3	4	5	6
t_j/s						

（3）测二号待测圆柱体 $n=10$ 个振动周期的时间，记入表 3－13－3，研究重力对惯性秤的影响。

表 3－13－3　待测圆柱体不同位置时时间的测量

测量次数 j	1	2	3	4	5	6
悬吊 t_j/s						
停放 t_j/s						

【数据处理】

惯性质量定标测量，数据记入表 3－13－4。

表 3－13－4　质量与周期的关系

n	1	2	3	4	5	6
m_i/g						
T_i/s						

（1）作 $T—m_i$ 图线。

（2）依据 $T—m_i$ 图线查出一号待测圆柱体 T_j 对应的惯性质量 m_j 并与引力质量比较。

$$t_j:\ \overline{t_j}=\frac{\sum_{j=1}^{n}t_j}{n}=\_\_\_\_\_\_,\Delta t_{j\mathrm{A}}=\sqrt{\frac{\sum_{j=1}^{n}(t_j-\overline{t_j})^2}{n(n-1)}}=\_\_\_\_\_\_,\Delta t_{j\mathrm{B}}=\frac{1}{100\sqrt{3}}\ \mathrm{s},\Delta t_{j合}=$$

$\sqrt{\Delta t_{jA}^2 + \Delta t_{jB}^2}$ = ______。

时间：$t_j = \overline{t_j} \pm \Delta t_{j合}$ = ______。

周期：$T_j = \frac{t_j}{10}$ = ______。

惯性质量：m_j = ______。

(3)悬吊与停放周期比较，数据记入表3－13－5。

表3－13－5　周期比较

测量次数 j	1	2	3	4	5	6
悬吊 T_j/s						
停放 T_j/s						

【注意事项】

(1)要严格水平放置惯性秤，以避免重力对振动的影响。

(2)必须使砝码和待测物的质心位于通过秤台圆孔中心的垂直线上，以保证在测量时的臂长固定不变。

(3)秤台振动时，摆角要尽量小些(5°以内)，秤台的水平位移在1～2 cm即可，并且使各次测量时都相同。

(4)从式(3－13－3)可得

$$\frac{\mathrm{d}T}{\mathrm{d}m_i} = \frac{\pi}{\sqrt{k(m_0 + m_i)}} \tag{3-13-6}$$

此即惯性秤的灵敏度，$\frac{\mathrm{d}T}{\mathrm{d}m_i}$越大，秤的灵敏度越高，分辨微小质量差异的能力越强。而$\frac{\mathrm{d}T}{\mathrm{d}m_i}$为$T—m_i$曲线上$m_i$点对应的斜率。从此式可以看出要提高灵敏度，须减小$k$和$m_0$，并且待测物的质量也不宜太大。

【思考题】

(1)何为惯性质量？何为引力质量？在普通物理力学课中是怎样表述两者的关系的？

(2)怎样测量惯性秤的周期，测量时要注意什么问题？

(3)惯性秤放在地球不同高度处测量同一物体，所测结果能否相同？如果将其置于月球上去做此实验，结果又将如何？用天平做以上的称量将如何？用弹簧秤测又将如何？

(4)处于失重状态的某一空间里有两个完全不同的物体，能用天平或弹簧秤区分其引力质量的差异吗？能用惯性秤区分其惯性质量的差异吗？

(5)作$T—m_i$图线并分析惯性秤的振动周期的平方是否与其上负载m_i成比例，如果成比例估计空秤的惯性质量m_0是多少？

【附】　仪器构造说明

惯性秤是测量物体惯性质量的一种装置。惯性秤不是直接比较物体的加速度，而是用振动法比较反映物体运动加速度的振动周期，以确定物体的惯性质量的大小。

如图3－13－4所示，将秤台和固定平台用两条相同的片状钢条连接起来，固定在铁架台上就是一个惯性秤。秤台上有一圆孔，用以固定砝码或待测物，也用以研究重力对惯性秤的影响。

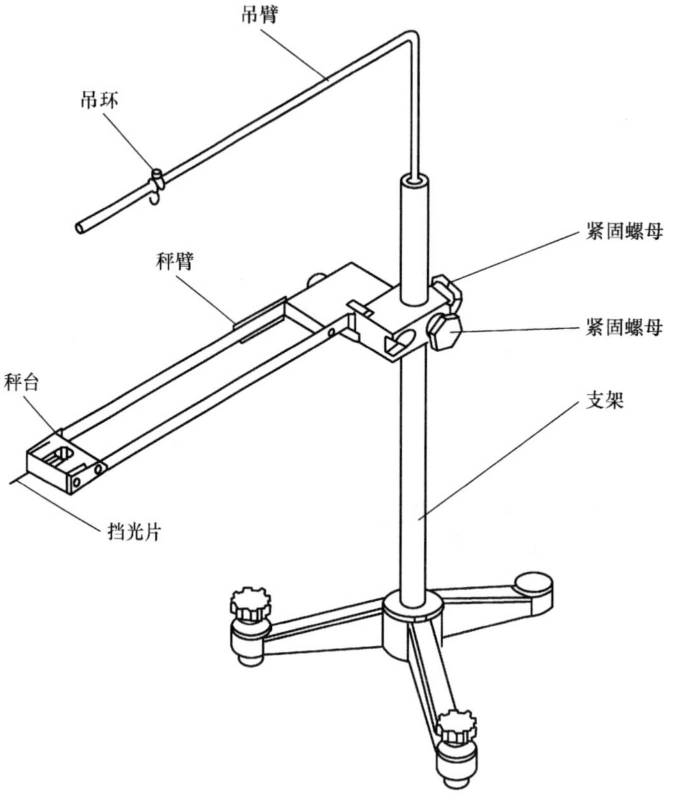

图 3-13-4 惯性秤

实验 14 倾斜气垫导轨上滑块运动的研究

【实验目的】

(1)用倾斜气垫导轨测定重力加速度。

(2)分析和校正实验中的系统误差。

(3)了解气垫导轨的工作原理及调整使用方法。

【实验仪器和用具】

物理天平、L-QG-T-1500/5.8 型气垫导轨、MUJ-5C 计时计数测速仪、气源、滑块、光电门、游标尺、垫块等。

【实验原理】

1. 倾斜轨上的加速度 a 与重力加速度 g 的关系

设导轨倾斜角为 θ,滑块质量为 M,则有

$$Ma = Mg\sin\theta \tag{3-14-1}$$

上式只有在滑块滑动中不存在阻力的前提下才成立。实际上滑块在气轨上运动中仍然有阻力,阻力源自空气层的内摩擦,其阻力和平均速度成比例,即

$$f = b\bar{v} \tag{3-14-2}$$

上式中的比例系数 b 称为黏性阻尼系数。考虑到这个力,式(3-14-1)应改为

$$Ma = Mg\sin\theta - b\bar{v}$$

整理后,重力加速度

$$g = \frac{a + \frac{b\bar{v}}{M}}{\sin\theta} \qquad (3-14-3)$$

本实验正是要依据式(3－14－3)来求重力加速度。

2. 导轨的调平

调平导轨是将平直的导轨调成水平方向,但是,实验室现有的导轨都在一定的弯曲,因此调平的意义是指将两光电门所在的点 A 和 B 调到同一水平线上,如图 3－14－1 所示。

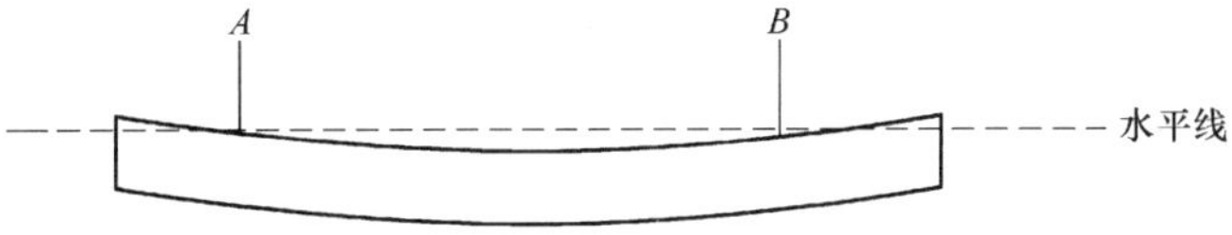

图 3－14－1　调平导轨

假设导轨上 A、B 两点在同一水平线上,则在 AB 间运动的滑块因导轨弯曲对它运动的影响可以抵消,但是滑块与导轨还存在少许的阻力,所以以速度 v_A 通过 A 点的滑块,到达 B 点时,其速度为 v_B,将有以下结果:

$$v_A > v_B \qquad (3-14-4)$$

由于阻力形成的速度损失等于

$$\Delta v = \frac{bs}{M}$$

式中　b——黏性阻尼常量;

s——两光电门间的距离;

M——滑块的质量。

参照上述讨论提出如下检查调平的要求。

(1)当滑块从 A 点向 B 点运动时,$v_A > v_B$;当滑块从 B 点向 A 点运动时,$v_A < v_B$。由于挡光片宽度相同,所以当滑块从 A 点向 B 点运动时 $t_A < t_B$;当滑块从 B 点向 A 点运动时 $t_A > t_B$。(速度均取正值)

(2)滑块从 A 点向 B 点运动过程中的速度损失 Δv_{AB},应与滑块从 B 点向 A 点运动过程中的速度损失 Δv_{BA} 尽量接近。(通常 b 值在 $(2\sim5)\times10^{-3}$ kg/s)

3. 求黏性阻尼常量 b

调平气轨后,测量两个方向的速度损失,然后按下式计算:

$$b = \frac{M}{s}\cdot\frac{\Delta v_{AB} + \Delta v_{BA}}{2} \qquad (3-14-5)$$

测量速度变化量时一定要在滑块速度小的时候,且需利用缓冲弹簧推动滑块使其运动平稳。

4. 加速度 a 的测量

在滑块上装一窄的 U 形挡光片,当滑块经过设在某位置上的光电门时,则挡光片将遮住照在光电元件上的光。因为挡光片的宽度是 ·定的,遮光时间的长短与物体通过光电门

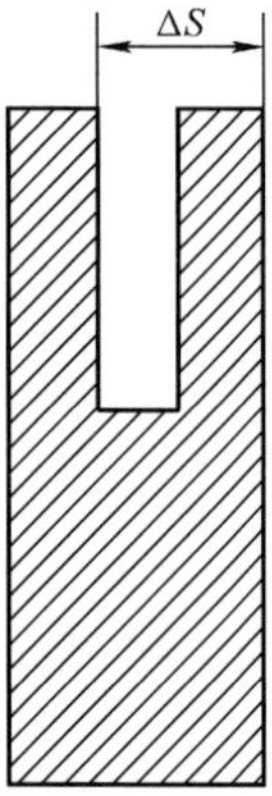

图 3-14-2　挡光片

的速度成反比。测出挡光片的有效宽度 ΔS（图 3-14-2）和遮光时间 Δt，根据平均速度的公式就可算出滑块通过光电门的平均速度，即

$$\bar{v}=\frac{\Delta S}{\Delta t} \tag{3-14-6}$$

式中　$\bar{v}$——滑块通过光电门的平均速度；

ΔS——挡光片的有效宽度；

Δt——遮光时间。

由于 ΔS 比较小，在 ΔS 范围内滑块的速度变化也较小，故可以把 $\bar{v}$ 看成是滑块经过光电门的瞬时速度。同样还可看出，如果 Δt 愈小（相应的挡光片也愈窄），则平均速度 $\bar{v}$ 愈准确地反映在该位置上滑块运动的瞬时速度。加速度可由下面两公式之一计算出：

$$a=\frac{\Delta S^2}{2S}\left(\frac{1}{t_B^2}-\frac{1}{t_A^2}\right) \tag{3-14-7}$$

$$a=\frac{\Delta S}{t_{AB}-\frac{t_A}{2}+\frac{t_B}{2}}\left(\frac{1}{t_B}-\frac{1}{t_A}\right) \tag{3-14-8}$$

式（3-14-7）依据 $a=\frac{v_2^2-v_1^2}{2S}$，用平均速度 $\frac{\Delta S}{t}$ 代替瞬时速度得来；式（3-14-8）依据 $a=(v_2-v_1)/t_{12}$，并在分母项中附加修正项 $-\frac{t_A}{2}+\frac{t_B}{2}$ 得到。

【实验内容】

（1）将气垫导轨调成水平状态，然后测出阻尼系数 b。

先粗调（静态调平），后细调（动态调平）。

（2）将气垫导轨一段垫高 H，测出两支点间的距离 L，则 $\sin\theta=\frac{H}{L}$。

参照式（3-14-7）或式（3-14-8）测量加速度 a。依次在单脚螺丝下垫 1 块垫片、2 块垫片、3 块垫片、4 块垫片，逐渐改变倾角 θ，分别测量 a。

（3）依据式（3-14-3）计算当地的重力加速度 g 值及标准偏差。

（4）用物理天平称量滑块质量 M。

【数据记录】

$g=9.796\ 17\ \mathrm{m/s^2}$，$S=$ ______ cm，$M=$ ______ g，$\Delta S=$ ______ cm。

导轨水平时的实验数据记入表 3-14-1。

表 3-14-1　导轨水平时

次数 n	1	2	3	4	5
t_A					
t_B					

$L=$ ______ cm。

导轨倾斜时的实验数据记入表 3-14-2。

表 3-14-2 导轨倾斜时

次数 n	1	2	3	4	5
H					
a					

【数据处理】

倾斜导轨测量重力加速度的实验数据记入表 3-14-3。

表 3-14-3 倾斜导轨测量重力加速度

次数 n	1	2	3	4	5
$\bar{v}$					
$\sin\theta$					
b					
g					

标准偏差 $\Delta g = \sqrt{\dfrac{\sum\limits_{i=1}^{n}(g_i-\bar{g})^2}{n(n-1)}} =$ ________。

百分误差 $E = \dfrac{|\bar{g}-g|}{g} \times 100\% =$ ________。

【思考题】

(1)使用电脑通用计时器的方法。

(2)测出平均速度和加速度的理论推导。

(3)将测得的结果和用单摆自由落体运动测出的重力加速度做一比较,分析各有什么优缺点。

实验 15 简谐振动的研究(气垫导轨法)

【实验目的】

(1)验证弹簧振子的运动规律。

(2)验证谐振动的周期决定于振动系统本身的性质,与初始条件无关。

(3)测量弹簧的等效质量。

【实验仪器和用具】

物理天平、L-QG-T-1500/5.8 型气垫导轨、MUJ-5C 计时计数测速仪、光电门、滑块与配重块、弹簧、气源等。

【实验原理】

振动现象是自然界中广泛存在的一种运动现象,如钟摆的运动、活塞的运动以及各种乐器的发声都是振动。从普遍意义上讲,任何一个物理量(如电场强度、磁场强度、电流强度、电压)在某一数值附近反复的变化,都可以称为振动。因此,自然界中存在着各种各样的振动,虽然振动的具体性质可能不同,但是描写它们的数学规律却有许多共同之处。简谐振动是最简单最基本的振动,是物体在线性回复力的作用下离开平衡位置的位移按余弦(或正弦)函数规律随时间变化的一种运动。可以证明,任何一种复杂的振动都可以分解为几个不同频率、不同振幅的谐振动的合成。振动是声学、建筑学、地震学、机械、造船、电工、无线电技术等的基础,所以研究振动是很有必要的。

1. 弹簧振子的振动方程

实验装置如图 3-15-1 所示。在水平气垫导轨上质量为 m_1 滑块两端连接倔强系数分别为 K_1、K_2 的两弹簧振子。选水平向右的方向为 x 正方向,在弹性限度内把滑块由平衡位置 O 向右移动一段距离 X。如果忽略阻力,滑块只受弹性恢复力 $F=-(K_1+K_2)X$ 的作用,方向指向平衡位置,由牛顿第二运动定律可知,其运动方程为

$$m_1\frac{\mathrm{d}^2X}{\mathrm{d}t^2}=-(K_1+K_2)X \qquad (3-15-1)$$

若滑块两端弹簧的 $K_1=K_2=K$,则有

$$m_1\frac{\mathrm{d}^2X}{\mathrm{d}t^2}=-2KX \qquad (3-15-2)$$

如令 $\omega_0^2=\frac{2K}{m_1}$,则有

$$\frac{\mathrm{d}^2X}{\mathrm{d}t^2}=-\omega_0^2X \qquad (3-15-3)$$

此微分方程的解为

$$X=A\sin(\omega_0t+\varphi_0) \qquad (3-15-4)$$

式中 A——振幅;

φ_0——初相位;

ω_0——弹簧振子固有的圆频率,$\omega_0=\sqrt{\frac{2K}{m_1}}$。

上式表明滑块的位置按正弦函数随时间而改变。所以,滑块的运动是简谐振动。

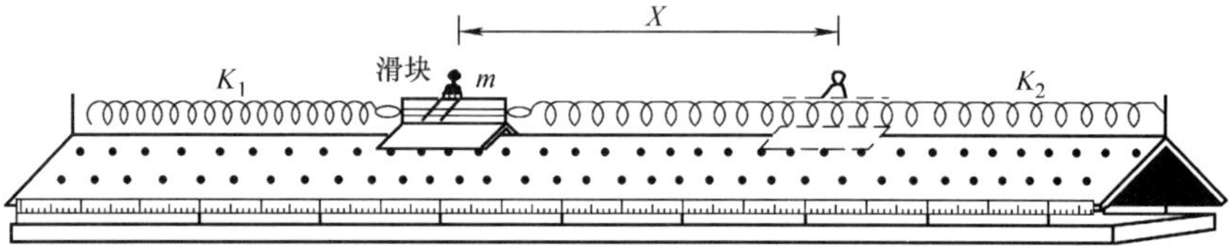

图 3-15-1 滑块振动装置

在上述分析中,忽略了弹簧的质量对振动的影响。若考虑弹簧的质量对振动的影响,振动系统的质量除滑块质量外,还应包括弹簧振子的有效质量,它等于滑块的质量 m_1 与两只弹簧有效质量 m_0 之和,即 $M_{系}=m_1+m_0$。$\omega_0=\sqrt{\frac{2K}{m_1+m_0}}$由系统本身决定。式(3-15-4)对时间求微商,有

$$v=\frac{\mathrm{d}X}{\mathrm{d}t}=A\omega_0\cos(\omega_0t+\varphi_0) \qquad (3-15-5)$$

上式表明滑块的速度按余弦函数随时间变化。由式(3-15-4)和式(3-15-5)可以消去 t,有

$$v^2=\omega_0^2(A^2-X^2) \qquad (3-15-6)$$

上式是滑块的速度与位移随时间变化时应满足的关系。当 $X=0$ 时,由式(3-15-6)可得

$$v=\pm\omega_0 A$$

这时 v 的数值最大,即

$$v_{\max}=\omega_0 A \qquad (3-15-7)$$

2. 弹簧振子的振动周期

弹簧振子完全振动一次所需要的时间,称为简谐振动的周期 T。

$$T=\frac{2\pi}{\omega_0}=2\pi\sqrt{\frac{m_1+m_0}{2K}}$$

上面公式可改写为

$$T^2=\frac{2\pi^2}{K}m_1+\frac{2\pi^2}{K}m_0 \qquad (3-15-8)$$

当 K 一定时,T^2—m_1 成线性关系,并且由其斜率和截距可以求出两弹簧的倔强系数 K 和有效质量 m_0。

【实验内容】

(1)调整气垫导轨使其成为水平状态,并使光电门与光电计时装置正常工作,按图3-15-1装好弹簧振子。

(2)测定滑块的振动周期。

把光电门放在滑块的平衡位置,使用平板型挡光片。在弹性限度内将滑块拉至某一位置(即选一定的振幅),放手让滑块振动,测定它往返通过平衡位置的时间,直接使用电脑通用计数器功能键测周期。

(3)考察简谐振动周期 T 与 m 的关系,并求 K 及 m_0。改变 m,即在滑块上增加配重,共加 4 次($m_2=m_1+m'$,$m_3=m_1+2m'$,$m_4=m_1+3m'$,$m_5=m_1+4m'$),则根据式(3-15-8),有

$$T_1^2=\frac{2\pi^2}{K}m_1+\frac{2\pi^2}{K}m_0 \qquad (3-15-9)$$

$$T_2^2=\frac{2\pi^2}{K}m_2+\frac{2\pi^2}{K}m_0 \qquad (3-15-10)$$

……

$$T_n^2=\frac{2\pi^2}{K}m_n+\frac{2\pi^2}{K}m_0 \qquad (3-15-11)$$

(4)考察速度与位移的关系。

保持 $A=20.00$ cm 不变,将光电门置于平衡位置。用 U 形挡光片,测 $X=0$ 处的最大速度。再移动光电门改变距离 X(每次约 3cm),测出相应的瞬时速度 v,作 v^2—X^2 图线,验证式(3-15-6)。看它是不是一条直线,斜率是不是 $-\omega_0^2$,截距是不是 $\omega_0^2 A$,其中 $\omega_0=\frac{2\pi}{T}$,T 可以测出。依据测得的 X_n、v_n 由式(3-15-6),有

$$v_1^2=\omega_0^2(A^2-X_1^2) \qquad (3-15-12)$$

$$v_2^2=\omega_0^2(A^2-X_2^2) \qquad (3-15-13)$$

……

$$v_n^2 = \omega_0^2 (A^2 - X_n^2) \tag{3-15-14}$$

(5)测量系统的机械能。

根据不同的 X_n 及对应的 v_n，算出 $\frac{1}{2}m_1 v_n^2$ 及 KX_n^2，考察 $\frac{1}{2}m_1 v_n^2 + KX_n^2$ 有什么关系，即检验机械能是否为恒量。

【数据记录】

(1)当 $A = 20.00$ cm 不变时，测量时间 t_n 与 m_n，记入表 3－15－1。

表 3－15－1　时间 t_n 与 m_n 的测量

次数 n	1	2	3	4	5
m_n/g					
t_n/s					

(2)当 m_1 保持不变时，测量位移、速度、周期，记入表 3－15－2。

表 3－15－2　位移、速度、周期的测量

次数 n	1	2	3	4	5
X_n/cm					
v_n/(cm/s)					
T_n/s					

【数据处理】

1. 周期 T_n 与 m_n 的关系

质量、周期的测量结果记入表 3－15－3。

表 3－15－3　质量、周期的测量结果

次数 n	1	2	3	4	5
m_n/g					
T_n/s					

1)用作图法处理数据

以 T_n^2 为纵坐标，m_n 为横坐标，作 T_n^2—m_n 图，其斜率为 $\frac{2\pi^2}{K}$，截距为 $\frac{2\pi^2}{K}m_0$，并由此可求出 K 及 m_0。

2)用计算法处理数据

将式(3－15－11)隔项做减法，有

$$T_3^2 - T_1^2 = \frac{2\pi^2}{K}m_3 - \frac{2\pi^2}{K}m_1 \Rightarrow K = \frac{2\pi^2(m_3 - m_1)}{T_3^2 - T_1^2} = \underline{\qquad\qquad}。$$

$$T_4^2 - T_2^2 = \frac{2\pi^2}{K}m_4 - \frac{2\pi^2}{K}m_2 \Rightarrow K = \frac{2\pi^2(m_4 - m_2)}{T_4^2 - T_2^2} = \underline{\qquad\qquad}。$$

$$T_5^2 - T_3^2 = \frac{2\pi^2}{K}m_5 - \frac{2\pi^2}{K}m_3 \Rightarrow K = \frac{2\pi^2(m_5 - m_3)}{T_5^2 - T_3^2} = \underline{\qquad\qquad}。$$

在误差范围之内如果所得到的 K 的数值一样，即说明式(3－15－11)中 K 及 m_0 线性关系成立。将由三组数据求得的 K 的平均值 $\overline{K}$ 代入式(3-15-11),求出 m_0,得

$$m_0=\frac{\overline{K}T_n^2}{2\pi^2}-m_n=\underline{\qquad\qquad}\text{ g。}$$

$$\overline{m_0}=\frac{1}{5}\sum_{i=1}^{n}\left(\frac{\overline{K}T_n^2}{2\pi^2}-m_n\right)=\underline{\qquad\qquad}\text{ g。}$$

把 $\overline{m_0}$ 作为振动系统弹簧的有效质量。

2. 位移与速度的关系

1)用作图法处理数据:

作 $v^2—X^2$ 图线,验证式(3-15-6),看它是不是一条直线,斜率是不是 $-\omega_0^2$,截距是不是 ω_0^2A,其中 $\omega_0=\frac{2\pi}{T}$,T 可以测出。

2)用计算法处理数据:

保持 A 不变,将式(3-15-14)隔项做减法,有

$$v_3^2-v_1^2=\omega_0^2(X_1^2-X_3^2)\Rightarrow\omega_0=\pm\sqrt{\frac{v_3^2-v_1^2}{X_1^2-X_3^2}}=\underline{\qquad\qquad}。$$

$$v_4^2-v_2^2=\omega_0^2(X_2^2-X_4^2)\Rightarrow\omega_0=\pm\sqrt{\frac{v_4^2-v_2^2}{X_2^2-X_4^2}}=\underline{\qquad\qquad}。$$

$$v_5^2-v_3^2=\omega_0^2(X_3^2-X_5^2)\Rightarrow\omega_0=\pm\sqrt{\frac{v_5^2-v_3^2}{X_3^2-X_5^2}}=\underline{\qquad\qquad}。$$

在误差范围之内比较 ω_0 是否与测量结果 $\omega_0=\frac{2\pi}{T}$ 的数值一致。

3. 系统的机械能

势能、动能的测量结果记入表 3-15-4。

表 3-15-4 势能、动能的测量结果

次数 n	1	2	3	4	5
X_n/cm					
势能 $E=KX_n^2$					
v_n/(cm/s)					
动能 $E=\frac{1}{2}(m_1+m_0)v_n^2$					

验证:$E_{总}=\frac{1}{2}(m_1+m_0)v_{max}^2=KX_{max}^2=\frac{1}{2}(m_1+m_0)v_n^2+KX_n^2$ 是否守恒。

【思考题】

(1)气垫导轨没有调节水平,对测量周期、速度和时间有没有影响?为什么?

(2)如何调整气垫导轨及光电计时系统?

(3)比较本实验中用作图法和计算法处理数据的优缺点。

第 4 章　热学实验

实验 1　液体表面张力系数的测定

【实验目的】

(1)用拉脱法测量室温下液体的表面张力系数。

(2)学习力敏传感器的定标方法。

【实验仪器和用具】

FD－NST－1 型液体表面张力系数测定仪、游标卡尺、待测液体。

实验装置如图 4－1－1 所示。

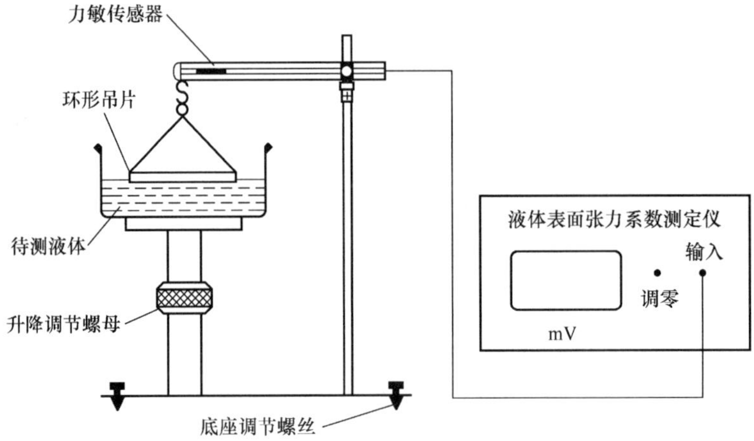

图 4－1－1　液体表面张力测定装置

【实验原理】

使液体表面收缩的力叫作表面张力。即液体表面相邻两部分之间,单位长度内互相牵引的力。如液面被长度为 L 的直线分成两部分,这两部分之间的相互拉力 F 是垂直于直线 L,并与表面相切的。

它产生的原因是液体跟气体接触的表面存在一个薄层,叫作表面层,表面层里的分子比液体内部稀疏,分子间的距离比液体内部大一些,分子间的相互作用表现为引力。表面层内每一个分子受到向上引力比向下的引力小,合力不为零,出现一个指向液体内部的吸引力,所以液面具有收缩的趋势。

液体的表面张力是表征液体性质的一个重要参数。测量液体的表面张力系数有多种方法,拉脱法是测量液体表面张力系数常用的方法之一。该方法的特点是,用拉脱法测量液体表面的张力在 $1\times10^{-3}\sim1\times10^{-2}$ N,采用硅压阻式力敏传感器张力测定仪量程范围较小,灵敏度高,且稳定性好;以数字信号显示,利于计算机实时测量。为了能对各类液体的表面张力系数的不同有深刻的理解,在对水进行测量以后,再对不同浓度的酒精溶液进行测量,这样可以明显地观察到表面张力系数随液体浓度的变化而变化的现象，从而对这个概念加深理解。

测量一个已知周长的金属环从待测液体表面脱离时需要的力，求得该液体表面张力系数的实验方法称为拉脱法。若金属环从待测液面拉脱时，拉脱过程中吊环受力分析如图 4-1-2 所示，表面张力 f 是存在于液体表面上任何一条分界线两侧间的液体的相互作用拉力，其方向沿液体表面，且恒与分界线垂直，大小与分界线的长度成正比，即

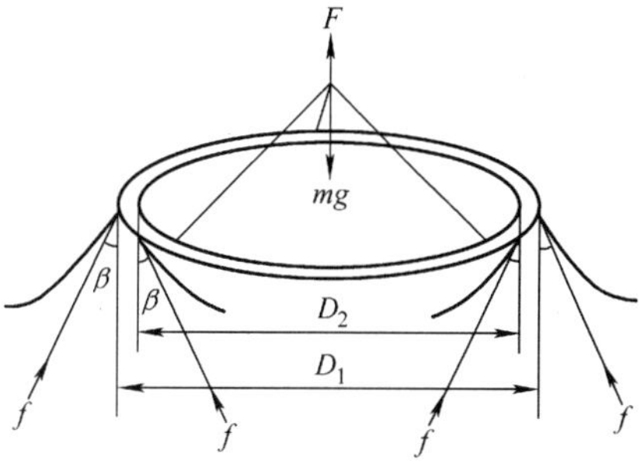

图 4-1-2　金属环受力分析

$$f=\alpha\cdot\pi(D_1+D_2) \tag{4-1-1}$$

式中　D_1,D_2——圆环的外径和内径；

α——液体的表面张力系数，单位为 N/m，在数值上等于单位长度上的表面张力。

实验证明，表面张力系数的大小与液体的温度、纯度、种类和它上方的气体成分有关。温度越高，液体中所含杂质越多，则表面张力系数越小。

平衡时吊环所受重力 mg、向上拉力 F 与液体表面张力 $f=\alpha\cdot\pi(D_1+D_2)$（忽略液膜重量）满足：

$$F=mg+f\cos\beta \tag{4-1-2}$$

在吊环临界脱离时，$\beta\approx0$，即 $\cos\beta\approx1$，则平衡条件近似为

$$F-mg=\alpha\cdot\pi(D_1+D_2) \tag{4-1-3}$$

硅压阻式力敏传感器由弹性梁和贴在梁上的传感器芯片组成，其中芯片由四个硅扩散电阻集成一个非平衡电桥，当外界压力作用于金属梁时，在压力作用下，电桥失去平衡，此时将有电压信号输出，输出电压大小与所加外力成正此，即

$$(F-mg)K=\Delta U \tag{4-1-4}$$

式中　F——外力的大小；

K——硅压阻式力敏传感器的灵敏度；

ΔU——传感器输出电压的大小。（在即将拉脱液面时 $F=mg+f$ 对应的电压值为 U_1，拉脱后 $F=mg$ 对应的电压值为 U_2）

由式(4-1-3)、式(4-1-4)得液体表面张力系数

$$\alpha=\frac{(U_1-U_2)}{K\pi(D_1+D_2)} \tag{4-1-5}$$

【实验内容】

(1)力敏传感器的定标：调节仪器补偿电压旋钮，使数字电压表显示为零。

(2)测量在 0.5 g、1.0 g、1.5 g、2.0 g、2.5 g、3.0 g 砝码力 F 作用下，数字电压表的读数值 U。

(3)用最小二乘法做直线拟合，求传感器灵敏度 K。

(4)用游标卡尺测量金属圆环的内外径 D_1、D_2。

(5)调节金属环下沿与待测液表面平行：调节升降台，将液体升至靠近环片的下沿，观察环下沿与待测液面是否平行，如果不平行，将金属环取下改变金属吊线的弯曲程度使其与待测液面平行。

(6)调节升降台，将环的下沿部分全部浸没在待测液体中，然后反向调节升降台，使液面逐渐下降形成液膜，测出环形液膜拉断前一瞬间电压 U_1 及液膜拉断后电压 U_2。

【数据记录】

1. 力敏传感器的定标

$g=9.796\ 17\ m/s^2$。定标电压的测量数据记入表 4-1-1。

表 4-1-1　定标电压的测量

质量 m/g	0.500	1.000	1.500	2.000	2.500	3.000
电压 U/mV						

2. 水的表面张力系数测定

$D_1=$______ cm，$D_2=$______ cm，$t_{室}=$______℃。电压变化的测量数据记入表 4-1-2。

表 4-1-2　电压变化的测量

n	1	2	3	4	5
U_1/mV					
U_2/mV					

【数据处理】

(1)用最小二乘法做直线拟合，求传感器灵敏度 $K=\dfrac{\overline{m}\cdot\overline{U}-\overline{m\cdot U}}{\overline{m}^2-\overline{m^2}}=$________。

(2)线性相关系数 $\gamma=\dfrac{\overline{m\cdot U}-\overline{m}\cdot\overline{U}}{\sqrt{[\overline{m^2}-(\overline{m})^2]\cdot[\overline{U^2}-(\overline{U})^2]}}=$________。

(3)室温时水的表面张力系数 $\overline{\alpha}$ 的测量结果记入表 4-1-3。

表 4-1-3　水的表面张力系数的测量结果

n	1	2	3	4	5
ΔU/mV					
α/(N/m)					

直接测量量如下。

内外径：$\Delta D_A=\Delta D_{1A}=\Delta D_{2A}=0$，$\Delta D_B=\Delta D_{1B}=\Delta D_{2B}=0.02/\sqrt{3}$。

结果：$D_1=D_1\pm\Delta D_B=$________，$D_2=D_2\pm\Delta D_B=$________。

电压：$\Delta U_A=\sqrt{\dfrac{\sum\limits_{i=1}^{n}(\Delta U_i-\overline{\Delta U})^2}{n(n-1)}}=$________，$\Delta U_B=\dfrac{0.1}{\sqrt{3}}$，$\Delta U_{合}=\sqrt{\Delta U_B^2+\Delta U_A^2}=$________。

结果：$\Delta U=\overline{\Delta U}\pm\Delta U_{合}=$________。

间接测量量如下。

$$\Delta\alpha_{合}=\overline{\alpha}\sqrt{\left(\frac{\Delta U_{合}}{\overline{\Delta U}}\right)^2+\left(\frac{\Delta D_{1B}}{D_1+D_2}\right)^2+\left(\frac{\Delta D_{2B}}{D_1+D_2}\right)^2}=\text{________}。$$

结果：$\alpha=\overline{\alpha}\pm\Delta\alpha_{合}=$________。

【思考题】

(1)试分析本次实验产生误差的主要原因。

(2)实验中测量液体表面张力时把金属环缓慢地从液体中拉起,该过程中如何操作才能时刻保持三线平衡?

(3)为什么实验中要求把金属环拉到欲脱离水膜又恰未脱离的极限状态?

(4)有些小昆虫为什么能无拘无束地在水面上行走自如?

【附】 注意事项

(1)吊环须严格处理干净。可用 NaOH 溶液洗净油污或杂质后,用清洁水冲洗干净,并用热吹风烘干。

(2)吊环下沿与待测液面水平须调节好。

(3)仪器开机后需预热 15 min。

(4)在旋转升降台时,尽量使待测液体的波动要小。

(5)实验室风力不宜大,以免吊环摆动致使零点波动,导致所测电压不正确。

(6)若待测液体为纯净水,在测量过程中防止灰尘和油污及其他杂质污染,手指切勿接触被测液体。

(7)实验结束后须将吊环用清洁纸擦干,放入干燥仪器盒内。

实验 2　金属热膨胀系数的测定

【实验目的】

(1)了解 FD－LEA 金属热膨胀系数实验仪的基本结构和工作原理。

(2)掌握千分表和温度控制仪的使用方法。

(3)测量铁、铜、铝等的线膨胀系数。

(4)学习用图解法处理实验数据,并分析实验误差。

【实验仪器和用具】

恒温 FD－LEA 金属热膨胀系数实验仪、待测金属棒、千分表、米尺。

1. 仪器组成

金属热膨胀系数实验仪如图 4－2－1 所示。

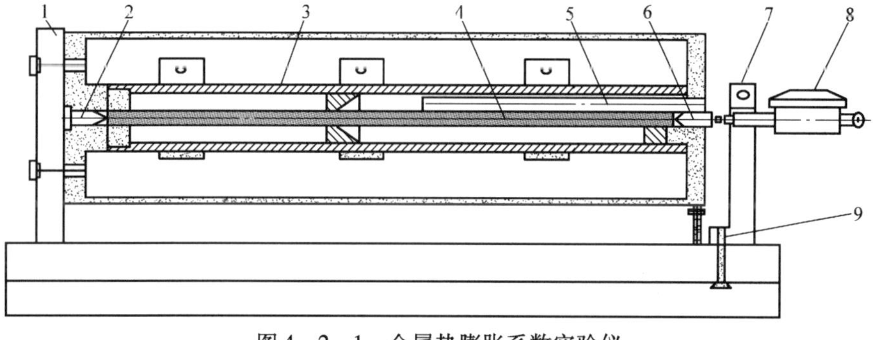

图 4－2－1　金属热膨胀系数实验仪

1—支架;2—隔热尖顶;3—加热室;4—待测金属棒;5—温度传感器;6—隔热棒;7—固定架;8—千分表;9—紧固螺栓

2. 仪器操作

千分表是一种测定微小长度变化量的仪表，其外形如图4－2－2所示。外套管G用以固定仪表本身；测量杆M被压缩0.2 mm时，指针H转过一格，而指针P则转过一周，表盘上每周等分200小格，因此，每小格即代表0.001 mm，千分表亦由此得名。测量时，应记住大小指针的起始值，待测量后所测取数值再减去起始值；读数时，视线应垂直于表盘看指针位置，以防视差；如果针位停在刻线之间，可以估读到万分位。

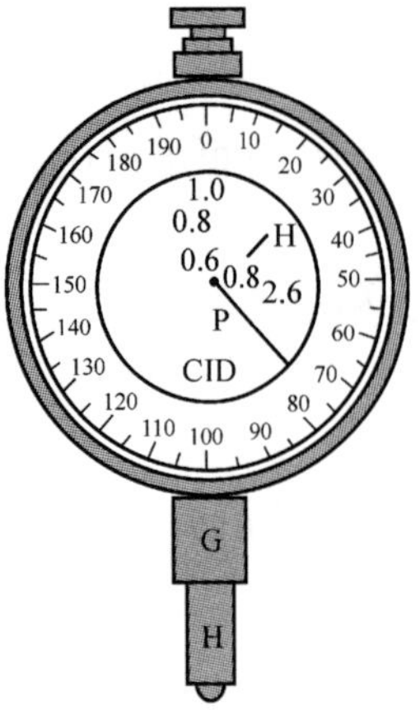

图4－2－2　千分表

【实验原理】

物体因温度改变而发生的膨胀现象叫热膨胀。通常在外界压强不变的情况下，大多数物质在温度升高时，其体积增大，温度降低时体积缩小。也有少数物质在一定的温度范围内，温度升高时，其体积反而减小。绝大多数物质都具有“热胀冷缩”的特性，这是由于物体内部分子热运动加剧或减弱造成的。对晶体而言，其热膨胀还有各相异性，如石墨受热时，沿某些方向膨胀，而沿另一些方向则收缩。金属是晶体，它们是由许多晶粒构成的，而且这些晶粒在空间方位上的排列是无规则的，所以，金属整体表现出各相同性，或称它们的线膨胀在各个方向均相同。因此可以用金属在一维方向上的线膨胀规律来表征它的体膨胀。虽然金属的热膨胀非常微小，但由于使物体发生很小形变时就需要很大的应力，这个特性在工程结构的设计，在机械和仪器的制造中，在材料的加工（如焊接）中，都应考虑到这一因素。

在一定温度范围内，原长为L_0（$t_0=0$ ℃）金属样品受热温度升高时，在t ℃温度时，伸长量ΔL与温度的增加量Δt近似成正比，与原长L_0也成正比，即

$$\Delta L=\alpha\times L_0\times\Delta t \tag{4-2-1}$$

此时总长为

$$L_t=L_0+\Delta L \tag{4-2-2}$$

式中　α——固体的线膨胀系数。

α与材料的性质有关。在温度变化不大时，α是一个常数，可由式（4－2－1）和式（4－2－2）得

$$\alpha=\frac{L_t-L_0}{L_0\Delta t}=\frac{\Delta L}{L_0}\cdot\frac{1}{\Delta t} \tag{4-2-3}$$

上式中，α的物理意义：在一定温度范围内，当温度每升高1 ℃时，物体的伸长量ΔL与它在0 ℃时的原长L_0成正比。α是一个很小的量，表4－2－1中列有几种常见的固体材料的α值。

表4－2－1　$t=20$ ℃时几种材料线胀系数（一个大气压下）

材料	铜	铁	铝	石英玻璃
α	$16.7\times10^{-6}/(℃)^{-1}$	$11.8\times10^{-6}/(℃)^{-1}$	$23.1\times10^{-6}/(℃)^{-1}$	$0.4\times10^{-6}/(℃)^{-1}$

在实际的测量当中，通常测得的是固体材料在室温t_1下的长度L_1及其在温度$t_1\sim t_2$下

的变化量，由此可以得到热膨胀系数，这样得到的热膨胀系数是平均热膨胀系数 $\overline{\alpha}$，

$$\overline{\alpha} \approx \frac{L_2 - L_1}{L_1(t_2 - t_1)} = \frac{\Delta L_{21}}{L_1(t_2 - t_1)} \tag{4-2-4}$$

式中　L_1, L_2——物体在 t_1 和 t_2 下的长度；

ΔL_{21}——长度为 L_1 的物体在温度从和 t_1 升至 t_2 的变化量，$\Delta L_{21} = L_2 - L_1$。

实验中需要直接测量的物理量是 $\Delta L_{21}, L_1, t_1$ 和 t_2。

为了得到精确的测量结果，需要得到精确的 $\overline{\alpha}$，这不仅要对 $\Delta L_{21}, t_1$ 和 t_2 进行精确的测量，还要扩大到对 ΔL_{i1} 和相应温度 t_i 的测量，即

$$\Delta L_{i1} = \overline{\alpha} L_1 (t_i - t_1)\ (i = 1, 2, 3, \cdots) \tag{4-2-5}$$

在实验中等温度间隔地（如等间隔 5 ℃或 10 ℃）设置加热温度，从而测量对应的一系列 ΔL_{i1}。将所得到的测量数据采用逐差法、不确定度或最小二乘法进行直线拟合处理，从直线的斜率可得到一定温度范围内的平均热膨胀系数 $\overline{\alpha}$。

微小长度变化量用普通量具如钢尺或游标卡尺是测不准的，而需采用千分表、读数显微镜、光杠杆放大法、光学干涉法等测量。本实验中采用千分表测微小的线膨胀量。实验表明，在温度变化不大的范围内，线膨胀系数可认为是一常量。但是，同一种材料在不同温度区域，其线膨胀系数不一定相同，某些合金，在金相组织发生变化的温度附近，同时会出现线膨胀系数突变，因此测定线胀系数也是了解材料特性的一种方法。

【实验内容】

（1）检查仪器连接是否正确，并使仪器各部分的相对位置摆放合适。

（2）将实验样品固定在实验架上，注意被测物体要正对着千分表测量头。

（3）调节千分表和固定架的相对位置，拧紧固定架上的锁紧螺钉，不使千分表转动；既要保证两者间没有间隙，又要保证千分表有足够的伸长空间，再转动千分表圆盘使读数为零。

（4）打开电源，当仪器接通电源后等待面板数字显示"b = =. ="时，按升温键或降温键设定温度；此时按确定键，开始对样品加热（最高温度不超过 80 ℃）。

（5）以室温 t_1 为起点，每 5 ~ 10 ℃记录一次。

【数据记录】

（1）待测样品 $\overline{L_1}$ 的测量数据记入表 4－2－2。

表 4－2－2　室温下样品长度的测量

n	1	2	3	4	5	6
L_1/cm						

（2）Δt、ΔL 的测量数据记入表 4－2－3。

表 4－2－3　升温后样品长度增量的测量

以室温 t_1 为起点	t_1	t_2	t_3	t_4	t_5	t_6	t_7	t_8
设置温度								
实测温度								
千分表读数 ΔL_i/mm								
$L_i = \overline{L_1} + \Delta L_i$/mm								

【数据处理 1】

(1)依实验条件每 5 ~10 ℃设定一个控温点(每次测量注意千分表回零),依据样品上的实测温度和千分表上的变化值 Δt、ΔL 进行计算,计算结果用不确定度表示。

$\Delta t_A = \sqrt{\dfrac{\sum_{i=1}^{n}(\Delta t_i - \overline{\Delta t})^2}{n(n-1)}} =$ ______,$\Delta L_A = \sqrt{\dfrac{\sum_{i=1}^{n}(\Delta L_i - \overline{\Delta L})^2}{n(n-1)}} =$ ______,$\Delta L_{1A} = \sqrt{\dfrac{\sum_{i=1}^{n}(L_1 - \overline{L_1})^2}{n(n-1)}} =$ ______。

$\Delta t_B = \dfrac{0.1}{\sqrt{3}}$ ℃,$\Delta L_B = \dfrac{0.001}{\sqrt{3}}$ mm,$\Delta L_{1B} = \dfrac{0.5}{\sqrt{3}}$ mm。

$\Delta t_{合} = \sqrt{\Delta t_A^2 + \Delta t_B^2} =$ ______,$\Delta L_{合} = \sqrt{\Delta L_A^2 + \Delta L_B^2} =$ ______,$\Delta L_{合} = \sqrt{\Delta L_{1A}^2 + \Delta L_B^2} =$ ______。

$\Delta t = \overline{\Delta t} \pm \Delta t_{合} =$ ______,$\Delta L = \overline{\Delta L} \pm \Delta L_{合} =$ ______,$L_1 = \overline{L_1} \pm L_{合} =$ ______。

(2)根据数据 ΔL 和 Δt 通过公式 $\overline{\alpha} = \dfrac{\overline{\Delta L}}{L_1\ \overline{\Delta t}}$ 计算线热膨胀系数,结果用不确定度表示。

$\alpha_{合} = \overline{\alpha}\sqrt{\left(\dfrac{\Delta t_{合}}{\overline{\Delta t}}\right)^2 + \left(\dfrac{\Delta L_{合}}{\overline{\Delta L}}\right)^2 + \left(\dfrac{\Delta L_{1合}}{\overline{L_1}}\right)^2} =$ ______,结果:$\alpha = \overline{\alpha} \pm \alpha_{合} =$ ______。

(3)测量并计算金属样品热膨胀系数与参考值进行比较,计算出测量的百分误差 $E = \dfrac{|\overline{\alpha} - \alpha_{标}|}{\alpha_{标}} \times 100\%$。

【数据处理 2】

(1)依实验条件每 5 ~10 ℃设定一个控温点(每次测量千分表不回零),连续记录样品上的实测温度和千分表上的变化值 Δt_{i1}、ΔL_{i1};用逐差法计算 $\overline{\Delta t}$、$\overline{\Delta L}$。

$$\overline{\Delta t} = \frac{(\Delta t_8 - \Delta t_4) + (\Delta t_7 - \Delta t_3) + (\Delta t_6 - \Delta t_2) + (\Delta t_5 - \Delta t_1)}{4} = \_\_\_\_\_\_。$$

$$\overline{\Delta L} = \frac{(\Delta L_8 - \Delta L_4) + (\Delta L_7 - \Delta L_3) + (\Delta L_6 - \Delta L_2) + (\Delta L_5 - \Delta L_1)}{4} = \_\_\_\_\_\_。$$

(2)通过公式 $\overline{\alpha} = \dfrac{\overline{\Delta L}}{L_1\ \overline{\Delta t}}$ 计算线热膨胀系数,作 $\Delta t_{i1}(x)$—$\Delta L_{i1}(y)$ 图线。

(3)测量并计算金属样品热膨胀系数,再与参考值进行比较,计算出测量的百分误差 $E = \dfrac{|\overline{\alpha} - \alpha_{标}|}{\alpha_{标}} \times 100\%$。

(4)结果用相对误差表示:$\alpha = \overline{\alpha}(1 \pm E)$。

【数据处理 3】

(1)依实验条件每 5 ~10 ℃设定一个控温点(每次测量千分表不回零),连续记录样品上的实测温度和金属棒的变化值 t_{i1}、L_{i1};确定经验公式的数学形式:$L = \alpha t + L_0$。

(2)最小二乘法原理指出:α 和 L_0 的最佳值应使得上述各测量点残差的平方和有极小

值，即 $\sum u_i^2 = \sum (L_i - \overline{L_i})^2 = \sum [L_i - (\alpha \overline{t_i} + L_0)]^2$ 为零，据此可以推导如下。

① 最小二乘法拟得斜率：$\alpha = \dfrac{\bar{t} \cdot \bar{L} - \overline{t \cdot L}}{\bar{t}^2 - \overline{t^2}} =$ ______ cm/℃。

其中 $\bar{t} = \dfrac{1}{n}\sum t_i =$ ______，$\bar{t}^2 = \left(\dfrac{1}{n}\sum t_i\right)^2 =$ ______，$\overline{t^2} = \dfrac{1}{n}\sum t_i^2 =$ ______，$\bar{L} = \dfrac{1}{n}\sum L_i =$ ______，$\overline{L^2} = \dfrac{1}{n}\sum L_i^2 =$ ______，$\overline{L \cdot t} = \dfrac{1}{n}\sum L_i \cdot t_i =$ ______。

②截距：$L_0 = \bar{L} - \alpha \bar{t} =$ ______。

(3)线性回归合理性的验证。

线性相关系数 $\gamma = \dfrac{\overline{t \cdot L} - \bar{t} \cdot \bar{L}}{\sqrt{[\overline{t^2} - (\bar{t})^2] \cdot [\overline{L^2} - (\bar{L})^2]}} =$ ________。

(4)测量并计算金属样品热膨胀系数，再与参考值进行比较，计算出测量的百分误差 $E = \dfrac{|\bar{\alpha} - \alpha_{标}|}{\alpha_{标}} \times 100\%$。

(5)结果用相对误差表示：$\alpha = \bar{\alpha}(1 \pm E)$。

【思考题】

(1)该实验的误差来源主要有哪些？

(2)对于一种材料来说，线膨胀系数是否一定是一个常数？为什么？

(3)利用千分表读数时应注意哪些问题，如何减小误差？

【附】 注意事项

(1)温度控制设定值不要超过 80 ℃。

(2)实验过程中不能振动仪器和桌子，否则会影响千分表读数；千分表是精密仪表，不能用力挤压。

(3)在实验过程中，要使实际温度在设定温度附近并且在稳定 1 ~ 2 min 后再进行读数。

(4)做完一次实验之后要等到线膨胀系数测定仪及待测金属管冷却到室温之后才能进行下一次实验。

实验3 冷却法测量金属的比热容

【实验目的】

(1)学会用冷却法测量金属比热容。

(2)通过实验了解金属的冷却速率和它与环境之间温差的关系。

【实验仪器和用具】

DH4603 型冷却法金属比热容测量仪。

本实验装置由加热仪和测试仪组成，如图 4 - 3 - 1 所示。加热仪的加热装置可通过调节手轮自由升降。被测样品安放在有较大容量的防风圆筒即样品室内的底座上，测温热电偶放置于被测样品内的小孔中。当加热装置向下移动到底后，对被测样品进行加热；样品需要降温时则将加热装置上移。仪器内设有自动控制限温装置，防止因长期不切断加热电源而引起温度不断升高。测量试样温度采用常用的铜 - 康铜热电偶(其热电势约为

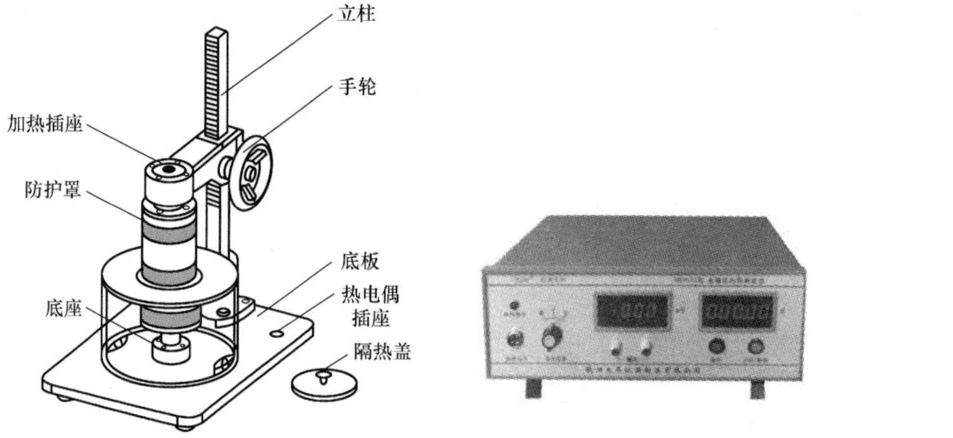

图 4－3－1　DH4603 型冷却法金属比热容测量仪

0. 041 0 mV/℃），将热电偶的冷端置于冰水混合物中，带有测量扁叉的一端接到测试仪的输入端。热电势差的二次仪表由高灵敏、高精度、低漂移的放大器放大加上满量程为 20 mV 的三位半数字电压表组成。这样当冷端为冰点时，由数字电压表显示的 mV 数通过查表即可换算成待测温度值。

【实验原理】

根据牛顿冷却定律用冷却法测定金属或液体的比热容是热学中常用的方法之一。若已知标准样品在不同温度的比热容，通过作冷却曲线可测得各种金属在不同温度时的比热容。本实验以铜样品为标准样品，来测定铁、铝样品在 100 ℃时的比热容。通过实验了解金属的冷却速率和它与环境之间温差的关系，如图 4－3－2 所示，依据实验条件进行测量。

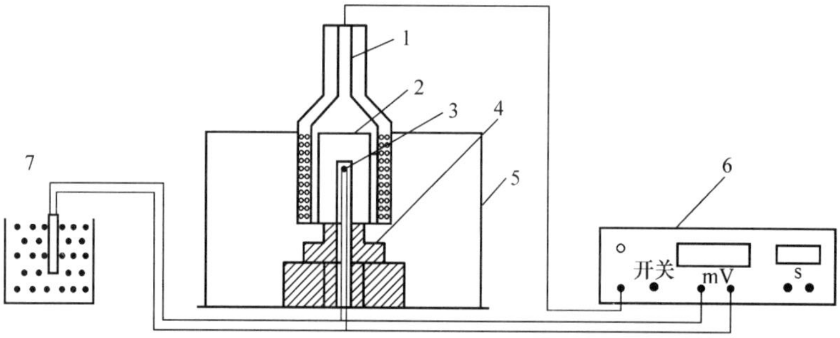

图 4－3－2　实验仪器连接图

2—实验样品；3—铜－康铜热电偶；4—热电偶支架；5—防风容器；6—温控测试仪；7—冰水混合物

在一定温度范围内单位质量的物质，其温度升高 1 K（或 1 ℃）所需的热量称为该物质的比热容，其值随温度而变化。将质量为 M_1 的金属样品加热后，放到较低温度的介质（例如室温的空气）中，样品将会逐渐冷却。样品温度与周围环境存在温差时，其单位时间的散热速率与温度冷却速率成正比：

$$\frac{\Delta Q_1}{\Delta t_1}=c_1M_1\frac{\Delta\theta_1}{\Delta t_1} \tag{4-3-1}$$

金属样品的散热速率$\frac{\Delta Q}{\Delta t}$与温差$(\theta_1-\theta_0)$、样品表面积$S$及系统环境介质有关。当进行热交换时，根据冷却定律有

$$\frac{\Delta Q_1}{\Delta t_1}=k_1S_1(\theta_1-\theta_0)^m \tag{4-3-2}$$

式中 k_1——热交换系数；

S_1——样品外表面的面积；

m——与周围介质有关的常数；

θ_1——金属样品的温度；

θ_0——周围介质的温度。

由式(4-3-1)和式(4-3-2)，可得

$$c_1M_1\frac{\Delta\theta_1}{\Delta t_1}=k_1S_1(\theta_1-\theta_0)^m \tag{4-3-3}$$

同理，对质量为M_2，比热容为c_2的另一种金属样品，可有同样的表达式：

$$c_2M_2\frac{\Delta\theta_2}{\Delta t_2}=k_2S_2(\theta_2-\theta_0)^m \tag{4-3-4}$$

由式(4-3-3)和式(4-3-4)，可得

$$\frac{c_2M_2\frac{\Delta\theta_2}{\Delta t_2}}{c_1M_1\frac{\Delta\theta}{\Delta t_1}}=\frac{k_2S_2(\theta_2-\theta_0)^m}{k_1S_1(\theta_1-\theta_0)^m}$$

所以

$$c_2=c_1\frac{M_1\frac{\Delta\theta_1}{\Delta t_1}}{M_2\frac{\Delta\theta_2}{\Delta t_2}}\cdot\frac{k_2S_2(\theta_2-\theta_0)^m}{k_1S_1(\theta_1-\theta_0)^m}$$

假设两样品的形状尺寸都相同（例如细小的圆柱体），即$S_1=S_2$，两样品的表面状况也相同（如涂层、色泽等），而周围介质（空气）的性质当然也不变，于是当周围介质温度不变（即室温θ_0恒定），两样品加热到相同温度$\theta_1=\theta_2=\theta$时，则有$k_1=k_2$。上式可以简化为

$$c_2=c_1\frac{M_1(\Delta t)_2}{M_2(\Delta t)_1} \tag{4-3-5}$$

【实验内容】

(1)开机前先连接好加热仪和测试仪。

(2)选取长度、直径相同的三种金属（铜、铁、铝）样品，根据$M_{\mathrm{Cu}}>M_{\mathrm{Fe}}>M_{\mathrm{Al}}$这一特点区分样品。

(3)当样品加热到125 ℃（此时热电势显示约为5.47 mV）时，切断电源移去加热源，样品在有机玻璃容器内加盖自然冷却，记录数字电压表上示值从$E_1=4.37$ mV降到$E_2=4.19$ mV所需的时间Δt，因为热电偶的热电动势与温度的关系在同一小温差范围内可以看

成线性关系。按铁、铜、铝的次序,分别测量其温度下降速度,每一样品应重复测量 6 次。

【数据记录】

样品质量:M_{Cu} = ______ g,M_{Fe} = ______ g,M_{Al} = ______ g。

热电偶冷端温度:0 ℃。样品由 4.36 mV 下降到 4.20 mV 所需时间记入表 4-3-1。

表 4-3-1 样品由 4.36 mV 下降到 4.20 mV 所需时间 (s)

次数 i	1	2	3	4	5	6
Fe						
Cu						
Al						

以铜为标准:$c_1 = c_{Cu} = 0.094\ 0\ \text{cal/(g}\cdot\text{K)}$。

【数据处理】

(1)M:$\overline{M} = M, \Delta M_A = 0, \Delta M_B = \dfrac{0.02}{\sqrt{3}}\ \text{g}, \Delta M_{合} = \sqrt{\Delta M_A^2 + \Delta M_B^2} =$ ______。

质量:$M_x = \overline{M_x} \pm \Delta M_{x合} =$ ______。

(2)Δt:$\overline{\Delta t} = \dfrac{1}{n}\sum\limits_{i=1}^{n}\Delta t_i =$ ______,$\Delta t_A = \sqrt{\dfrac{\sum\limits_{i=1}^{n}(\Delta t_i - \overline{\Delta t})^2}{n(n-1)}} =$ ______,$\Delta t_B = \dfrac{1}{100\sqrt{3}}\ \text{s}$,

$\Delta t_{合} = \sqrt{\Delta t_A^2 + \Delta t_B^2} =$ ______。

时间:$\Delta t_x = \overline{\Delta t_x} \pm \Delta t_{x合} =$ ______。

(3)c_x:$\overline{c_x} = c_{Cu}\dfrac{M_{Cu}\cdot\overline{\Delta t_x}}{M_x\cdot\overline{\Delta t_{Cu}}} =$ ______。

$\Delta c_{x合} = \overline{c_x}\sqrt{\left(\dfrac{\Delta M_{Cu合}}{\overline{M_{Cu}}}\right)^2 + \left(\dfrac{\Delta t_{Cu合}}{\overline{\Delta t_{Cu}}}\right)^2 + \left(\dfrac{\Delta M_{x合}}{\overline{M_x}}\right)^2 + \left(\dfrac{\Delta t_{x合}}{\overline{\Delta t_x}}\right)^2} =$ ______。

间接测量量:$c_x = \overline{c_x} \pm \Delta c_{x合} =$ ______。

【思考题】

(1)为什么本实验需在样品室中进行?若热电偶冷端为室温,怎样修正比热容的示值?

(2)测量三种金属的冷却速率,在图纸上绘出冷却曲线,并求出它们在同一温度点的冷却速率。

【附】 注意事项

(1)仪器的加热指示灯亮,表示正在加热;如果连接线未连好或加热温度过高(超过 200 ℃)导致自动保护时,指示灯不亮。升到指定温度后,应切断加热电源。

(2)注意:测量降温时间时,按"计时"或"暂停"按钮应迅速、准确,以减小人为计时误差。

(3)加热装置向下移动时,动作要慢,注意被测样品应垂直放置,以使加热装置能完全套入被测样品。

铜-康铜热电偶分度表如表 4-3-2 所示。

表 4-3-2　铜-康铜热电偶分度表(参考端温度为 0 ℃)

温度/℃	0	1	2	3	4	5	6	7	8	9	10
	热电动势/mV										
0	0.000	0.039	0.078	0.117	0.156	0.195	0.234	0.273	0.312	0.351	0.391
10	0.391	0.430	0.470	0.510	0.549	0.589	0.629	0.669	0.709	0.749	0.789
20	0.789	0.830	0.870	0.911	0.951	0.992	1.032	1.073	10114	1.155	1.196
30	1.196	1.237	1.279	1.320	1.361	1.403	1.444	1.486	1.528	1.569	1.611
40	1.611	1.653	1.695	1.738	1.780	1.822	1.865	1.907	1.950	1.992	2.035
50	2.035	2.078	2.121	2.164	2.207	2.250	2.294	2.337	2.380	2.424	2.467
60	2.467	2.511	2.555	2.599	2.643	2.687	2.731	2.775	2.819	2.864	2.908
70	2.908	2.953	2.997	3.042	3.087	3.131	3.176	3.221	3.266	3.312	3.357
80	3.357	3.402	3.447	3.493	3.538	3.584	3.630	3.676	3.721	3.767	3.813
90	3.813	3.859	3.906	3.952	3.998	4.044	4.091	4.137	4.184	4.231	4.277
100	4.277	4.324	4.371	4.418	4.465	4.512	4.559	4.607	4.654	4.701	4.749
110	4.479	4.796	4.844	4.981	4.939	4.987	5.035	5.083	5.131	5.189	5.227
120	5.227	5.275	5.324	5.372	5.420	5.469	5.517	5.566	5.615	5.663	5.712
130	5.712	5.761	5.810	5.859	5.908	5.957	6.007	6.056	6.105	6.155	6.204
140	6.204	6.254	6.303	6.353	6.403	6.452	6.502	6.552	6.602	6.652	6.702
150	6.702	6.753	6.803	6.853	6.903	6.954	7.004	7.055	7.106	7.156	7.207
160	7.207	7.258	7.309	7.360	7.411	7.462	7.513	7.564	7.615	7.666	7.718
170	7.718	7.769	7.821	7.872	7.924	7.975	8.027	8.079	8.131	8.183	8.235
180	8.235	8.287	8.339	8.391	7.443	8.495	8.548	8.600	8.652	8.705	8.757
190	8.757	8.810	8.863	8.915	8.968	9.021	9.074	9.127	9.180	9.233	9.286
200	9.286	9.339	9.392	9.446	9.499	9.553	9.606	9.659	9.713	9.767	9.830

实验 4　液体比汽化热的测定

【实验目的】

(1)了解量热器的使用方法,测量水在沸腾时的汽化热。

(2)掌握集成温度传感器的特性,学会使用温度传感器的定标。

(3)实验中正确选取参量,学习散热修正的方法。

【实验仪器和用具】

量热器、蒸汽发生器、温控测量仪、温度传感器、物理天平等。

【实验原理】

物质由液态转化为气态的过程为汽化,液体的汽化有蒸发和沸腾两种不同的基本形式。其物理过程都是液体中热运动动能较大的分子飞离液体表面成为气体分子,随着这些热运动分子的飞离,液体的温度将下降,若要保持温度不变,在汽化过程中就需要继续加热供给能量。液体的汽化热与液体种类、温度、环境压强等因素有关,因此对物态变化的研究对日常生活、科研生产都有着非常重要的意义。

单位质量的液体在温度保持不变时转化为气体所吸收的热量称为液体比汽化热。物质由气态转化为液态的过程为凝结,凝结时将释放出在同一条件下汽化所吸收的相同的热量,因此,可以通过测量凝结时放出的热量来测量液体汽化时的比汽化热。

本实验采用混合法测定水的比汽化热。方法是将蒸汽发生器中接近 100 ℃的水蒸气,经过硅胶管通入到量热器中。如果水和量热器内筒的初温为 θ_1℃,而质量为 $M_{汽}$ 的水蒸气进入到量热器的冰水中被凝结成水,在一定时间范围内,当水和量热器内筒温度均衡时,其温度为 θ_2℃,水蒸气放出的热量

$$Q_{放}=M_{汽}L+M_{汽}c_{水}(\theta_3-\theta_2) \tag{4-4-1}$$

而量热器整体吸收的热量

$$Q_{吸}=(m_{水}c_{水}+m_1c_{Al}+m_2c_{Al})\cdot(\theta_2-\theta_1) \tag{4-4-2}$$

故水的比汽化热可由热平衡方程得到:

$$Q_{吸}=Q_{放}$$

式中 $c_{水}$——水的比热容;

$m_{水}$——原先在量热器中水的质量;

c_{Al}——铝的比热容;

m_1——铝量热器质量;

m_2——铝搅拌器的质量。

设量热器内筒和搅拌器的质量为 $M=m_1+m_2$,θ_3 为水蒸气的温度,L 为水的比汽化热。考虑到温度传感器插入水中的热容量 m_3c_3,修正后式(4-4-1)、式(4-4-2)可写成

$$M_{汽}L+M_{汽}c_{水}(\theta_3-\theta_2)=(m_{水}c_{水}+Mc_{Al}+m_3c_3)\cdot(\theta_2-\theta_1) \tag{4-4-3}$$

即

$$L=\frac{1}{M_{汽}}(m_{水}c_{水}+Mc_{Al}+m_3c_3)\cdot(\theta_2-\theta_1)-c_{水}(\theta_3-\theta_2) \tag{4-4-4}$$

由于量热器的绝热条件并不十分完善,实际实验系统又非严格的孤立系统,所以在做精密测量时,就需设法求出实验过程中系统与外界交换的热量,以做适当的散热修正。本实验介绍一种粗略散热修正及所谓的补偿法,其依据是牛顿冷却定律。当系统的温度高于环境温度时,就要散失热量。可在实验中先使水的初始温度低于室温,当水蒸气通入量热器的水中被凝结成水,水与量热器内筒温度均衡时,此时系统的温度高于室温,并且两者与室温差基本相等,这样就可以抵消量热器与外界进行的热交换所引起的误差。

【实验内容】

1. 集成温度传感器 AD590 的定标

AD590 是一种电流型固态传感器,两个差分对管发射结电压之差是温度的理想线性函数。其电路如图 4-4-1 所示。如果该温度传感器的温度升高或降低 1 ℃,那么传感器的输出电流增加或减小 1 μA/℃,其输出电流的变化与温度变化满足如下关系:

$$I=B\cdot\theta+A \tag{4-4-5}$$

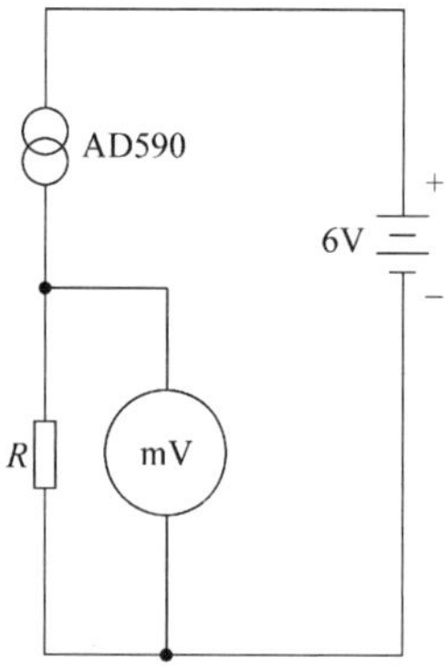

图 4-4-1　AD590 电路

式中 I——AD590 的输出电流,μA;

θ——摄氏温度;

B——斜率;

A——零摄氏度时的电流值。

利用 AD590 温度传感器的特性,可以设计各种用途的温度计。本实验仪器采样电阻 $R=1\ 000\times(1+1\%)\ \Omega$,传感器电源电压为 6 V。定标时将 AD590 的红黑接线分别插入测量仪的输入孔,把实验数据用最小二乘法拟合,得出斜率 B 和截距 A。

2. 水汽化热的测量

(1)用物理天平称量量热器和搅拌器的质量 m_1+m_2;在量热器内筒中加入一定量的冰水,再称出加有冰水的量热器内筒和搅拌器的质量 M_0,减去 m_1+m_2 得到水的质量 $m_水$。

(2)将盛有水的烧瓶加热,开始加热时可以通过温控电位器顺时针调到低,此时旋转打开烧瓶塞通气孔使低于沸点的水蒸气从通气孔逸出,当烧瓶内水沸腾时调节温控器让蒸气输送管向大气空间自由排出水蒸气三到五分钟以加热蒸汽导管。确信由蒸汽导管冒出的蒸汽为不带水珠的饱和蒸汽后,保证水蒸气输入量热器的速率符合实验要求。

(3)把盛有冰水的内筒放入量热器中,通入蒸汽管约离水面 1 cm 深,开始通气前记下温控仪的数值 θ_1。接着旋转瓶塞把通气孔关闭继续让水沸腾向量热器内通气,通气开始计时,并搅拌量热器中的水;通气时间长短以尽可能使量热器中水的末温 θ_2 与室温的温差同室温与初温 θ_1 温差值相近为宜。

(4)停止电炉通电,不再给量热器通气,取下量热器并继续搅拌内筒的水,此时记录水和内筒的末温度 θ_2,重新称出量热器内筒水的总质量 $M_总$。计算得量热器中水蒸气的质量 $M_水=M_总-M_0$。

(5)测量结果代入式(4-4-4)可得水在接近 100 ℃时的比汽化热 L,m_3c_3 是集成电路温度传感器 AD590 的热容量($m_3c_3=1.796\times10^3$ J/℃)。

【数据记录】

1. 温度传感器 AD590 定标

AD590 定标测量的数据记入表 4-4-1。

表 4-4-1　AD590 定标测量

n	1	2	3	4	5	6
温度 θ_i/℃ 电压 U_i/mV 电流 I_i/μA						

2. 水的比汽化热的测量

$m_1+m_2=$______kg,室温 $\theta=$______℃,$\theta_3=96.00$ ℃,$c_水=4.173\times10^3$ J/(kg·℃),$c_{Al}=0.900\ 2\times10^3$ J/(kg·℃),$m_3c_3=1.796\times10^3$ J/℃。

比汽化热测定的数据记入表 4-4-2。

表 4-4-2　比汽化热的测定

n	M_0/kg	U_1/mV	U_2/mV	$M_总$/kg
1				
2				
3				

【数据处理】

1. 温度传感器 AD590 定标

(1)最小二乘法拟得：$B=\dfrac{\overline{\theta}\cdot\overline{U}-\overline{\theta\cdot U}}{(\overline{\theta})^2-\overline{\theta^2}}=$______ mV/℃。

(2)线性相关系数 $\gamma=\dfrac{\overline{\theta\cdot U}-\overline{\theta}\cdot\overline{U}}{\sqrt{[\overline{\theta^2}-(\overline{\theta})^2]\cdot[\overline{U^2}-(\overline{U})^2]}}=$______。

(3)依据实验数据作 $U=B\cdot\theta+A$ 图线。

(4)截距 $A=\overline{U}-B\cdot\overline{\theta}=$______ mV。

2. 水的比汽化热的测量

$L_{标}=2.260\times10^6$ J/kg，$\theta_1=\dfrac{U_1-A}{B}=$______℃，$\theta_2=\dfrac{U_2-A}{B}=$______℃。

水的比汽化热的测量结果记入表 4-4-3。

表 4-4-3　水的比汽化热的测量结果

n	$m_{水}$/kg	θ_1/℃	θ_2/℃	$M_{汽}$/kg	L	百分误差 E
1						
2						
3						

【思考题】

(1)本实验误差的主要来源是什么？测量时要特别注意什么问题？

(2)实验过程中，由于系统与外界绝热不理想对测量结果有何影响？

(3)试分析游泳运动员的能量消耗。

(4)试分析物理降温的原理。

实验 5　用混合量热法测定冰的溶解热

【实验目的】

(1)正确使用物理天平、量热器和温度计。

(2)用混合量热法测定冰的溶解热。

(3)学习如何正确选取参量。

(4)学会一种粗略修正散热的方法。

【实验仪器和用具】

量热器、温度计(0～50.00 ℃)、物理天平、电子表、量筒、冰及热水等。

【实验原理】

在晶体中，粒子之间的相互作用力使粒子规则地聚集在一起，形成空间点阵，粒子只能在它的平衡位置附近做微小振动。在一定压强下，物质从固相转变为同温度液相的相变过程称为溶解。当压强一定时晶体要升高到一定的温度才会溶解，晶体开始溶解时的温度称为该晶体在此压强下的溶点。从微观上看，就是外界给粒子提供能量，使它的热振动加剧，对于晶体而言，溶解是组成物质的粒子由规则排列向不规则排列的过程，破坏晶体的点阵结构需要能量,因此溶解热可以用来衡量晶体内聚能的大小。晶体在溶解过程中虽吸收能量,但其温度却保持不变。例如在大气压下,冰溶解时温度保持为0 ℃,而且由冰溶化而得的水也保持为0 ℃,直到冰全部溶解成水为止。1 kg 物质的某种晶体溶解成为同温度的液体所吸收的能量,叫作该晶体的溶解潜热,单位为 J/kg。

将一定质量为 M、温度为 $T_0'=0$ ℃的冰块与质量为 m、温度为 T_1 的水相混合,冰全部溶解为水后,测得平衡温度为 T_2。假定量热器内筒与搅拌器的质量分别为 m_1、m_2,其比热容分别为 c_1 和 c_2;温度计浸没在水中的热容为 $1.9V$,V 为温度计浸没水中的体积;水的比热容为 $c_水$;则由热平衡方程 $Q_吸=Q_放$ 可得

$$LM_冰+M_冰 c_水(T_2-T_0')=(c_水 m_水+c_1m_1+c_2m_2+1.9V)(T_1-T_2) \quad (4-5-1)$$

本实验条件下,冰的溶点可认为是0 ℃,也可选取冰块的温度 $T_0'=0$ ℃。于是,冰的溶解可由下式求出:

$$L=\frac{1}{M_冰}(c_水 m_水+c_1m_1+c_2m_2+1.9V)(T_1-T_2)-c_水 T_2 \quad (4-5-2)$$

设量热器内筒和搅拌器由相同的材料(铜)制成,其质量为 $M=m_1+m_2$,比热容 $c_1=c_2$,则式(4-5-2)化简为

$$L=\frac{1}{M_冰}(c_水 m_水+c_1M+1.9V)(T_1-T_2)-c_水 T_2$$

由上所述,保持实验系统为孤立系统是混合量热法所要求的基本实验条件。为此,整个实验在量热器内进行,同时要求实验者在测量方法及实验操作等方面去设法满足基本实验条件。由于量热器的绝热条件并不十分完善,实际实验系统并非严格的孤立系统,当实验过程中系统与外界的热量交换不能忽略时,就必须做一定的散热修正。

本实验介绍一种粗略散热修正及所谓的补偿法。其依据是牛顿冷却定律。当系统的温度 T 高于环境温度 θ 时,它就要散失热量。实验证明:当温差较小(一般不超过10~15 ℃)时,(非自然对流)系统的散热速率与系统环境间温度差成正比。

由牛顿冷却定律得

$$\frac{\mathrm{d}Q}{\mathrm{d}t}=-k(T-\theta) \quad (4-5-3)$$

其中,比例系数 k 是散热常数,与系统的表面积有关并随表面的吸收或发射辐射热的本领而改变。负号的意义是当系统温度高于环境温度,即 $T>\theta$ 时,$\frac{\mathrm{d}Q}{\mathrm{d}t}>0$,系统向外界散热;如果低于环境温度,即 $T<\theta$ 时,$\frac{\mathrm{d}Q}{\mathrm{d}t}<0$,系统从外界吸热。在实验过程中,如果恰当地将系统的初温和末温分别选择在室温的两侧,系统的温度选择满足条件 $T_1>\theta>T_2$,使整个系统与外界的热量传递前后相互抵消,则可以达到散热修正的目的。$S_A\approx S_B$,量热器中水温随时间的变化应该是一条指数下降的曲线,如图4-5-1所示。对式(4-5-3)求积分,即可得到由

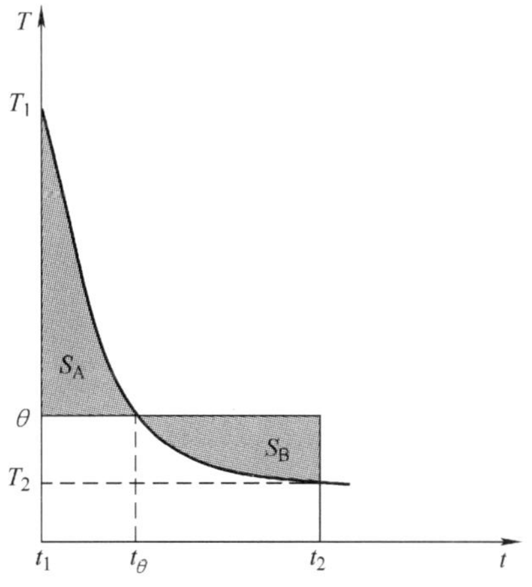

图4-5-1 水温随时间变化曲线

t_1 到 t_2（对应温度 T_1 及 T_2）时间内，整个系统与外界交换的热量：

$$Q = -\int_{t_1}^{t_2} k(T-\theta)\mathrm{d}t \tag{4-5-4}$$

$$Q = -k\int_{t_1}^{t_\theta}(T-\theta)\mathrm{d}t + k\int_{t_\theta}^{t_2}(\theta-T)\mathrm{d}t \tag{4-5-5}$$

其中，$Q=-kS_A+kS_B$ 表示图中的阴影面积。由上式可见，当 $S_A \approx S_B$ 时，实验过程中系统与外界交换的热量 Q 进行了散热修正。

【实验内容】

（1）用物理天平称量 m_1+m_2。（严格遵守天平的操作规则，以保证测量的准确性）

（2）测量室温 θ；量取 $T_1<50$ ℃水，水量约为内筒的2/3高度。

（3）用物理天平称量 $m_1+m_2+m_水$，记录水温 T_1（高出室温约10～15 ℃）。

（4）由曲线可知，欲使 $S_A \approx S_B$，就必须使 $T_1-\theta>\theta-T_2>0$。实验前，应做出明确的计划，实验中注意选取及适当调整参数 $m_水$，$M_冰$ 及 T_1 等，使满足上式。但应注意到 $T_2>0$ 的条件，否则，冰将不能全部溶解。投入冰（$M_冰 : m_水$ 约为1∶4）不断轻轻搅拌，每隔10～20 s记录温度 T_i。

（5）冰溶解完后，加入小块冰继续实验，待冰完全溶解后，使末温 T_2 约低于室温10～15 ℃时，记录温度 T_2。

（6）用物理天平称量 $m_1+m_2+m_水+M_冰$。

（7）测量温度计浸没在水中的体积 V。

【数据记录】

$\Delta m_B = \Delta M_B =$ ______ g，$c_1=c_2=3.850\times10^2$ J/(kg·℃)，$c_水=4.173\times10^3$ J/(kg·℃)，室温 $\theta=$ ______℃。

冰的溶解热的测量数据记入表4-5-1。

表4-5-1　冰的溶解热的测量

n	m_1+m_2/g	T_1/℃	$m_1+m_2+m_水$/g	$m_水$/g	$m_1+m_2+m_水+M_冰$/g	$M_冰$/g	T_2/℃	V/ml
1								
2								
3								

冰的溶解 t—T 的测量数据记入表4-5-2。

表4-5-2　冰的溶解 t—T 的测量

n	时间 t/s	0	20	40	60	80	100	120	140	160	180	…
1	温度 T/℃											
2	温度 T/℃											
3	温度 T/℃											

【数据处理】

（1）冰的溶解热 L 的计算：$L_测=\dfrac{1}{M_冰}(c_水 m_水+c_1M+1.9V)(T_1-T_2)-c_水 T_2=$ ______。

A 类不确定度：忽略不计。

B 类不确定度：$\Delta m_B = \Delta M_B = \dfrac{0.05}{\sqrt{3}}$ g 或 $\dfrac{0.02}{\sqrt{3}}$ g，$\Delta T_B = \dfrac{0.1}{\sqrt{3}}$ ℃，$\Delta V_B = \dfrac{0.1}{\sqrt{3}}$ ml。

$$\Delta L_{合} = L_{测}\sqrt{\left(\frac{\Delta M_B}{M_{冰}}\right)^2 + \left(\frac{\Delta m_{1B} + \Delta m_{2B} + \Delta m_{水B} + \Delta V_B}{m_1 + m_2 + m_{水} + V}\right)^2 + \left(\frac{\Delta T_{1B} + \Delta T_{2B}}{T_1 - T_2}\right)^2 + \left(\frac{\Delta T_{2B}}{T_2}\right)^2}$$

结果：$L_{测} \pm \Delta L_{合} =$ ______。

(2)散热修正，由投冰开始每间隔 10 ~ 20 s 记录一次温度，直至由温度的变化可以确认冰已全部溶解为止，作 T—t 关系曲线。

(3)计算水的散热系数：$K = \dfrac{c_{水} m_{水}}{\Delta t} \times \ln \left|\dfrac{(T_1 - \bar{\theta})}{(T_2 - \bar{\theta})}\right|$，$T_1$、$T_2$ 为变化过程中的初温和终温。

【思考题】

(1)环境温度的变化会给实验结果带来什么影响？在实验操作过程中怎样做才能使系统与外界交换的热量最小？为什么？

(2)本实验中的"热力学系统"是由哪些部分组成的？量热器内筒、外筒、温度计、搅拌器等都属于该热力学系统吗？

(3)冰块投入量热器之前应做好哪些准备工作？投冰时应注意什么？

(4)若粗测后发现面积 $S_A < S_B$，则它说明了什么？应怎样改变条件重做？

(5)实验过程中，T_1 及 M 何时测量？怎样测量？

(6)怎样由系统温度的变化推断冰已全部溶解？末温 T_2 是如何确定的？作图时对应末温的时刻 t_2 应如何确定？

(7)哪些因素会影响测量冰的质量 M 的准确性？分析其影响大小？

(8)试定性说明下述情况给测量结果带来的影响：

①测 T_1 之前没有搅拌；

②测 T_1 后到投冰之前相隔了一段时间；

③搅拌过程中有水溅到量热器的盖子上；

④冰未拭干就投入量热器；

⑤实验过程中为什么冰和水的质量要有一定的比例。

实验 6　气体体积与压强的关系

【实验目的】

(1)掌握气体体积 V 与压强 p 之间的关系。

(2)熟悉物理天平、游标卡尺等工具的应用。

(3)学习实验数据的处理方法。

【实验仪器和用具】

玻意耳实验仪、砝码、温度计、物理天平、游标卡尺等。

【实验原理】

玻意耳－马略特定律反映气体的体积随压强改变而改变的规律。对于一定质量的气体,在其温度保持不变时,它的压强和体积成反比;或者说,其压强 p 与它的体积 V 的乘积为一常量,即 $pV=C$ (常数)(T 不变时)或 $p_1V_1=p_2V_2=\cdots=p_iV_i$。实验表明,式中常量的大小与气体种类有关,但各气体在适用理想气体状态方程时多少有些偏差;压力越低,偏差越小,在极低压力下理想气体状态方程可较准确地描述气体的行为。极低的压力意味着分子之间的距离非常大,此时分子之间的相互作用非常小;又意味着分子本身所占的体积与此时气体所具有的非常大的体积相比可忽略不计,因而分子可近似被看作是没有体积的质点。于是从极低压力气体的行为出发,抽象提出理想气体的概念,实际气体只是在压强不太高、温度不太低的条件下才服从这一定律。

将一定质量的干燥空气密封于可变的规则容器中,当温度不变时,一定质量的气体体积越小,压强越大;体积越大,压强越小。容器的气体体积 V 与压强 p 的关系,就是气体所遵从的玻意耳定律:$p_iV_i=C_i$(常数),压强 p 是指每单位面积 S 上所承受的压力。

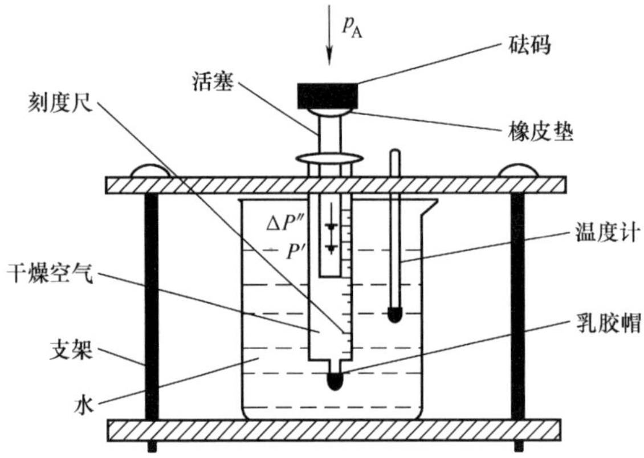

图4－6－1　仪器装置图

如图4－6－1所示,在医用注射器的活塞周围涂以密封的真空脂,针管内封以适量的干燥空气,管底小锥孔用乳胶帽密封。管旁附有刻度尺,刻度尺的零点为管底;而管口支撑于仪器架上,管周围用盛水烧杯环抱,以保持温度不变;杯内插入温度计。观测活塞底在刻度尺上的初始位置并读取数值。活塞的直径为 D,则活塞底的面积

$$S=\frac{\pi}{4}D^2 \qquad (4-6-1)$$

体积为

$$V=S\cdot H \qquad (4-6-2)$$

在玻璃活塞的顶部放置以防滑橡皮垫,设活塞的质量为 m_1,橡皮垫的质量为 m_2,则其对管内附加压强

$$p'=\frac{(m_1+m_2)\cdot g}{S} \qquad (4-6-3)$$

式中　g——当地的重力加速度。

设当地的大气压强为 $p_A=85.26$ kPa,则管内初压强值

$$p''=p'+p_A \qquad (4-6-4)$$

在橡皮垫上逐次加砝码 M,以改变管内气体所承受的压强 p。砝码 M 每次改变0.5 kg,故压强增量

$$\Delta p''=\frac{i\cdot M\cdot g}{S}(i=0,1,2,\cdots,n) \qquad (4-6-5)$$

则总压强

$$p_i=p_A+p'+\Delta p'' \qquad (4-6-6)$$

若测得不同状态(p_i,V_i),则有 $p_iV_i=C_i$,令 $C_i'=\frac{C_i}{S}$,则可以化简计算得

$$C_i'=p_i\cdot\overline{H_i} \tag{4-6-7}$$

$$\overline{C_i'}=\frac{1}{n}\sum_i C_i \tag{4-6-8}$$

各实验点的相对百分误差

$$\varepsilon_i=\frac{|\overline{C_i'}-C_i'|}{\overline{C_i'}}\times 100\% \tag{4-6-9}$$

实验总的百分误差

$$\overline{\varepsilon_i}=\frac{1}{n}\sum\varepsilon_i \tag{4-6-10}$$

若$\overline{\varepsilon_i}<5\%$,则实验基本成功,验证了玻意耳定律。

【实验内容】

(1)用游标卡尺测活塞的直径 D(5 次)求平均值,计算活塞面积 S。

(2)用物理天平称量活塞的质量 m_1 和橡皮垫的质量 m_2。

(3)在医用注射器的活塞周围涂以密封的真空脂。

(4)然后将活塞抽至(70.0 ± 10.0) mm 处,针管内封以干燥空气,用乳胶帽密封管底小孔。

(5)按图 4-6-1,将针管插入水中,观察使大烧杯中的水完全浸没空气柱,记录实验开始时的大气压强值,并记录水温 θ、室温 t,供实验参考。

(6)记录下活塞底平面在针管刻线上的初位置,然后在活塞橡皮垫上小心地逐次加上砝码,记下新的位置,再逐次取下所有砝码,若在两三分钟内能恢复到初位置附近,则说明沿活塞的结合面等处的漏气和黏滞等影响可忽略不计;若差别较大,则可旋转活塞直到解决了漏气问题后,再做正式测量。

(7)检查活塞是否漏气,逐次增加砝码测量 H_i,逐次减少砝码测量 H_i'。

(8)然后开始测出(p_i,V_i),记录表格如下。(设 H_i 为逐次增加砝码时的读数值,H_i' 为逐次减少砝码时的读数值,则$\overline{H_i}=\frac{1}{2}(H_i+H_i')$)

【数据记录】

$p_A=85.26$ kPa(室温 $t=22.0$ ℃),$g=9.796\ 17$ m/s^2,$m_1+m_2=$______ kg,$t_{室}=$______℃,$\theta_{水}=$______℃,活塞直径 $\overline{D}=$______ mm,$S=$______ m^2。

质量、高度的测量数据记入表 4-6-1。

表 4-6-1 质量、高度的测量

测量次数 i	1	2	3	4	5
砝码质量 M_i/kg					
H_i/mm					
H_i'/mm					

【数据处理】

(1)列表计算$\overline{H_i}=\frac{1}{2}(H_i+H_i')$、$p_i$、$C_i'$、$\varepsilon$ 值,记入表 4-6-2。

表 4-6-2　常取 C_i' 的测量结果

测量次数 i	1	2	3	4	5
$\overline{H_i}$/mm					
p_i/kPa					
$C_i' = p_i \cdot \overline{H_i}$/(kPa · m)					
$\varepsilon_i = \dfrac{\lvert \overline{C'} - C_i' \rvert}{\overline{C'}} \times 100\%$					

(2)计算$\overline{\varepsilon_i}$值并分析测量结果。

【思考题】

(1)在验证玻意耳定律实验中,为什么用橡皮帽封住注射器小孔?实验读数时不能用手握住注射器又是为什么?

(2)设刻度是均匀的,但不是标准的 mm 刻度,试问对实验的影响如何?

(3)实验证明 $C \propto T$(T 为绝对温标 K 的度数值,$T = 273 + t$)。设室温在整个实验过程中逐变 5 ℃,引起水温也就是实验气体的温度逐变 1 ℃,即 $\Delta t = 1$ ℃则 $\Delta t = 1$ K,例如从 299 K 变至 300 K,试计算对验证玻意耳定律实验的影响。

实验 7　盖 · 吕萨克定律实验

【实验目的】

(1)加深对理想气体状态方程的理解。

(2)学会测量空气的体膨胀系数。

【实验仪器和用具】

盖 · 吕萨克定律实验仪、砝码、烧杯、数字温度计。

【实验原理】

气体膨胀是由气体的压力而驱动的,而微观上气体的温度即分子之间碰撞速度在宏观上表现为气体的压力。因此,与气体的温度有直接关系,气体能以多大速度膨胀要看它的温度。温度越高,分子热运动速度越快,宏观上气体压力越大。所以气体膨胀速度取决于温度高低。气体膨胀的过程所处的环境(或者称为体系)直接影响温度的变化。因为在膨胀的过程中气体可能对环境吸收或释放热量,来影响温度变化。要讨论这个问题首先要确定膨胀过程所处的环境,其温度可能升高,可能下降,也可能不变;对于一定质量的理想气体总分子数不变,当温度升高时,全体分子运动的平均速率会增加,那么单位体积内的分子数一定要减小(否则压强不可能不变),因此气体体积一定增大;反之当温度降低时,同理可推出气体体积一定减小。这与盖 · 吕萨克定律的结论是一致的。

一定质量的气体在压强不变的情况下,体积随温度的变化关系为

$$V = V_0(1 + \alpha_V t) \qquad (4-7-1)$$

式中　V——气体在 t ℃时的体积;

V_0——该气体在 0 ℃时的体积;

α_V——体胀系数;

t——摄氏温度。

由式(4－7－1)可得

$$V_1=V_0(1+\alpha_V t_1) \tag{4－7－2}$$

$$V_2=V_0(1+\alpha_V t_2) \tag{4－7－3}$$

联立化简式(4－7－2)和式(4－7－3)可得

$$\alpha_V=\frac{V_2-V_1}{V_1 t_2-V_2 t_1} \tag{4－7－4}$$

利用式(4－7－4)可以用实验方法测出空气(近似地看作理想气体)的体胀系数 α_V,从而验证了盖·吕萨克定律。

根据理想气体状态方程

$$\frac{p_1 V_1}{T_1}=\frac{p_2 V_2}{T_2} \tag{4－7－5}$$

当压力不变时,理想气体的体积和温度成正比,即温度每升高(或降低)1 ℃,其体积也随之增加(或减少)。在数十年后,物理学家克劳修斯和开尔文建立了热力学第二定律,并提出了热力学温标(即绝对温标)的概念,后来,查理－盖·吕萨克定律被表述为:在压强不变 $p_1=p_2$(等压过程)的情况下,一定量气体的体积 V 与其温度 T 成正比,则式(4－7－5)可用下式表示:

$$\frac{V_1}{T_1}=\frac{V_2}{T_2} \tag{4－7－6}$$

式(4－7－6)表明,在等压过程中气体的体积与其温度的比值是个常数,可以用实验给以验证,只是 T_1、T_2 要用绝对温标 K 表示。

如图4－7－1 所示,在放置盛热水的大烧杯中,将封闭适量干燥空气的注射器和数字温度计从上层板的孔中插入烧杯中。活塞上放橡皮垫,并加适量砝码。待管中空气与水的温度平衡时,记录水温和活塞的高度;改变水温,记录水温和活塞的高度,代入式(4－7－4)计算 α_V。

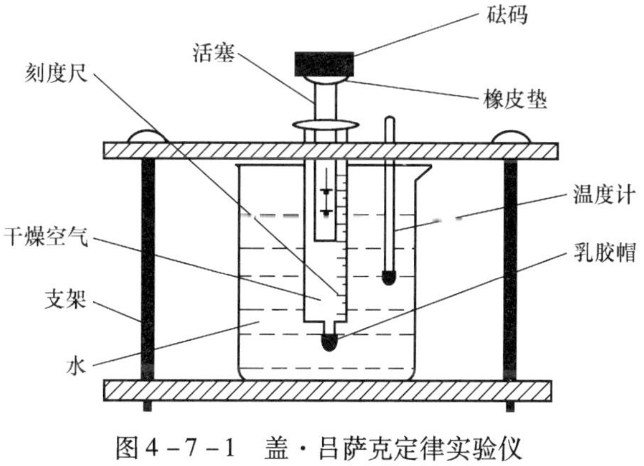

图4－7－1　盖·吕萨克定律实验仪

【实验内容】

(1)用游标卡尺测活塞的直径 D 六次求平均值,计算活塞面积 S。

(2)将(80～90 ℃)热水倒入1 000 ml的大烧杯中。

(3)取出针管插上活塞,封闭 60～80 cm的干燥空气,将针孔戴上胶帽,然后将注射器和数字温度计插入水中，依据实验条件加上 1 000 ~2 000 g 砝码。

(4) 使数字温度计稳定在 70 ℃左右，等待 10 min，待管内空气的温度和水温相等时，记录水温 t_1 和活塞的高度 h_1。

(5) 让烧杯中的水自然冷却，每降 5 ℃记录一次水温和活塞高度 h_2 的位置，直到室温附近为止。实验完毕后，将烧杯中的水及时倒掉。

【数据记录】

活塞直径 $\overline{D}$ = ______，活塞面积 S = ______。

温度、高度的测量数据记入表 4 –7 –1。

表 4 –7 –1　温度、高度的测量

测量次数 i	1	2	3	4	5	6
温度 t_n/℃						
高度 h/mm						

气体的体积 V 与热力学温度 T 记入表 4 –7 –2。

表 4 –7 –2　气体的体积 V 与热力学温度 T

测量次数 i	1	2	3	4	5	6
温度 t_n/℃						
T_n/K						
高度 h/mm						
V_n/mm^3						

【数据处理】

(1) 依据数据计算 $\overline{\alpha_V}$ 值，并计算 α_V 的标准差。

$$\overline{\alpha_V} = \frac{\sum_{i=1}^{n} \alpha_i}{n} = \_\_\_\_\_\_,\Delta\alpha_V = \sqrt{\frac{\sum_{i=1}^{n}(\alpha_i - \overline{\alpha})^2}{n(n-1)}} = \_\_\_\_\_\_。$$

(2) 干燥空气 α_V 的公认值为 3.661×10^{-3}/℃，求百分误差 ε，结果用相对误差表示。

$$\varepsilon = \frac{|\overline{\alpha_V} - \alpha_{公}|}{\alpha_{公}} \times 100\% = \_\_\_\_\_\_,\alpha_V = \overline{\alpha_V}(1 \pm \varepsilon) = \_\_\_\_\_\_。$$

3. 把 t 换成 $T = 273 + t$ 代入式(4 –7 –6)求 $\frac{V}{T} = R$ 的值。

4. 计算 $\overline{R}$ 值，并计算 R 的标准差。

$$\overline{R} = \frac{\sum_{i=1}^{n} R_i}{n} = \_\_\_\_\_\_,\Delta R = \sqrt{\frac{\sum_{i=1}^{n}(R_i - \overline{R})^2}{n(n-1)}} = \_\_\_\_\_\_,R = \overline{R} \pm \Delta R = \_\_\_\_\_\_。$$

【思考题】

(1) 压力容器(例如空气压缩机上的气包)上都装有安全阀门，试问安全阀门的作用是什么？你能设想出它的结构原理吗？

(2) 室温的变化对测量的哪些部分产生影响？

实验8　不良导体导热系数的测定

【实验目的】

(1)了解热传导的基本规律及散热速率的概念。

(2)学习稳态平板法测定不良导体导热系数。

(3)掌握一种用热电转换方式进行温度测量的方法。

【实验仪器和用具】

智能导热系数测定仪、调压器、热电偶、保温杯、电加热盘、游标卡尺、待测样品。

【实验原理】

导热系数,工程上又称热导率,是描述材料性能的一个重要参数,在物体的散热和保温工程实践中都要涉及这一参数。导热系数的测量不仅在工程实践中有重要的实际意义,而且对新材料的研制和开发也是主要参考因素。

不同物质导热系数各不相同,相同物质的导热系数与其结构、密度、湿度、温度、压力等因素有关。同一物质的含水率低、温度较低时,导热系数较小。一般来说,固体的热导率比液体的大,而液体的又要比气体的大。这种差异很大程度上是由于这两种状态分子间距不同所导致的。

当温度不同的两个物体相接触,或物体内部温度梯度存在时,物体间或物体内部就会发生热传导现象。描述热传导规律的基本方程——傅里叶方程,系当热流在 x 方向流动时,可用一维方程描述,其形式为

$$\frac{\mathrm{d}Q}{\mathrm{d}t} = -\lambda\left(\frac{\mathrm{d}\theta}{\mathrm{d}x}\right)\mathrm{d}s \tag{4-8-1}$$

式中 $\frac{\mathrm{d}Q}{\mathrm{d}t}$——在 $\mathrm{d}t$ 时间内,热流穿过面元 $\mathrm{d}s$ 的传热速率;

$\frac{\mathrm{d}\theta}{\mathrm{d}x}$——沿面元垂直方向的温度梯度;

"－"——热量传递是从高温传向低温方向;

λ——物体的导热系数,其物理含义是:在单位时间内,每单位长度上温度降低 1 K 时,单位面积上通过的热量,单位为 W/(m·K)。

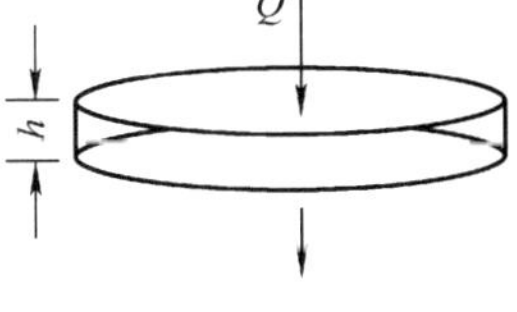

图 4-8-1　样品盘

图 4-8-1 所示为一厚度为 h、底面积为 S 的样品盘,当维持其上下表面为恒定的温度 θ_1、θ_2($\theta_1 > \theta_2$),且样品盘很薄时,沿 h 方向上的两点很靠近,若面 S 上各点处的热传导方向不变,且侧面近似绝热,则在很短的时间 Δt 内穿过面积 S 的热量 ΔQ 可近似表示为

$$\frac{\Delta Q}{\Delta t} = -\lambda\frac{\theta_1-\theta_2}{h_B}S_B \tag{4-8-2}$$

式中 $\frac{\Delta Q}{\Delta t}$——样品在面积 S 垂直方向上的传热速率。

实验测试装置如图 4-8-2 所示。1 为电加热盘,热量通过 1 的底部经待测样品 2 向下传递,3 为接收经样品传递过来热量的铝盘,1、3 上开有小孔以备插入热电偶测量样品盘上下表面相对冷端 8 的温差电动势,可选用数字智能导热系数测定仪 7 读取结果。6 是调压变压器,用来调节输出电压大小,控制电加热快慢。

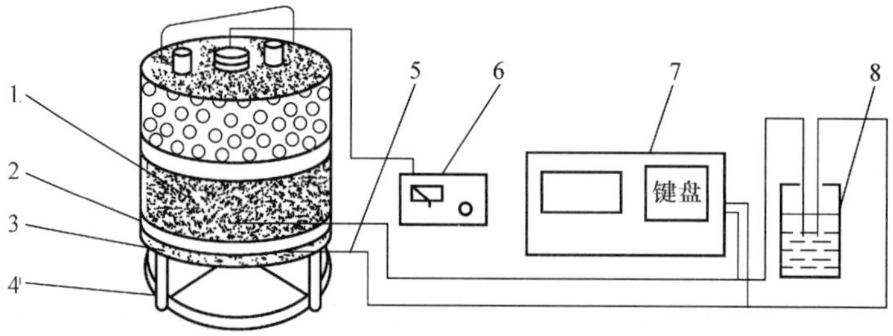

图 4-8-2 实验测试装置

1—电加热盘;2—待测样品;3—铝盘;4—支架;5—热电偶;
6—调压变压器;7—智能导热系数测定仪;8—保温杯

在 1 的上方用电热源加热,使样品上、下表面各维持稳定的温度 θ_1、θ_2,它们的数值分别用各自的热电偶 5 来测量,5 的冷端浸入盛有冰水混合物的保温杯 8 内。7 为智能导热系数测定仪,用小键盘变换上、下热电偶的测量回路。

为了保证样品中温度场的分布具有良好的对称性,加热面、待测样品、散热盘(铝盘 3)均为等大圆形,故通过待测样品盘传热速率

$$\frac{\Delta Q}{\Delta t} = -\lambda \frac{\theta_1 - \theta_2}{h_2}\pi R_2^2 \tag{4-8-3}$$

式中 θ_1、θ_2——样品盘上下表面的温度;

R——待测样品盘半径。

当传热达到稳态时,θ_1、θ_2 的温度值不变,热源通过待测样品盘 2 的传热速率与散热盘 3 向周围环境的散热速率相等,因而可以通过散热盘在稳定温度 θ_2 时的散热速率来求出样品盘的传热速率$\frac{\Delta Q}{\Delta t}$。若散热盘的质量为 m、比热容为 c,则散热盘在 θ_2 附近的散热速率

$$\frac{\Delta Q}{\Delta t}\Big|_{\theta=\theta_2} = mc\frac{\Delta \theta}{\Delta t}\Big|_{\theta=\theta_2} \tag{4-8-4}$$

由于自然冷却速率$\frac{\Delta \theta}{\Delta t}\Big|_{\theta=\theta_2}$是散热盘全部表面暴露于空气中时的数值,散热的外表面积应为 $2\pi R_3^2 + 2\pi R_3 h_3$,$R_3$、$h_3$ 分别为散热盘的直径和厚度,在稳态时散热盘的上表面是被样品盘覆盖,此时散热盘的外表面积应为 $\pi R_3^2 + 2\pi R_3 h_3$,散热速率与它的表面积成正比,则稳态时散热速率

$$\frac{\Delta Q}{\Delta t}\Big|_{\theta=\theta_2} = mc\frac{\Delta \theta}{\Delta t}\Big|_{\theta=\theta_2}\frac{(\pi R_3^2 + 2\pi R_3 h_3)}{(2\pi R_3^2 + 2\pi R_3 h_3)} \tag{4-8-5}$$

用散热速率$\frac{\Delta Q}{\Delta t}\Big|_{\theta=\theta_2}$取代传热速率$\frac{\Delta Q}{\Delta t}$,则式(4-8-3)成为

$$\lambda = mc\frac{h_2}{\pi R_2^2(\theta_1-\theta_2)}\cdot\frac{(R_3+2h_3)}{2(R_3+h_3)}\cdot\frac{\Delta\theta}{\Delta t}\Big|_{\theta=\theta_2} \tag{4-8-6}$$

本实验采用热电偶来测定样品盘上下表面的温度，温差 100 ℃时，是 4 mV。若没有智能导热系数仪时，应配用量程 0 ~ 10 mV 的数字电压表，要求能够测到 0.01 mV。设热电偶的温差系数为 α，则热电偶的温差电动势为 $V=\alpha(\theta-T_0)$，保持冷端温度为 $T_0=273.16$ K，对热端温度 θ_1、θ_2 分别有

$$\theta_1=\frac{V_1}{\alpha}-T_0$$

$$\theta_2=\frac{V_2}{\alpha}-T_0 \tag{4-8-7}$$

式中　V_1、V_2——样品盘上下表面温度所对应的电动势。

又由温差电动势公式可得

$$\frac{\Delta\theta}{\Delta t}\Big|_{\theta=\theta_2}=\frac{\Delta V}{\alpha\Delta t}\Big|_{V=V_2} \tag{4-8-8}$$

将式(4-8-7)、式(4-8-8)代入式(4-8-6)中，并将样品盘、散热盘的半径用直径表示 $D=2R$，则得

$$\lambda = mc\frac{2h_2}{\pi D_2^2(V_1-V_2)}\cdot\frac{(D_3+4h_3)}{(D_3+2h_3)}\frac{\Delta V}{\Delta t}\Big|_{V=V_2} \tag{4-8-9}$$

散热盘的质量 m 可由实验室给出，D_2、D_3 及 h_2、h_3 用游标卡尺测得，电动势的下降速率 $\frac{\Delta V}{\Delta t}\Big|_{V=V_2}$ 可用数字电压表和秒表测出。

【实验内容】

(1) 记录散热盘的质量 m 和铝的比热容 $c=896$ J/(kg · K)，用游标卡尺测出样品盘和散热盘的直径 R_2、R_3 及厚度 h_2、h_3，每个量多次测量取平均。

(2) 按照图 4-8-2 安装好仪器，并连接好测量线路。当然这需要铝盘与样品表面的紧密接触，无缝隙，否则中间的空气层将产生热阻，使得温度测量不准确。

(3) 打开智能导热系数仪接通调压器的交流电源，用电加热盘给待测样品盘加热。先将调压器调到 100 V，加热 20 min 后，再将电压调到 60 V 稳定加热。

(4) 此时仪器上交替显示样品上下表面的温度（分别为 1 和 2）。这时可输入参数：按下“Rb”键，等 Rb 显示消失后输入样品的 R_2 值，按“OK”键确认；按下“Hb”键，等“Hb”键显示消失后输入样品的 h_2 值，按“OK”键确认；若输入数据错误，可按“Del”键修改该数据。

(5) 在升温过程中，注意观察温度示数，改变电压使 θ_1、θ_2 基本没有变化时，即可认为达到稳定状态，记录此刻的温度后，按下“OK”键，输入数字“1”表示第一步升温到稳定状态完成，θ_1、θ_2 数值得到确认。

(6) 抽出待测样品盘，使加热盘 1 和铝盘 3 接触加热，当铝盘 3 温度升高 10 ℃左右后，移去加热盘 1，让铝盘 3 自然冷却，按下“OK”键，输入数字“2”表示第二步铝盘 3 自然冷却，此时的温度、计时点已确认。

(7) 在等待铝盘 3 自然冷却时，注意观察当仪器显示的温度临近 θ_2 的温度值时，按“λ”键，记录待测样品的导热系数 λ。

【数据记录】

待测样品盘 2 的测量数据记入表 4－8－1。

表 4－8－1　待测样品盘 2 的测量

测量次数 i	1	2	3	4	5	6
盘 2 半径 R_2/mm						
盘 2 厚度 H_2/mm						

【数据处理】

待测样品盘 2 的测量结果记入表 4－8－2。

表 4－8－2　导热系数的测量结果

参量	$\overline{R_2}$/mm	$\overline{H_2}$/mm	θ_1/℃	θ_2/℃	λ/[W/(m·℃)]
样品盘					

【思考题】

(1)为什么实验过程中要尽量保持环境温度的变化很小？

(2)讨论本实验中哪个测量量对实验误差影响最大？哪个最小？

【附】　注意事项

(1)取放电加热装置时外表温度很高要特别小心，以免烫伤手、实验台、连接线。

(2)θ_1、θ_2 一定要在稳态时测量，在 10 min 内 θ_1、θ_2 基本没有变化。

(3)爱护热电偶，在用热电偶测样品盘上下表面温度时，应先沾些导热硅脂再插入小孔中，以保证接触良好。

实验 9　气体比热容比 c_p/c_V 的测定

【实验目的】

(1)了解气体比热容比的测量原理。

(2)学习用振动法测定空气的定压比热容与定容比热容之比。

【实验仪器】

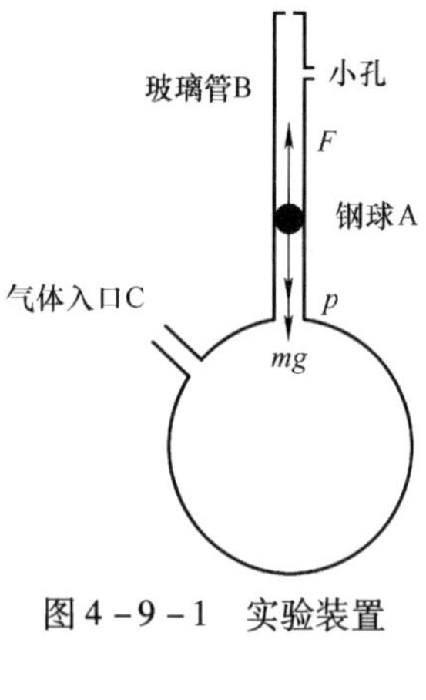

图 4－9－1　实验装置

DH4602 气体比热容比测定仪、螺旋测微计、物理天平、气泵。

【实验原理】

气体的定压比热容 c_p 与定容比热容 c_V 之比 $\gamma = c_p/c_V$，在描述理想气体的绝热过程中是一个很重要的参数，测定的方法有好多种。本实验采用振动法来测量，即通过测定物体在特定容器中的振动周期来计算 γ 值。实验装置如图 4－9－1 所示，振动物体小球的直径比玻璃管直径仅小 0.01～0.02 mm。它能在此精密的玻璃管中上下移动，在瓶子的壁上有一小口 C，与气泵上的一根细管相接，可以把气体注入烧瓶中。

小钢球 A 的质量为 m，半径为 r（直径为 d），当瓶内压力 p 满足下面条件时小钢球 A 处于力平衡状态。这时 $p = p_0 + \frac{mg}{\pi r^2}$，式中 p_0 为大气压力。为了补偿由于空气阻尼引起振动小钢球 A 振幅的衰减，通过气体注入口 C 不间断通入一个小气压的气流，在精密玻璃管 B 的中央开设有一个小孔。当振动小钢球 A 处于小孔下方的半个振动周期时，通入气体使容器的内压力增大，引起小钢球 A 向上移动，而当小钢球 A 处于小孔上方的半个振动周期时，容器内的膨胀气体将通过小孔流出，使小钢球下沉。以后重复上述过程，只要适当控制注入气体的流量，小钢球 A 能在玻璃管 B 小孔的上下做简谐振动，振动周期可利用光电计时装置测得。

若小钢球偏离平衡位置一个较小距离 x，则容器内的压力变化 $\mathrm{d}p$、体积变化 $\mathrm{d}V = \pi r^2 x$，由牛顿第二运动定律小钢球的运动方程为

$$m\frac{\mathrm{d}^2 x}{\mathrm{d}t^2} = S\mathrm{d}p \qquad (4-9-1)$$

其中 $S = \pi r^2$。

因小钢球振动过程相当快，故可以将其看作是绝热过程，绝热方程

$$pV^{\gamma} = C \qquad (4-9-2)$$

其中 C 为常数。

由式(4－9－2)求导得

$$\mathrm{d}p = -\frac{p\gamma\pi r^2 x}{V} \qquad (4-9-3)$$

将式(4－9－3)代入式(4－9－1)得小钢球做简谐振动方程

$$\frac{\mathrm{d}^2 x}{\mathrm{d}t^2} + \frac{\pi^2 r^4 p\gamma}{mV}x = 0 \qquad (4-9-4)$$

则角频率

$$\omega = \sqrt{\frac{\pi^2 r^4 p\gamma}{mV}} = \frac{2\pi}{T} \qquad (4-9-5)$$

由式(4－9－5)得

$$\gamma = \frac{4mV}{T^2 pr^4} = \frac{64mV}{T^2 pd^4} \qquad (4-9-6)$$

式中各量均可方便测得，因而可算出 γ 值。由气体运动论可知，γ 值与气体分子的自由度数有关，对单原子气体（如氩）只有 3 个平动自由度，双原子气体（如氢）除上述 3 个平动自由度外还有 2 个转动自由度。对多原子气体，则具有 3 个转动自由度，比热容比 γ 与自由度 f 的关系为 $\gamma = \frac{f+2}{f}$。理论上得出如下结果：

（1）单原子气体（Ar，He）：$f = 3$，$\gamma = 1.67$。

（2）双原子气体（N_2，H_2，O_2）：$f = 5$，$\gamma = 1.40$。

（3）多原子气体（CO_2，CH_4）：$f = 6$，$\gamma = 1.33$。

且与温度无关。

本实验装置主要由玻璃制成，且对玻璃管的要求特别高，振动小钢球的直径仅比玻璃管内径小 0.01 mm 左右，因此振动小球表面不允许擦伤，也不允许杂质、灰尘落入，应保持清洁。平时它停留在玻璃管的下方（用弹簧托住）。若要将其取出，只需在它振动时，用手指

将玻璃管壁上的小孔堵住，稍稍加大气流量小钢球便会上浮到管子开口上方，可以方便地取出，或将此管由瓶上取下，将球倒出来。

振动周期采用可预置测量次数的数字计时仪，采用重复多次测量。

振动小钢球直径采用螺旋测微计测出，质量用物理天平称量，烧瓶容积由实验室给出，大气压力由气压表自行读出，并换算为以 N/m^2 为单位的数（$760\ mmHg = 1.013 \times 10^5\ N/m^2$）。

【实验内容】

（1）接通电源，调节气泵上气量调节旋钮，使小钢球在玻璃管中以小孔为中心上下振动。注意，气流过大或过小会造成小钢球不以玻璃管上小孔为中心的上下振动，调节时需要用手挡住玻璃管上方，以免气流过大将小钢球冲出管外造成钢球或瓶子损坏。

（2）打开周期计时装置，周期设置为 50，按下执行按钮后即可自动记录振动 50 周期所需的时间。

（3）若不计时或不停止计时，可能是光电门位置放置不正确，造成钢球上下振动时未挡光，或者是外界光线过强，此时须适当挡光。

（4）重复以上步骤五次。

（5）用螺旋测微计和物理天平分别测出备用钢球的直径 d 和质量 m，其中直径重复测量五次。

【数据记录】

空气比热容比的测量数据记入表 4－9－1。

表 4－9－1　空气比热容比的测量

n	1	2	3	4	5	6
时间 t_i/s						

振动小钢球半径 $r = (5.00 \pm 0.01) \times 10^{-3}$ m，质量 $m = (4.00 \pm 0.02) \times 10^{-3}$ kg，烧瓶容积 $V = (1\ 450 \pm 5) \times 10^{-6}\ m^3$，大气压力 $p_0 = 85.26$ kPa（室温 $t = 22.0$ ℃），重力加速度 $g = 9.796\ 17\ m/s^2$。

【数据处理】

（1）$\Delta T_A = \sqrt{\dfrac{\sum_{i=1}^{n}(T_i - \overline{T})^2}{n(n-1)}} = $ ________，$\Delta T_B = \dfrac{0.01}{50\sqrt{3}}$ s（忽略），$\Delta T_{合} = \sqrt{\Delta T_A^2 + \Delta T_B^2}$ = ________。

结果：$T_{测} = \overline{T} \pm \Delta T_{合} = $ ________ s。

（2）比热容比 $\overline{\gamma_{测}} = \dfrac{4mV}{T^2pr^4} = $ ________，在忽略压力 $p = p_0 + \dfrac{mg}{\pi r^2}$ 测量误差时：$\Delta\gamma_{合} = \overline{\gamma_{测}}$

$$\sqrt{\left(\frac{\Delta m}{m}\right)^2 + \left(\frac{\Delta V}{V}\right)^2 + \left(\frac{2\Delta T_{合}}{\overline{T}}\right)^2 + \left(\frac{4\Delta r}{r}\right)^2} = \text{________}。$$

结果：$\gamma_{测} = \overline{\gamma} \pm \Delta\gamma_{合} = $ ________。

(3)空气的 $\gamma_{标}=1.402$,计算百分误差 $E=\frac{|\gamma_{测}-\gamma_{标}|}{\gamma_{标}}\times 100\%=$ ________。

【思考题】

(1)注入气体量的多少对小钢球的运动情况有没有影响?

(2)在实际问题中,物体振动过程并不是理想的绝热过程,这时测得的值比实际值大还是小? 为什么?

实验 10 固体比热容的测量(混合法)

【实验目的】

(1)掌握基本的量热方法——混合法。

(2)测定金属的比热容。

(3)实验中正确选取参量,学习散热修正的方法。

【实验仪器和用具】

量热器、温度计$\left(\frac{1}{10}\ ℃\right)$、物理天平、停表、加热器、小量筒、待测物(金属块)。

【实验原理】

温度不同的物体混合之后,热量将由高温物体(T_1)传给低温物体(T_2),最后达到均衡稳定的平衡温度(T_3),在这个过程中,如不考虑与外界的热交换,高温物体放出的热量等于低温物体所吸收的热量,即 $Q_{放}=Q_{吸}$,此称为热平衡原理。

本实验即根据热平衡原理用混合法测固体的比热容。将质量为 m、温度为 T_1、比热容为 c_x 的金属块投入量热器的水中。假定量热器内筒与搅拌器的质量分别为 m_1、m_2,其比热容分别为 c_1 和 c_2;温度计浸没在水中的热容为 $1.9V$,V 为温度计浸没水中的体积;其中水的质量为 $m_{水}$,比热容为 $c_{水}$,待测物投入水中之前的温度为 T_2。在待测物投入水中以后,其混合温度为 T_3,则在不计量热器与外界的热交换的情况下,将存在下列关系:

$$mc_x(T_1-T_3)=(m_{水}c_{水}+m_1c_1+m_2c_2+1.9V)(T_3-T_2) \qquad (4-10-1)$$

即

$$c_x=\frac{(T_3-T_2)(m_{水}c_{水}+m_1c_1+m_2c_2+1.9V)}{(T_1-T_3)m} \qquad (4-10-2)$$

设量热器内筒和搅拌器由相同的材料(铜)制成,其质量为 $M=m_1+m_2$,比热容 $c_1=c_2$,则式(4-10-2)化简为

$$c_x=\frac{(T_3-T_2)(m_{水}c_{水}+Mc_1+1.9V)}{(T_1-T_3)m} \qquad (4-10-3)$$

由上所述,保持实验系统为孤立系统是混合量热法所要求的基本实验条件。为此,整个实验在量热器内进行,同时要求实验者在测量方法及实验操作等方面去设法满足基本实验条件。由于量热器的绝热条件并不十分完善,实际实验系统并非严格的孤立系统,当实验过程中系统与外界的热量交换不能忽略时,就必须做一定的散热修正。

上述讨论是在假定量热器与外界没有热交换时的结论。实际上只要有温度差异就必然会有热交换存在,因此,必须考虑如何防止或进行修正热散失的影响。热散失的途径主要有

三个。第一是加热后的物体在投入量热器水中之前散失的热量，这部分热量不容易修正，应尽量缩短投放时间。第二是在投下待测物后，在混合过程中量热器由外部吸热和高于室温后向外散失的热量。在本实验中由于测量的是导热良好的金属，从投下物体到达混合温度所需时间较短，可以采用热量出入相互抵消的方法，消除散热的影响，即控制量热器的初温 T_2，使 T_2 低于环境温度 θ，并使 $\theta - T_2$ 大体上等于 $T_3 - \theta$。第三要注意量热器外部不要有水附着（可用干布擦干净），以免由于水的蒸发损失较多的热量。

由于混合过程中量热器与环境有热交换，先是吸热，后是放热，至使由温度计读出的初温 T_2 和混合温度 T_3 都与无热交换时的初温度和混合温度不同。因此，必须对 T_2 和 T_3 进行修正。可用图解法进行，如图 4－10－1 所示。

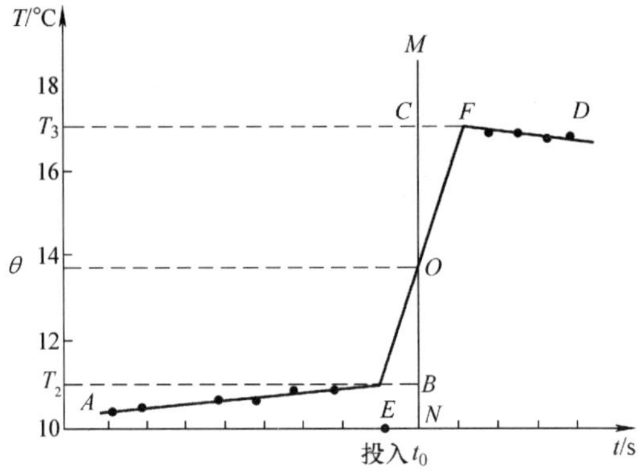

图 4－10－1　散热曲线

实验时，从投物前五六分钟开始测水温，每 10 s 测一次，记下投物的时刻与温度，记下到达室温 θ 的时刻 t_0，水温达最高点后继续测五六分钟，在图中，过 t_0 作一竖直线 MN，过室温 θ 作一水平线，两者交于 O 点。然后描绘出投物前的吸热线 AB，与 MN 交于 B 点，混合后的放热线 CD 与 MN 交于 C 点。混合过程中的温升线 EF，分别与 AB、CD 交于 E 和 F。因水温达到室温之前，量热器一直在吸热，混合过程的初温是与 B 点对应的 T_2，此值高于投物时记下的温度。同理，水温高于室温后，量热器向环境散热，故混合后的最高温度是 C 点对应的温度 T_3，此值也高于温度计显示的最高温度。

在图 4－10－1 中，吸热用面积 BOE 表示，散热用面积 COF 表示，当两面积相等时，说明实验过程中，对环境的吸热与放热相消。否则，实验将受环境影响。实验中，力求两面积相等以求达到散热修正的目的。

【实验内容】

（1）进行误差分析，确定实验方案，实验参量的选择。

具体考虑的途径可以从误差分析入手。由式（4－10－3），设 c_x 的相对误差

$$\frac{\Delta c_x}{c_x} = \frac{c_{水}\Delta m_{水} + c_1\Delta M + 1.9\Delta V}{c_{水} m_{水} + c_1 M + 1.9V} + \frac{(T_1 - T_2)\Delta T_3}{(T_3 - T_2)(T_1 - T_3)} + \frac{\Delta T_2}{T_3 - T_2} + \frac{\Delta T_1}{T_1 - T_3} + \frac{\Delta m}{m}$$

由相对误差分析得出，误差主要来自温度测量。

$T_3 - T_2$ 和 $T_1 - T_3$：加大温差可以减小相对误差，加大温差的途径可以是增加金属块的质量，或是提高金属块的温度，或减少水的质量。

m:金属的比热容很小,因此金属块不能选取得太小,以免温度变化太少;也不能取得过大,太大则要考虑热平衡的时间长短和操作方便与否的问题。

$m_{水}$:水不能太少以至不能浸没金属块。

T_1:高温的金属块投入过程中的热损失较大。

T_2:即控制量热器的初温 T_2,使 T_2 低于环境温度 θ,并使 $\theta - T_2$ 大体上等于 $T_3 - \theta$,消除散热的影响。水的 T_2 的数值不宜与比室温低得过多(控制在 2 ~ 3 ℃左右即可),因为温度过低可能使量热器附近的温度降到零点,致使量热器外侧出现凝结水,而在温度升高后凝结水蒸发时将散失较多的热量。

(2)用物理天平称被测金属块的质量 m,然后将其吊放在加热器中加热。

(3)用物理天平称测量热器内筒加搅拌器的质量 M。

(4)将冷水倒入量热器(约为其内筒的$\frac{2}{3}$)后称得其质量为 $M + m_{水}$,则量热器中水的质量 $m_{水} = M + m_{水} - M$。开始测水温 T_2 并记录时间,每 30 s 测一次,连续测下去。

(5)吊放在加热器中加热的金属固体等待温度相对稳定后,用加热器中温度计测其温度 T_1,就可将被测物体投放入量热器中。投放时,将量热器置于加热器的旁边,打开量热器上部的投入口敏捷地将物体放(不是投)入量热器中。记下物体放入量热器的时间和温度。进行搅拌并观察温度计示值,每 30 s 测一次,继续 5 min 以上。

(6)测量温度计浸没在水中的体积 V,确定量热器的热容 $Mc_1 + 1.9\ V$。

(7)绘制 T—t 图,求出混合前的初温 T_2 和混合温度 T_3。

(8)将上述各测量值代入式(4 - 10 - 3),求出被测物的比热容及其标准不确定度。比热容的单位为 J/(kg · ℃)。

【数据记录】

$\Delta m_B = \Delta M_B =$ ________ g, $c_1 = c_2 = 3.850 \times 10^2$ J/(kg · ℃)、$c_{水} = 4.173 \times 10^3$ (J/kg · ℃)、室温 $\theta =$ ________℃。

比热容的测量数据记入表 4 - 10 - 1。

表 4 - 10 - 1　比热容的测量

n	M/g	T_1/℃	$M + m_{水}$/g	$m_{水}$/g	T_2/℃	$M + m_{水} + m$/g	m/g	T_3/℃	V/ml
1									
2									
3									

t—T 的测量数据记入表 4 - 10 - 2。

表 4 - 10 - 2　t—T 的测量

n	时间 t/s	0	30	60	90	120	150	180	210	240	270	300	…
1	温度 T/℃												
2	温度 T/℃												
3	温度 T/℃												

【数据处理】

(1)金属的比热容 c_x 的计算。

A 类不确定度:忽略不计。

B 类不确定度:$\Delta m_B = \Delta M_B = \frac{0.05}{\sqrt{3}}$ g 或 $\frac{0.02}{\sqrt{3}}$ g(忽略不计)。

$\Delta V_B = \frac{0.1}{\sqrt{3}}$ ml,$\Delta T_B = \frac{0.1}{\sqrt{3}}$ ℃。

误差主要来自温度测量,则有

$$\Delta c_{合} = \overline{c_x}\sqrt{\left(\frac{\Delta T_{1B}}{T_1 - T_3}\right)^2 + \left(\frac{\Delta T_{2B}}{T_3 - T_2}\right)^2 + \left[\frac{(T_1 - T_2)\Delta T_{3B}}{(T_3 - T_2)(T_1 - T_3)}\right]^2 + \left(\frac{1.9\Delta V_B}{c_0 m_0 + c_1 M + 1.9V}\right)^2}$$

结果:$\overline{c_x} \pm \Delta c_{合}$ = ________。

(2)散热修正,由投入开始每隔 30 s 记录一次温度,直至由温度的变化可以确认 T_3 为止,作 T—t 关系曲线。

(3)求混合前的初温 T_2 和混合后末温度 T_3。

【思考题】

(1)环境温度的变化会给实验结果带来什么影响?在实验操作过程中怎样做才能使系统与外界交换的热量最小?为什么?

(2)本实验中的“热力学系统”是由哪些部分组成的?量热器内筒、外筒、温度计、搅拌器等都属于该热力学系统吗?

(3)如果用混合法测物体的比热容,说明实验如何安排。

【附】 注意事项

(1)量热器中温度计位置要适中,不要使它靠近放入的高温物体,因为未混合好的局部温度可能很高。

(2)水的温度 T_2 值不宜比室温低得过多(控制在 2 ~ 3 ℃即可),因为温度过低可能使量热器附近的温度降到零点,致使量热器外侧出现凝结水,而在温度升高后凝结水蒸发时将散失较多的热量。

(3)搅拌时不要过快,以防止有水溅出。

第 5 章　电磁学实验

实验 1　电阻元件伏安特性的测绘

【实验目的】

(1)学习测量线性和非线性电阻元件伏安特性的方法，并绘制其特性曲线。

(2)正确使用伏特表、毫安表等，了解电表接入误差。

(3)掌握用伏安法测电阻时系统误差的修正方法。

【实验仪器与用具】

直流稳压电源、滑线变阻器、伏特表、毫安表(或微安表)、待测电阻(1 Ω~3 kΩ 五个)、钨丝灯泡(1 只，12 V/3 W)及灯座。

【实验原理】

所谓用伏安法测电阻，就是用电压表测量加于待测电阻 R_x 两端的电压 U，同时用电流表测量通过该电阻的电流强度 I，再根据欧姆定律 $R_x = U/I$ 计算该电阻的阻值。因为电压的单位为 V“伏”，电流的单位为 A“安”，所以这种方法称为伏安法。

1. 安培表的两种接法及其接入误差

用伏安法测电阻，可采用图 5-1-1 所示(a)、(b)两种电路。但由于安培表存在内阻 R_A，伏特表存在内阻 R_V，所以上述两种电路无论哪一种，都存在接入误差(系统误差)。

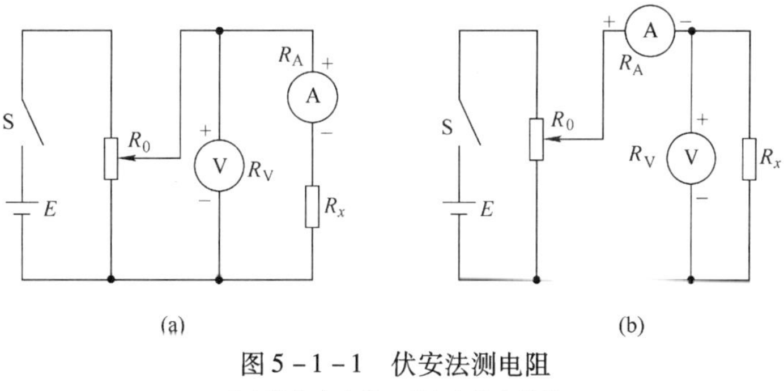

图 5-1-1　伏安法测电阻

(a)安培表内接　(b)安培表外接

(1)安培表内接。如图 5-1-1(a)所示的电路，安培表测出的 I 是通过待测电阻 R_x 的电流 I_x，但伏特表测出的 U 是 R_x 与安培表两端的电压之和，即 $U = U_x + U_A$。若电阻的测量值为 R，则有

$$R = \frac{U}{I} = \frac{U_x + U_A}{I} = R_x + R_A = R_x\left(1 + \frac{R_A}{R_x}\right) \qquad (5-1-1)$$

由此可知，这种电路测得的电阻值 R 要比实际值大。式(5-1-1)中的 R_A/R_x 是由于安培表内接给测量带来的接入误差(系统误差)。如果安培表的内阻已知，可用下式进行修正：

$$R_x=\frac{U-U_A}{I}=R-R_A=R\left(1-\frac{R_A}{R}\right) \tag{5-1-2}$$

当 $R_x>>R_A$ 时，相对误差 R_A/R_x 很小。所以，安培表的内阻小，而待测电阻大时，使用安培表内接电路较合适。

(2)安培表外接。如图 5-1-1(b)所示的电路，伏特表测出的 U 是待测电阻 R_x 两端的电压 U_x，但安培表测出的 I 是流过 R_x 的电流 I_x 和流过伏特表的电流 I_V 之和，即 $I=I_x+I_V$。若电阻的测量值为 R，则有

$$R=\frac{U}{I}=\frac{U_x}{I_x+I_V}=\frac{U_x}{I_x\left(1+\frac{I_V}{I_x}\right)}=\frac{R_x}{1+\frac{R_x}{R_V}}\approx R_x\left(1-\frac{R_x}{R_V}\right) \tag{5-1-3}$$

由上式可知，这种电路测得的电阻值 R 要比实际值 R_x 小。式中的 R_x/R_V 是由于安培表外接带来的接入误差(系统误差)。若伏特表的内阻 R_V 已知，可用下式修正：

$$R_x=\frac{U}{I-I_V}=\frac{U}{I\left(1-\frac{I_V}{I}\right)}=\frac{R}{1-\frac{R}{R_V}} \tag{5-1-4}$$

当 $R_V>>R_x$ 时，相对误差 R_x/R_V 很小。所以，伏特表的内阻大，而待测电阻小时，使用安培表外接较合适。

由以上分析可知用伏安法测电阻时，由于安培表和伏特表都有一定的内阻，将它们接入电路后，就存在着接入误差(系统误差)，所以测得的电阻值不是偏大就是偏小。当 $R_A<<R_x$ 时，采用安培表内接电路有利；当 $R_V>>R_x$ 时，采用安培表外接电路有利。一般情况，都应根据式(5-1-2)和式(5-1-4)进行修正，求得待测电阻 R_x。

在实际应用中，也可以这样简便判断：比较 $\lg(R_x/R_A)$ 和 $\lg(R_V/R_x)$ 的大小，比较时 R_x 取粗测值或已知的约值。如果前者大则选电流表内接法，后者大则选择电流表外接法

2. 线性电阻和非线性电阻的伏安特性曲线

若一个电阻元件两端的电压与通过电流成正比，则以电压为横轴，以电流为纵轴所得到的 I—U 图线是一条通过坐标原点的直线，如图 5-1-2(a)所示，这种电阻称为线性电阻。

若电阻元件电压与电流不成比例，则由实验数据所描绘的 I—U 图线为非直线，如图 5-1-2(b)所示，这种电阻称为非线性电阻。钨丝灯电阻即属于这种情况。

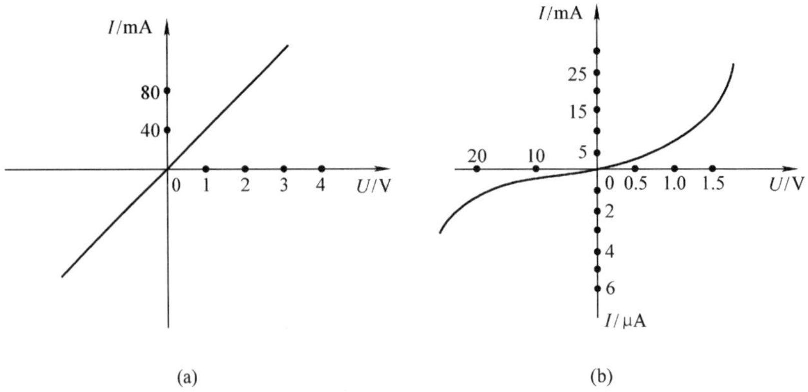

图 5-1-2 伏安特性曲线

(a)线性电阻 (b)非线性电阻

【实验内容】

1. 测量线性电阻

(1)对选定的五个待测电阻,分别合理选择图 5-1-1(a)或(b)接好线路;调节变阻器的滑动头,由小到大均匀测量六个电压值,并在事先设计好的记录表格中记录对应的电流值;以电压值为横坐标,电流值为纵坐标,从图上得到一条直线,求出其斜率的倒数即为测量值 R。

(2)根据所接线路,选择修正公式进行修正,最后求出待测电阻 R_x。

2. 测量非线性电阻的伏安特性(钨丝灯电阻伏安特性)

(1)实验仪用灯泡中钨丝和家用白炽灯泡中钨丝同属一种材料,但丝的粗细和长短不同,就做成了不同规格的灯泡。

本实验的钨丝灯泡规格为 12 V/0.1 A。金属钨的电阻温度系数为 4.8×10^{-3}/℃,为正温度系数,当灯泡两端施加电压后,钨丝上就有电流流过,产生功耗,灯丝温度上升,致使灯泡电阻增加。灯泡不加电时电阻称为冷态电阻,施加额定电压时测得的电阻称为热态电阻。由于钨丝点亮时温度很高,超过额定电压时会烧断,所以使用时不能超过额定电压。由于正温度系数的关系,冷态电阻小于热态电阻。在一定的电流范围内,电压和电流的关系为

$$U = KI^n \tag{5-1-5}$$

式中 U——灯泡两端电压,V;

I——灯丝流过的电流,A;

K——与灯泡有关的常数;

n——与灯泡有关的常数。

为了求得常数 K 和 n,可以通过两次测量所得 U_1、I_1 和 U_2、I_2,得到:

$$U_1 = KI_1^n \tag{5-1-6}$$

$$U_2 = KI_2^n \tag{5-1-7}$$

将式(5-1-6)除以式(5-1-7)可得

$$n = \frac{\lg \dfrac{U_1}{U_2}}{\lg \dfrac{I_1}{I_2}} \tag{5-1-8}$$

将式(5-1-8)代入式(5-1-6)可得

$$K = U_1 I_1^{-n} \tag{5-1-9}$$

(2)实验设计。

注意:一定要控制好钨丝灯泡的两端电压,因为超过额定电压使用会烧坏钨丝。

灯丝电阻在端电压 12 V 范围内,大约为几欧到一百多欧姆,电压表在 20 V 挡内阻为 1 MΩ左右(因电压表不同而不同),远大于灯泡电阻,而电流表在 200 mA 挡时内阻为 10 Ω 或 1 Ω(因电流表不同而不同),和灯丝电阻相差不多,因此宜采用电流表外接法测量。注意:接线前应确认电压源的输出已经调到最小。按表 5-1-1 规定的过程,逐步增加电源电压,注意不要超过 12 V,记下相应的电流表数据。

(3)实验记录。

灯泡钨丝伏安特性测试数据记入表 5-1-1。

表 5-1-1　灯泡钨丝伏安特性测试数据

灯泡电压 U/V	0	1	2	3	4	5	6	7	8	9	10	11	12
灯泡电流 I/mA													
灯泡电阻计算值/Ω													

选择两对数据（如 $U_1=2$ V，$U_2=8$ V，及相应的 I_1、I_2），按式（5-1-8）和式（5-1-9）计算出 K、n 两系数值。由此写出式（5-1-5），并进行多点验证。

【注意事项】

（1）使用电流表应串接在被测电流支路中，电压表应并接在被测电压两端，要注意直流仪表"+""-"端钮的接线，并选取适当的量程。

（2）使用测量仪表前，应注意对量程和功能的正确选择。实验元件的功率都已标出，使用时不要超过其功率范围，以免损坏元件。

（3）直流稳压电源的输出端不能短路。

【思考题】

（1）在安培表外接，$R_V \gg R_x$时，相对误差为 R_x/R_V，试推导这一结果。

（2）试从灯泡钨丝的伏安特性曲线解释为什么在开灯的时候灯泡容易烧坏。

实验 2　非线性元件伏安特性的研究

【实验目的】

（1）通过对 2AP10、1N4007、CW56 二极管伏安特性的测试，掌握锗二极管、硅二极管及稳压二极管非线性特点，从而为以后正确设计使用这些器件打好技术基础。

（2）通过稳压二极管反向伏安特性非线性的强烈反差，进一步熟悉掌握电子元件伏安特性的测试技巧。

（3）通过本实验，掌握二端式稳压二极管的使用方法。

【实验仪器与用具】

直流稳压电源，滑线变阻器，伏特表，毫安表（或微安表），2AP10、1N4007、2CW56 二极管。

【实验原理】

1. 二极管伏安特性描述

2AP10 是典型的锗点接触普通二极管，二极管的电容效应很小，主要在 100 MHz 以下无线电设备中作检波用；1N4007 为典型的硅半导体整流二极管，主要在电气设备中作低频整流用。

对二极管施加正向偏置电压时，二极管中就有正向电流通过（多数载流子导电），随着正向偏置电压的增加，开始时，电流随电压变化很缓慢，而当正向偏置电压增至接近二极管导通电压时（锗为 0.2 V 左右，硅管为 0.7 V 左右），电流急剧增加，二极管导通后，电压的少许变化，电流的变化都很大。

对上述两种器件施加反向偏置电压时，二极管处于截止状态，其反向电压增加至该二极管的击穿电压时，电流猛增，二极管被击穿。在二极管使用中应尽力避免出现击穿情形，否则容易造成二极管的永久性损坏。

图 5-2-1、图 5-2-2 分别为 2AP10 和 1N4007 二极管伏安特性曲线。

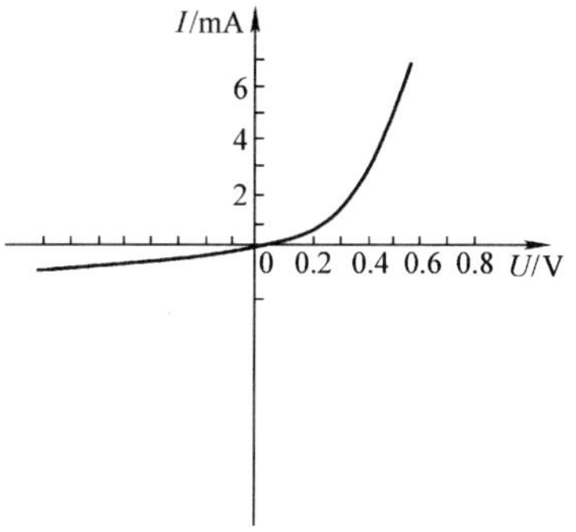

图 5-2-1　2AP10 伏安特性示意图

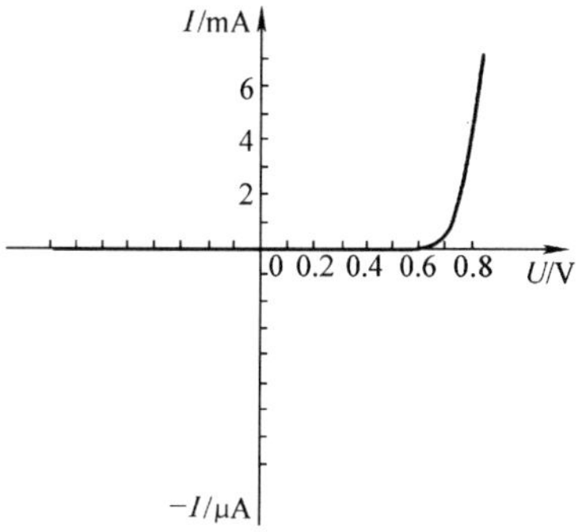

图 5-2-2　1N4007 伏安特性示意图

2. 稳压二极管伏安特性描述

2CW56 属硅半导体稳压二极管，其正向伏安特性类似于 1N4007 型二极管，其反向特性变化甚大。当 2CW56 二端电压反向偏置时，其电阻值很大，反向电流极小，据手册介绍其值 ≤0.5 μA。随着反向偏置电压的进一步增加，到 7 ~ 8.8 V 时，出现了反向击穿（有意掺杂而成），产生雪崩效应，其电流迅速增加，电压稍许变化，将引起电流巨大变化，如图5-2-3 所示。只要在线路中，对"雪崩"产生的电流进行有效的限流措施，其电流有些许变化，二极管两端电压仍然是稳定的（变化很小）。这就是稳压二极管的使用基础，其应用电路如图 5-2-4所示。图中，E 为供电电源，如果二极管稳压值为7 ~ 8.8 V，则要求 E 为10 V 左右；C 为电解电容，对稳压二极管产生的噪声进行平滑滤波；U_Z为稳压输出电压；R 为限流电阻，2CW56 工作电流选择 8 mA，考虑负载电流 2 mA，则通过 R 的电流为10 mA，计算 R 值：

$$R=\frac{E-U_Z}{I}=\frac{10-8}{0.01}=200(\Omega)$$

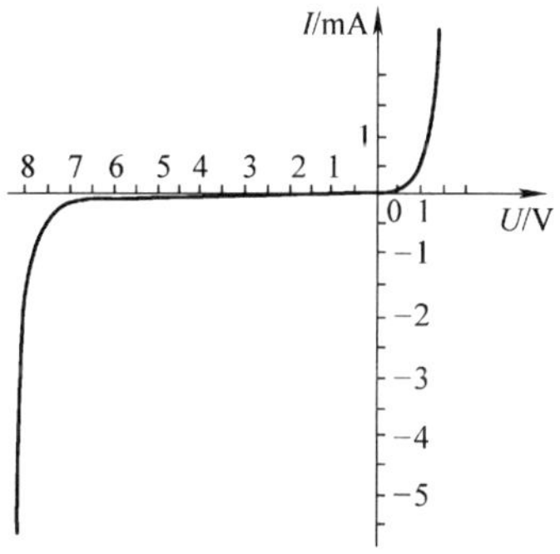

图 5-2-3　2CW56 反向伏安曲线

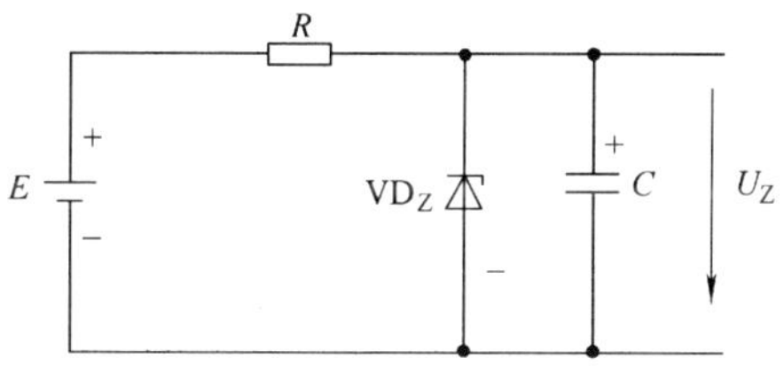

图 5-2-4　稳压二极管应用电路

【实验内容】

1. 二极管正向特性测试

二极管正向特性测试电路如图 5-2-5 所示。二极管在正向导通时,呈现的电阻值较小,拟采用电流表外接测试电路。电源电压在0~10 V 内调节,变阻器开始设置 200 Ω,调节电源电压和变阻器电阻值,以得到所需电流值。

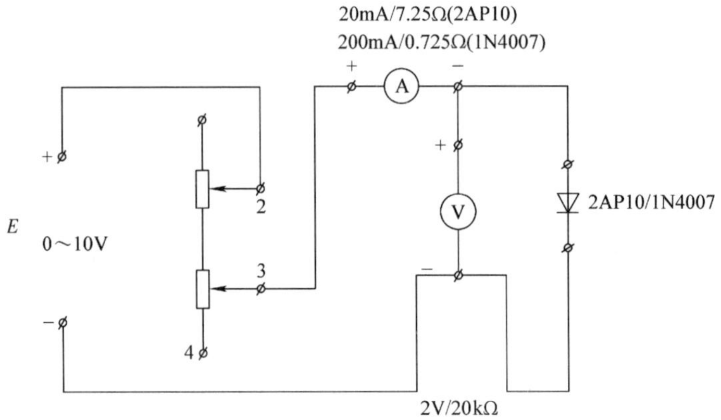

图 5-2-5　二极管正向特性测试电路

注:2AP10 正向电流不得超过 7 mA,而 1N4007 最大工作电流可达 1 A。本实验仪可提供 0.5 A 电流,在做 1N4007 二极管正向伏安曲线测试时,数据表中 I 可按最大 200 mA 设计,电流表量程也相应选择 200 mA 挡。

二极管正向伏安特性测试数据表参考表 5-2-1。电阻修正值按电流表外接修正公式(3-1-4)计算。

表 5-2-1　2AP10/1N4007 正向伏安曲线测试数据

I/mA								
U/V								
电阻值/kΩ								
电阻修正值/Ω								

2. 二极管反向特性测试

二极管反向特性测试电路如图 5-2-6 所示。二极管在反向导通时,呈现的电阻值很大,采用电流表内接测试电路可以减少测量误差。因为二极管及电压表内阻都较大,采用稳压输出调节和分压器调节,容易得到所需的电压值。

二极管反向伏安特性测试数据表参考表 5-2-2。

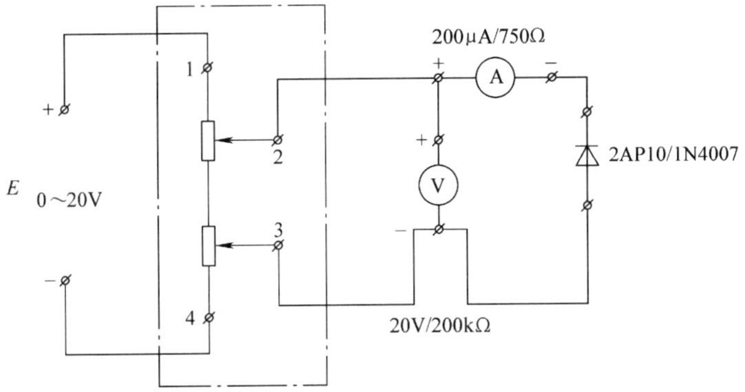

图 5－2－6　二极管反向特性测试电路

表 5－2－2　2AP10/1N4007 反向伏安曲线测试数据

U/V								
I/μA								
电阻值/kΩ								

2CW56 反向偏置 0～7 V 时阻抗很大，以采用电流表内接测试电路为宜；反向偏置电压进入击穿段，稳压二极管内阻较小（估计为 $R=8/0.008=1\ \text{k}\Omega$），这时拟采用电流表外接测试电路。稳压二极管反向伏安特性测试电路如图 5－2－7 所示。

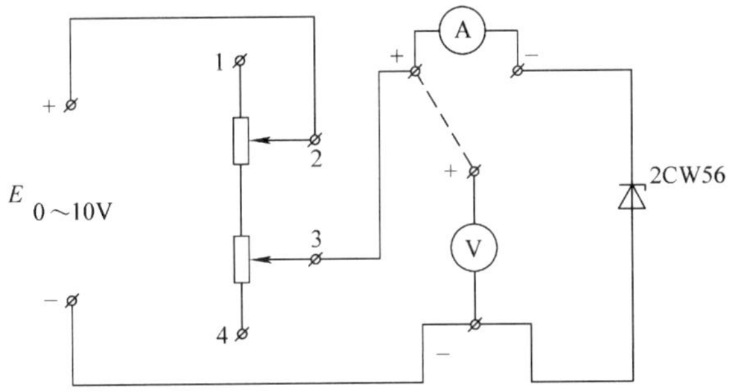

图 5　2　7　稳压二极管反向伏安特性测试电路

实验过程如下。

将电源电压调至零，按图 5－2－7 接线。开始按电流表内接法，将电压表＋端接于电流表＋端；变阻器旋到 1 100 Ω 后，慢慢增加电源电压，记下电压表对应数据。

当观察到电流开始增加，并有迅速加快表现时，说明 2CW56 已开始进入反向击穿阶段，这时将电流表改为外接式，继续慢慢地将电源电压增加至 10 V。为了继续增加 2CW56 工作电流，可以逐步地减少变阻器电阻，为了得到整数电流值，可以辅助微调电源电压。

2CW56 硅稳压二极管反向伏安特性测试数据表参考表 5－2－3。

表5－2－3　2CW56 硅稳压二极管反向伏安特性测试数据

电流表接法		数　据							
内接式	U/V								
	I/μA								
外接式	I/mA								
	U/V								

【思考题】

在测试稳压二极管反向伏安特性时，为什么要分两段分别采用电流表内接电路和外接电路？

实验3　直流电桥

【实验目的】

（1）掌握惠斯通电桥的工作原理，并通过它初步了解一般桥式线路的特点。

（2）学会使用惠斯通电桥测量电阻。

【实验仪器和用具】

QJ23a 型单臂电桥、电阻箱、检流计、滑线变阻器、直流稳压电源等。

【实验原理】

电桥是一种比较式仪器，在电测技术中应用极为广泛，可以测量电阻、电容、电感、频率，还可以通过热敏、压敏、光敏等元件组成桥式传感器的转换来测量电压、温度等非电量。电桥分直流电桥和交流电桥。

直流电桥主要用于测量电阻，根据其结构的不同，分为单臂电桥和双臂电桥，前者常称为惠斯通（Wheatstone）电桥，适用于测量中值电阻（$1\sim10^5\ \Omega$），后者常称为开尔文（Kelvin）电桥，适用于测量低值电阻（$10^{-6}\sim1\ \Omega$）。

1. 惠斯通电桥的工作原理

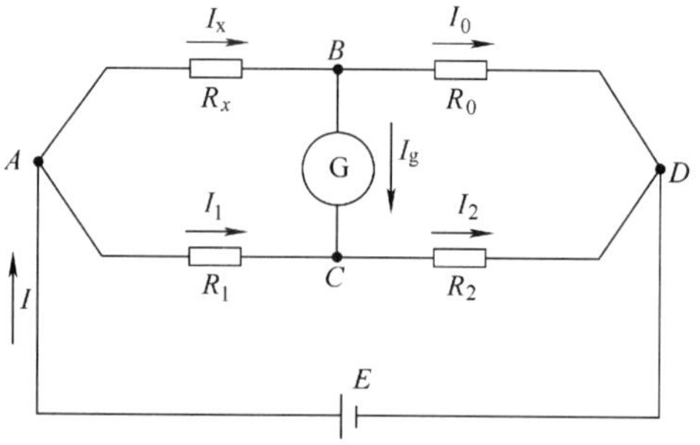

图5－3－1　惠斯通电桥

惠斯通电桥的电路如图5－3－1所示，四个电阻 R_1、R_2、R_0、R_x 组成一个四边形的回路，每一边称作电桥的“桥臂”。在一个对角 AD 之间接入电源，而在另一对角 BC 之间接入检流计，构成所谓“桥路”。所谓“桥”就是指这条对角线 BC，其作用是把“桥”的两端点联系起来，从而将这两点的电位直接进行比较。B、C 两点的电位相等时称作电桥平衡，反之称作电桥不平衡。检流计是为了检查电桥是否平衡而设的，平衡时检流计无电流通过（即 $I_g=0$）。

由于电桥测电阻的过程是把 B、C 两点的电位进行比较，即电压比较过程，故称电桥测量是电压比较测量，又由于平衡须由检流计示零表示，故又称为示零法。

当电桥平衡时，B、C 两点的电位相等，故有

$$U_{AB} = U_{AC}$$
$$U_{BD} = U_{CD} \tag{5-3-1}$$

由于平衡时 $I_g = 0$,所以 B、C 间相当于断路,故有

$$I_1 = I_2$$
$$I_x = I_0 \tag{5-3-2}$$

所以

$$I_xR_x = I_1R_1$$
$$I_0R_0 = I_2R_2$$

可得

$$R_1R_0 = R_2R_x \tag{5-3-3}$$

$$R_x = \frac{R_1}{R_2}R_0 \tag{5-3-4}$$

这个关系式是由“电桥平衡”推出的结论。反之,也可以由这个关系式推证出“电桥平衡”来。因此式(5-3-4)称为电桥平衡条件。通常称 R_1/R_2 为比例臂(或称倍率),R_0 为比较臂,R_x 为测量臂。

如果在四个电阻中的三个电阻值是已知的,即可利用式(5-3-4)求出另一个电阻的阻值。这就是应用惠斯通电桥测量电阻的原理。

上述用惠斯通电桥测量电阻的方法,也体现了一般桥式线路的特点。下面重点说明它的几个主要优点。

(1)平衡电桥采用了示零法,根据示零器的“零”或“非零”的指标,即可判断电桥是否平衡而不涉及数值的大小。因此,只需示零器足够灵敏就可以使电桥达到很高灵敏度,从而为提高它的测量精度提供了条件。

(2)用平衡电桥测量电阻方法的实质是拿已知的电阻和未知的电阻进行比较。这种比较测量法简单而精确。如果采用精确电阻作为桥臂,可以使测量的结果达到很高的精确度。

(3)由于平衡条件与电源电压无关,故可避免因电压不稳定而造成的误差。

2. 电桥灵敏度

在电桥测量过程中,当检流计无偏转时,只能说明流过检流计的电流 I_g 小到检测不出来。为了定量描述由于检流计灵敏度的限制给电桥测量带来的误差,在电桥平衡后,将 R_x 稍微改变 ΔR_x,电桥将失去平衡,检流计指针将有 Δn 格偏转,定义

$$S = \frac{\Delta n}{\Delta R_x/R_x} \tag{5-3-5}$$

为电桥的相对灵敏度,S 越大,电桥越灵敏。

由于 R_x 可以是电桥四臂中任意指定的一个桥臂,可以证明电桥灵敏度 S 对任一臂都是一样的,即

$$S = \frac{\Delta n}{\Delta R_x/R_x} = \frac{\Delta n}{\Delta R_1/R_1} = \frac{\Delta n}{\Delta R_2/R_2} = \frac{\Delta n}{\Delta R_0/R_0} \tag{5-3-6}$$

在实验过程中,R_x 是不能改变的,故可以改变 R_0 来测量电桥的灵敏度。

根据电桥理论,可推导出

$$S = \frac{S_iE}{(R_1 + R_2 + R_0 + R_x) + (2 + R_2/R_1 + R_x/R_0)R_g} \tag{5-3-7}$$

式中　S_i——检流计的灵敏度，$S_i=\Delta n/\Delta I_g$；

　　E——电源电压。

上式说明，电桥灵敏度与检流计的灵敏度、电源电压及桥臂电阻配置等因素有关。选用较高灵敏度的检流计、适当提高电源电压都可以提高电桥的灵敏度。

【实验内容】

1. 用自组电桥测量电阻

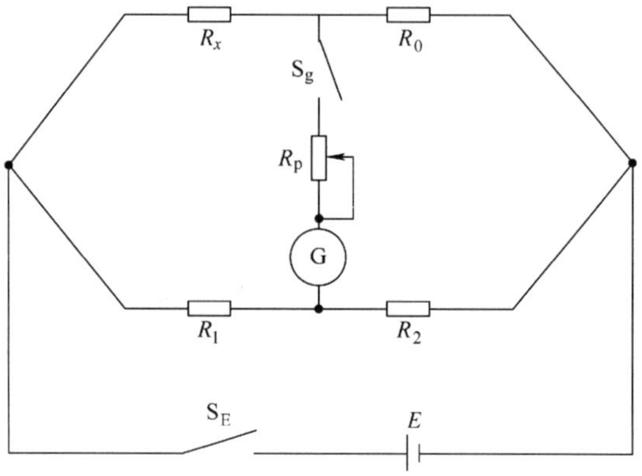

图 5-3-2　自组电桥

用电阻箱连成桥路如图 5-3-2 所示，R_p为保护电阻，接到桥臂的导线应该比较短。开始操作时，电桥一般处在很不平衡的状态，为了防止过大的电流通过检流计，应将 R_p 拨至最大。随着电桥逐步接近平衡，R_p也逐渐减小直至零。

为了保护检流计，开关的顺序应先合 S_E、后合 S_g，先断开 S_g、后断开 S_E，即电源 S_E要先合后断。

在电桥接近平衡时，为了更好地判断检流计电流是否为零，应反复开合开关 S_g（跃接法），并细心观察检流计指针是否有摆动。

测量几十、几百、几千欧姆的电阻各一个，分别取 $R_1/R_2=500\ \Omega/500\ \Omega$ 及 $50\ \Omega/500\ \Omega$。每次更换 R_x前均要注意：①增大 R_p；②切断 S_g。

2. 用箱式电桥测量电阻

（1）将检流计指针调到零。

（2）接上被测电阻 R_x，估计被测电阻近似值，然后将比例臂旋钮转动到适当倍率。

（3）轻而快地先后按“B”“G”按钮（一触即离），同时观察检流计指针的偏转方向。若指针向右（即正向）表示 R_0太小，需增加；若指针向左（即负向）表示 R_0值太大，需减小。这样几次调节 R_0，直至检流计无偏转为止。这时

$$R_x=(\text{比例臂读数})\times(\text{比较臂读数之和})$$

（4）重复上述步骤测量另外两个电阻。

3. 测量计算电桥的灵敏度。

由式（5-3-4）可知，任意改变一臂测出的灵敏度，都是一样的。

用箱式电桥测量三个待测电阻的电桥灵敏度。

【思考题】

（1）能否用惠斯通电桥测毫安表或伏特表的内阻？测量时要特别注意什么问题？

（2）电桥测电阻时，若比例臂的选择不好，对测量结果有何影响？

（3）如果按图 5-3-2 连成电路，接通电源后，检流计指针始终向一边偏转、不偏转，试分析这两种情况下电路故障的原因。

【附】　QJ23a 市电型直流箱式单臂电桥说明

QJ23a 市电型直流电阻电桥，采用惠斯顿电桥线路，具有内附指零仪和内附稳压电源，接通交流 220 V 电源就可工作。测量电阻值为 1 Ω～1.11 MΩ 范围内的电阻器极为方便。

1. 主要规格

1) 量程

总有效量程:1 Ω ~11.11 MΩ。

测量盘:(0-10)×(1+10+100+1 000)Ω。

残余电阻:≤0.02 Ω。

量程倍率:×0.001、×0.01、×0.1、×1、×10、×100、×1 000。

2) 电桥准确度

电桥准确度见表 5-3-1。

表 5-3-1 电桥准确度

倍率	量程	分辨力	准确度/(%)	电源电压
×0.001	1 ~11.11 Ω	0.001 Ω	0.5	3 V
×0.01	10 ~111.1 Ω	0.01 Ω	0.1	
×0.1	100 ~1 111 Ω	0.1 Ω		
×1	1 ~11.11 kΩ	1 Ω		
×10	10 ~111.1 kΩ	10 Ω	0.1	9 V
×100	100 ~500 kΩ	100 Ω	0.2	15 V
	500 ~1 111 kΩ			
×1 000	1 ~4.999 MΩ	1 kΩ	1.0	
	5 ~11.11 MΩ			

3) 电桥基本误差的允许极限

电桥基本误差的允许极限见表 5-3-2。

表 5-3-2 电桥基本误差的允许极限

量程倍率	有效量程	分辨力	基本误差的允许极限/Ω	电源电压
×0.001	1 ~11.11 Ω	0.001 Ω	±(0.5%X+0.001)	3 V
×0.01	10 ~111.1 Ω	0.01 Ω	±(0.2%X+0.01)	
×0.1	100 ~1 111Ω	0.1Ω	±(0.1%X+0.1)	
×1	1 ~11.11 kΩ	1 Ω	±(0.1%X+1)	
×10	10 ~111.1 kΩ	10 Ω	±(0.1%X+10)	9 V
×100	100 ~1 111 kΩ	100 Ω	±(0.2%X+100)	15 V
×1 000	1 ~11.11 MΩ	1 kΩ	±(1.0%X+1000)	

注:X 为电桥平衡后的测量盘置数(亦称标度盘)乘以量程倍率所得的数值。

4) 内附指零仪

电流常数:≤6×10^{-7} A/mm。

阻尼时间:≤4 s。

5) 仪器使用环境要求

环境温度:10 ~30 ℃。

环境湿度:25% ~75% RH。

6)电源

电源:220(1 ±10%)V,50 Hz 单相交流电。

2. 结构和线路

QJ23a 市电型直流电阻电桥(图5-3-3),主要是由测量盘、量程变换器、内附指零仪及电源等组合而成。全部部件安装在金属机箱内,携带方便。

测量盘由 ×1 Ω、×10 Ω、×100 Ω、×1 000 Ω 四组十进式开关盘组成;量程变换器采用并值式,其总阻为1 000 Ω,因此量程变换器开关上电刷接触电阻归纳到电源回路,对电桥精度没有影响。

内部电阻全部采用低温度系数锰铜线以无感式绕制于瓷管上,并经过人工老化和浸漆处理,故阻值稳定、准确。

“B”按钮和“G”按钮在测量时使用,用以分别接通电源和指零仪。

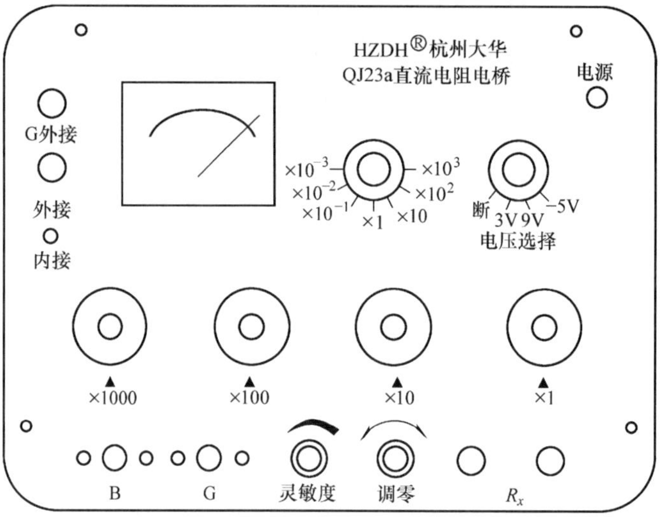

图5-3-3 QJ23a 市电型直流电阻电桥

3. 使用说明

(1)在仪器后面,用专用导线接通220 V 市电,并开启电源开关,指示灯亮。通过“G”按钮选择“内接”。

(2)将被测电阻接至“R_x”接线柱,估计被测电阻的约数,根据电桥准确度表选择好量程倍率及电源电压。调节“调零”旋钮使检流计表头指针指零。

(3)按下“B”按钮,然后轻按“G”按钮,调节测量盘,使电桥平衡(检流计指零)。如果电桥无法平衡,检流计指针仍向“+”方向偏转,说明 R_x 值大于该量程的上限值,应将量程倍率打大一挡,再次调节四个测量盘,使电桥平衡。反之,当第一测量盘打至“0”位,检流计指针仍偏向“-”方向,应将量程倍率减小一挡,调节测量盘使电桥平衡。

R_x 值可由下式求得:R_x = 量程倍率 × 测量盘示值之和。

当测量中内附检流计灵敏度不够时,需外接高灵敏的检流计,此时应通过“G”按钮选择“外接”,外接检流计接在“G 外接”接线柱上。

在电桥使用中,必须用上第1测量盘(×1 000),即第1测量盘不能置于“0”,以保证测量的准确度。

在测量含有电感的电阻器电阻时(如电机、变压器),必须先按"B"按钮,然后再按"G"按钮,如果先按"G"按钮,再按"B"按钮,就会在按"B"按钮的一瞬间,因自感而引起逆电势对检流计产生冲击导致损坏检流计。断开时,应先放开"G"按钮,再放开"B"按钮。

电桥使用完毕后,应切断电源。

实验4　静电场的描绘

【实验目的】

(1)学会用模拟法测绘静电场。

(2)加深对电场强度和电位概念的理解。

【实验仪器和用具】

DC-A型导电微晶静电场测试仪、静电场测试仪电源、滑线变阻器、万用电表等。

【实验原理】

在一些科学研究和生产实践中,往往需要了解带电体周围静电场的分布情况。一般来说带电体的形状比较复杂,很难用理论方法进行计算。用实验手段直接研究和测绘静电场通常也很困难。因为仪表(或其探测头)放入静电场,总要使被测场原有分布状态发生畸变;而且除静电式仪表之外的一般磁电式仪表不能用于静电场的直接测量,因为静电场中不会有电流流过,对这些仪表不起作用。所以,人们常用"模拟法"间接测绘静电场的分布。

1. 模拟法的理论依据

模拟法在科学实验中有着极其广泛的应用,其本质是用一种易于实现、便于测量的物理状态或过程的研究去代替另一种不易实现、不便测量的状态或过程的研究。

为了克服直接测量静电场的困难,可以仿造一个与待测静电场分布完全一样的电流场,用容易直接测量的电流场去模拟静电场。

静电场与稳恒电流场本是两种不同的场,但是它们两者之间在一定条件下具有相似的空间分布,即两种场遵守的规律在形式上相似。它们都可以引入电位 U,而且电场强度$\vec{E}=-\nabla U$;它们都遵守高斯定理。对静电场,电场强度在无源区域内满足以下积分关系:

$$\oiint_S \vec{E}\cdot \mathrm{d}\vec{s}=0 \tag{5-4-1}$$

$$\oint_l \vec{E}\cdot \mathrm{d}\vec{l}=0 \tag{5-4-2}$$

对于稳恒电流场,电流密度矢量$\vec{j}$在无源区域中也满足类似的积分关系

$$\oiint_S \vec{j}\cdot \mathrm{d}\vec{s}=0 \tag{5-4-3}$$

$$\oint_l \vec{j}\cdot \mathrm{d}\vec{l}=0 \tag{5-4-4}$$

由此可见,$\vec{E}$和$\vec{j}$在各自区域中满足同样的数学规律。若稳恒电流场空间内均匀地充满了电导率为 σ 的不良导体,不良导体内的电场强度$\vec{E}'$与电流密度矢量$\vec{j}$之间遵循欧姆定律:

$$\vec{j}=\sigma\vec{E}' \tag{5-4-5}$$

因而,$\vec{E}$和$\vec{E}'$在各自的区域中也满足同样的数学规律。在相同边界条件下,由电动力学的理

论可以严格证明:像这样具有相同边界条件的相同方程,其解也相同。因此,可以用稳恒电流场来模拟静电场。也就是说静电场的场强和等势线与稳恒电流场的电流密度矢量和等势线具有相似的分布,所以测定出稳恒电流场和电位分布也就求得了与它相似的静电场的电场分布。

必须要指出的是,模拟方法的使用有一定的条件和范围,不能随意推广,否则将会得到荒谬的结论。用稳恒电流场模拟静电场的条件可归纳为下列三点。

(1)稳恒电流场中的导电质分布必须相应于静电场中的介质分布。具体地说,如果被模拟的是真空或空气中的静电场,则要求电流场中的导电质应是均匀分布的,即导电质中各处的电阻率 ρ 必须相等;如果被模拟的静电场中的介质不是均匀分布的,则电流场中的导电质应有相应的电阻分布。

(2)如果产生静电场的带电体表面是等位面,则产生电流场的电极表面也应是等位面。为此,可采用良导体做成电流场的电极,而用电阻率远大于电极电阻率的不良导体(如石墨粉、自来水或稀硫酸铜溶液等)充当导电质。

(3)电流场中的电极形状及分布,要与静电场中的带电导体形状及分布相似。

2. 模拟长同轴圆柱形电缆的静电场

利用稳恒电流场与相应的静电场在空间形式上的一致性,则只要保证电极形状一定,电极电位不变,空间介质均匀,在任何一个考察点,均应有"$U_{稳恒}=U_{静电}$"或"$E_{稳恒}=E_{静电}$"。下面以同轴圆柱形电缆的静电场和相应的模拟场即稳恒电流场来讨论这种等效性。

如图 5-4-1(a)所示,在真空中有一半径为 r_a 的长圆柱形导体 A 和一个内径为 r_b 的长圆筒形导体 B,它们同轴放置,分别带等量异号电荷。由高斯定理可知,在垂直于轴线的任一个截面 S 内,都有均匀分布的辐射状电力线,这是一个与轴向坐标 z 无关的二维场。在二维场中电场强度 E 平行于 xy 平面(截面 S),其等位面为一簇同轴圆柱面。因此,只需研究任一横截面上的电场分布即可。

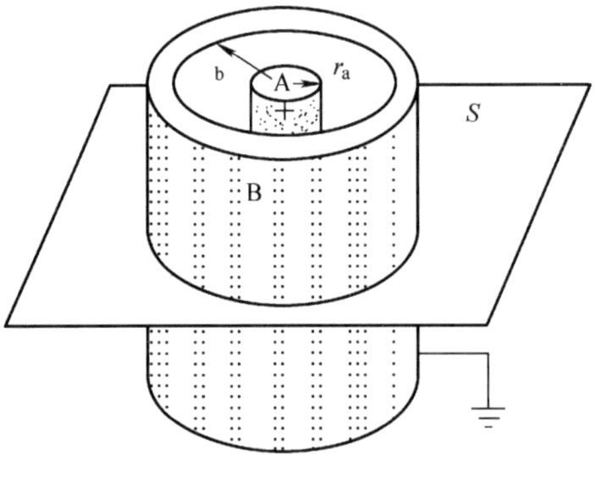

(a)

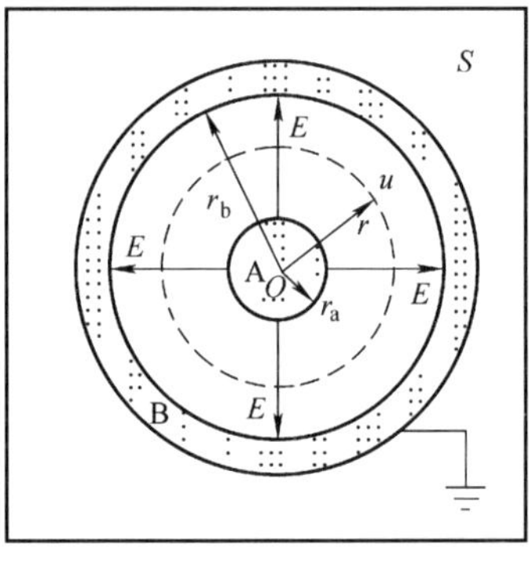

(b)

图 5-4-1 利用稳恒电流场模拟长同轴圆柱形电缆的静电场示意图

(a)立体图 (b)截面图

如图 5-4-1(b)所示,距轴心 O 半径为 r 处的各点电场强度为

$$E=\frac{\lambda}{2\pi\varepsilon_0 r}$$

其中,λ 为 A(或 B)的沿轴线单位长度上的电荷,其电位为

$$U_r = U_a - \int_{r_a}^{r} E\mathrm{d}r = U_a - \frac{\lambda}{2\pi\varepsilon_0}\ln\frac{r}{r_a} \tag{5-4-6}$$

若 $r = r_b$ 时，$U_b = 0$，则有

$$\frac{\lambda}{2\pi\varepsilon_0} = \frac{U_a}{\ln\frac{r_b}{r_a}}$$

将其代入式(5-4-6)得

$$U_r = U_a \frac{\ln\frac{r_b}{r}}{\ln\frac{r_b}{r_a}} \tag{5-4-7}$$

距中心 r 处场强为

$$E_r = -\frac{\mathrm{d}U_r}{\mathrm{d}r} = \frac{U_a}{\ln\frac{r_b}{r_a}} \cdot \frac{1}{r} \tag{5-4-8}$$

若上述圆柱形导体 A 与圆筒形导体 B 之间不是真空，而是均匀地充满了一种电导率为 σ 的不良导体，且 A 和 B 分别与直流电源的正负极相连，如图 5-4-2 所示，则在 A、B 间将形成径向电流，建立起一个稳恒电流场 $\vec{E}'$。可以证明不良导体中的电场强度 $\vec{E}'$ 与真空中的静电场 $\vec{E}$ 是相同的。

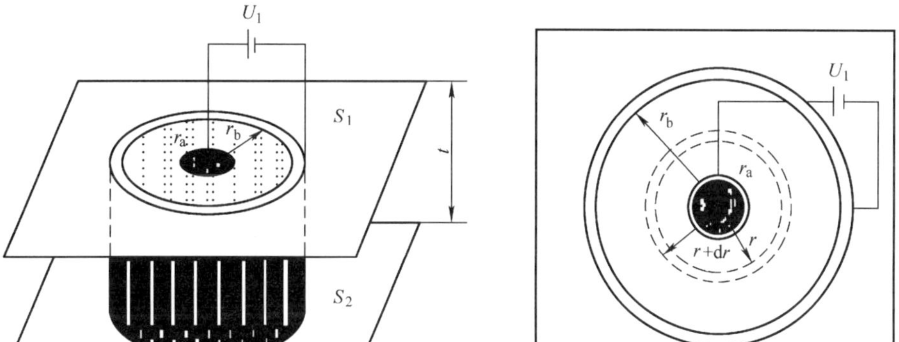

(a) (b)

图 5-4-2 稳恒电流场模拟长同轴圆柱形电缆的静电场原理示意图

(a)立体图 (b)截面图

取厚度为 t 的圆柱形同轴不良导体片来研究。设材料的电阻率为 $\rho(\rho = 1/\sigma)$，则从半径为 r 的圆周到半径为 $r + \mathrm{d}r$ 的圆周之间的不良导体薄块的电阻为

$$\mathrm{d}R = \frac{\rho}{2\pi t} \cdot \frac{\mathrm{d}r}{r} \tag{5-4-9}$$

半径 r 到 r_b 之间的圆柱片电阻为

$$R_{r\sim r_b} = \frac{\rho}{2\pi t}\int_{r}^{r_b} \frac{\mathrm{d}r}{r} = \frac{\rho}{2\pi t}\ln\frac{r_b}{r} \tag{5-4-10}$$

由此可知，半径 r_a 到 r_b 之间圆柱片的电阻为

$$R_{r_a \sim r_b} = \frac{\rho}{2\pi t}\ln\frac{r_b}{r_a} \tag{5-4-11}$$

若设 $U_b=0$,则径向电流为

$$I = \frac{U_a}{R_{r_a \sim r_b}} = \frac{2\pi t U_a}{\rho \ln\frac{r_b}{r_a}} \tag{5-4-12}$$

距中心 r 处的电位为

$$U_r = IR_{r \sim r_b} = U_a \frac{\ln\frac{r_b}{r}}{\ln\frac{r_b}{r_a}} \tag{5-4-13}$$

则稳恒电流场为

$$E'_r = -\frac{\mathrm{d}U'_r}{\mathrm{d}r} = \frac{U_a}{\ln\frac{r_b}{r_a}} \cdot \frac{1}{r} \tag{5-4-14}$$

可见式(5-4-13)与式(5-4-7)具有相同形式,说明稳恒电流场与静电场的电位分布函数完全相同,并且 U_r/U_a 即相对电位仅是坐标 r 的函数,与电场电位的绝对值无关。显而易见,稳恒电流的电场 E'_r 与静电场 E_r 的分布也是相同的,因为

$$E'_r = -\frac{\mathrm{d}U'_r}{\mathrm{d}r} = \frac{\mathrm{d}U_r}{\mathrm{d}r} = E_r$$

实际上,并不是每种带电体的静电场及模拟场的电位分布函数都能计算出来,只有在 σ 分布均匀而且几何形状对称规则的特殊带电体的场分布才能用理论严格计算。上面只是通过一个特例,证明了用稳恒电流场模拟静电场的可行性。

为什么这两种场的分布相同呢?可以从电荷产生场的观点加以分析。在导电质中没有电流通过时,其中任一体积元(宏观小,微观大,即其内仍包含大量原子)内正负电荷数量相等,没有净电荷,呈电中性。当有电流通过时,单位时间内流入和流出该体积元内的正或负电荷数量相等,净电荷为零,仍然呈电中性。因而,整个导电质内有电流通过时也不存在净电荷。这就是说,真空中的静电场和有稳恒电流通过时导电质中的场都是由电极上的电荷产生的。事实上,真空中电极上的电荷是不动的,在有电流通过的导电质中,电极上的电荷一边流失,一边由电源补充,在动态平衡下保持电荷的数量不变。所以这两种情况下电场分布是相同的。

3. *静电场测绘方法*

由式(5-4-8)可知,场强 $\vec{E}$ 在数值上等于电位梯度的负值,方向指向电位降落的方向。考虑到 $\vec{E}$ 是矢量,而电位 U 是标量,从实验测量来讲,测定电位比测定场强容易实现,所以可先测绘等位线,然后根据电力线与等位线正交的原理,画出电力线。这样就可由等位线的间距确定电力线的疏密和指向,将抽象的电场形象地反映出来。

4. *利用互易关系"直接"测绘电力线*

用电流场模拟静电场,在相同的边界条件下,两种场的电位分布完全相同。通过测定电流场的电位分布,就得到了静电场的电位分布,然后根据等位线和电力线正交的关系,即可画出电力线。是否可以直接测绘出电力线呢?注意到,在电流场中,由于电荷沿电力线的方向流动,即电流线在电力线的方向,而电流线不能穿过导电微晶的边缘或切口,因而电流线必平行于导电微晶的边缘或切口,又垂直于电极表面。故电力线平行于导电微晶的边缘或

切口,垂直于电极表面。而等位线与电力线垂直。由于导电微晶可以根据需要加工成任意形状,因而可以人为地制造边缘或切口,使其在电力线方向。

如果在导电微晶边缘(或电力线)的地方用一个电极表面去代替它,而在电极表面(或等位线)的地方用一个边缘去代替它,那么所得到的新的等位线的形状将是原电极时电力线的形状,而新的电力线即为原等位线。这个关系称为互易关系。实际上是通过电极的变换,使电力线和等位线这两个相互正交的曲线族得到互换,使原来不能直接测定的电力线改变成可以直接测定的等位线。应用互易关系可以直接测绘电力线。在导电微晶上切割出半径 r_1、r_2 的两个同心圆切口,再沿同心圆的任意半径方向制作出两个扇形电极,加上电压 U_1,如图 5-4-3 所示,就得到了同轴电缆模拟模型的互易装置。利用此互易装置描绘出的等位线即为原模型的辐射状电力线。

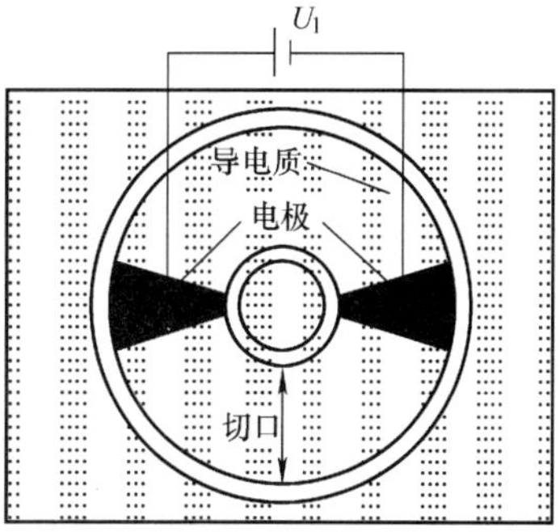

图 5-4-3　同轴电缆模拟模型的互易装置

【实验内容】

DC-A 型导电微晶静电场测试仪(包括导电微晶、双层固定支架、同步探针等),如图 5-4-4所示,支架采用双层式结构,上层放记录纸,下层放导电微晶。电极已直接制作在导电微晶上,并将电极引线接出到外接线柱上,电极间制作有电导率远小于电极且各向均匀的导电介质。接通直流电源就可进行实验。在导电微晶和记录纸上方各有一探针,通过金属探针臂把两探针固定在同一手柄座上,两探针始终保持在同一铅垂线上。移动手柄座时,可保证两探针的运动轨迹是一样的。由导电微晶上方的穿梭针找到待测点后,按一下记录纸上方的探针,在记录纸上留下一个对应的标记。移动同步探针在导电微晶上找出若干电位相同的点,由此即可描绘出等位线。

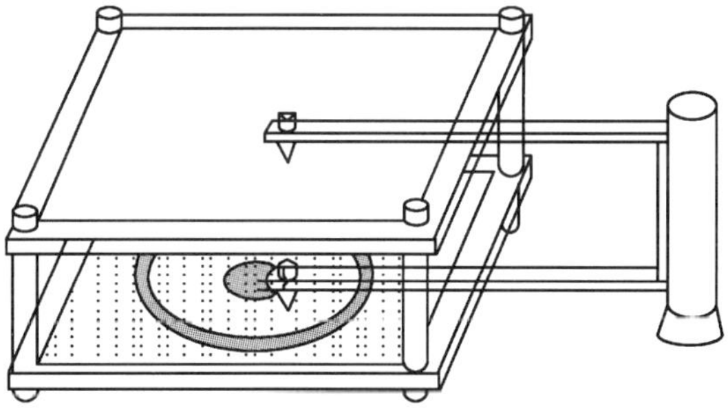
图 5-4-4　DC-A 型导电微晶静电场测试仪

1. *熟悉使用与测量方法*

(1)接线。将 DC-A 型导电微晶静电场测试仪电源的两输出接线柱与导电微晶描绘仪(四组中的待测一组)接线柱相连,将测试仪电源的输入、输出中两黑色接线柱相连,输入的红色接线柱和探针架上的红色接线柱相连接,将探针架放好,并使探针下探头置于导电微晶电极上,开启开关,指示灯亮,有数字显示。

(2)测量。调节 DC-A 型导电微晶静电场测试仪电源前面板上的调节旋钮,使左边数显表显示所需的电压值,单位为伏特,一般调到 10 V,便于运算。然后纵横移动探针架,则右边的数显表示值随着运动而变化,从而测出每条等位线上的任何一个点。

(3)记录。在描绘架上铺平白纸,用橡胶磁条吸住,当认为表头显示读数需要记录时,轻轻按下记录纸上的探针并在白纸上旋转一下即能清楚记下黑色小点。一般所需记录电压请任课教师定夺。为实验清晰快捷,每条等位线可选 8 ~ 10 点,然后连接即可。

2. 描绘同轴电缆的静电场分布

利用图 5 -4 -2 所示模拟模型,将导电微晶上内外两极分别与直流稳压电源的正负极相连接,电压表正负极分别与同步探针及电源负极相连接,移动同步探针测绘同轴电缆的等位线族。要求相邻两等位线间的电位差为 1V,共测 8 条等位线,每条等位线测定出 8 个均匀分布的点。以每条等位线上各点到原点的平均 r 为半径画出等位线的同心圆簇。然后根据电力线与等位线正交原理,再画出电力线,并指出电场强度方向,得到一张完整的电场分布图。在坐标纸上作出相对电位 U_r/U_a 关系曲线,并与理论结果比较,再根据曲线的性质说明等位线是以内电极中心为圆心的同心圆。

3. 描绘聚集电极的电场分布

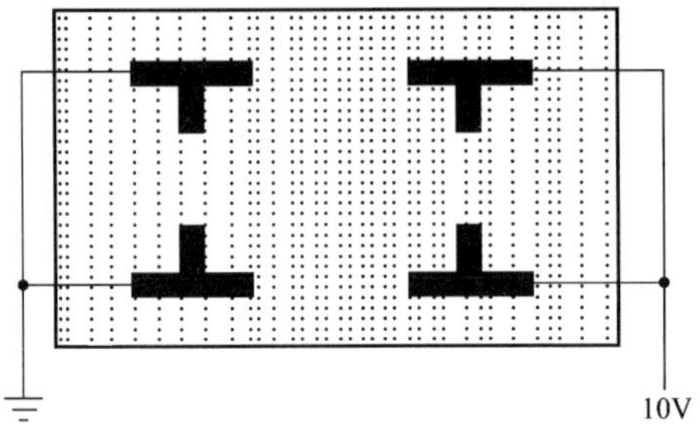

图 5 -4 -5　描绘聚集电极的电场分布模拟模型

利用图 5 -4 -5 所示模拟模型,测绘阴极射线示波管内聚集电极间的电场分布。要求测出7 ~ 9 条等位线,相邻等位线间的电位差为 1 V。该场为非均匀电场,等位线是一簇互不相交的曲线,每条等位线的测量点应取得密一些。画出电力线,可了解静电透镜聚焦场的分布特点和作用,并加深对阴极射线示波管电聚焦原理的理解。

【思考题】

(1)用模拟法测的电位分布是否与静电场的电位分布一样? 为什么?

(2)试从测绘的等位线和电力线分布图,分析何处的电场强度较强? 何处的电场强度较弱?

(3)试从长直同轴圆柱面电极间导电质的电阻分布规律和从欧姆定律出发,证明它的电位分布有与式(5 -4 -7)相同的形式。

实验 5　用电位差计测量电池的电动势和内阻

【实验目的】

(1)掌握补偿法测电动势的原理和方法。

(2)测量干电池的电动势和内阻。

【实验仪器和用具】

十一线电位差计、检流计、标准电池、待测电池、直流电阻箱、直流稳压电源、双刀双掷开关等。

【实验原理】

直流电位差计是用比较法测量电位差的一种仪器。它的工作原理与电桥测量电阻一样,是电位比较法。其中十一线电位差计的原理直观性较强,有一定的测量精度,便于学习和掌握;而箱式电位差计是测量电位差的专用仪器,使用方便,测量精度高,稳定性好。此外,由于许多电学量都可变为电压的测量,因此电位差计除了电位测量之外还可测量电流、电阻等其他量。本实验讨论十一线电位差计。

如图 5 -5 -1 所示,若将电压表并联到电池两端,就有电流 I 通过电池内部,由于电池有内电阻 r,在电池内部不可避免地存在电位降落 $I \cdot r$,因而电压表的指示值只是电池两端电压 $U = E_x - I \cdot r$ 的值。

一般情况下,对于内阻很小的电池或类似的电压源来说,可忽略其内阻的影响,用常规的电压表就能测量其电压值。但是对于有较高内阻的电池或电压源来说,用常规的电压表测得的值与实际值之间就会有很大的差别,在这种情况下,有必要知道其电动势 E_x。

显然,只有当 $I=0$ 时,电池两端的电压 U 才等于电动势 E_x。怎样才能使电池内部没有电流通过而又能测定电池的电动势 E_x呢? 采用补偿法就是其中一种较好的方法。

如图 5 -5 -2 所示,ab 为电位差计的已知电阻。使某一电流 I 通过电阻 ab,由于在 adE_0a 回路中 ad 段的电位差与 E_0的方向相反,只要工作电池的电动势 E 大于标准电池的电动势 E_0,用滑动触点就可以找到平衡点(G 中无电流时对应的点),此时 ad 段的电位差即为 E_0,因而其他各段的电位差就为已知,然后可以用这已知电位差与待测量进行比较。

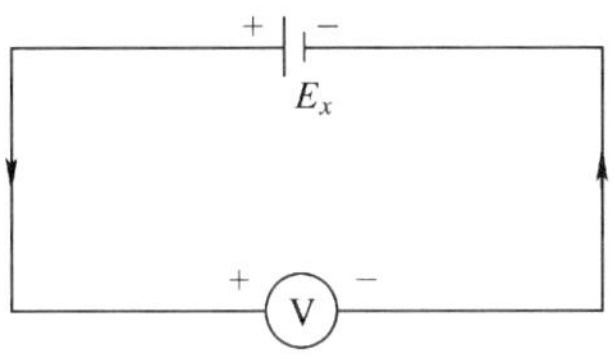

图 5 -5 -1　电位比较法原理示意图

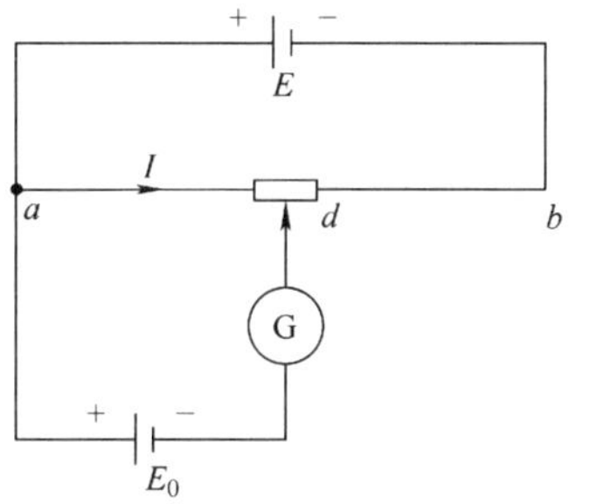

图 5 -5 -2　补偿法测电源电动势原理图

设此时 ad 段电阻为 r_1,则有

$$E_0 = I \cdot r_1 \tag{5-5-1}$$

再将 E_0换成待测电池 E_x,保持工作电流 I 不变,重新移动 d 点到 d',G 仍为零。设此时 ad' 的电阻为 r_2,则有

$$E_x = I \cdot r_2 \tag{5-5-2}$$

比较以上两式得

$$E_x = \frac{I \cdot r_2}{I \cdot r_1} E_0$$

即

$$E_x = \frac{r_2}{r_1} E_0 \tag{5-5-3}$$

显然,只要 r_2/r_1和 E_0为已知,即可求得 E_x的值。同理,若要测任意电路两点间的电位差,只需将待测两点接入电路代替 E_x即可测出。

电位差计的准确度由式(5 -5 -3)决定,式中 r_2、r_1、E_0的准确度对 E_x的影响是明显的。另外,检流计的灵敏度决定着式(5 -5 -3)近似成立的程度,若在测量和校准的整个过程中要求工作电流始终保持恒定,就必须要求工作电源的电动势保持稳定。

为了定量地描述因检流计灵敏度限制给测量带来的影响,引入“电位差计电压灵敏度”这一概念。其定义为电位差计平衡时(G 指零)移动 d 点改变单位电压所引起检流计指针偏转的格数。即

$$S = \frac{\Delta n}{\Delta U}(\text{格/伏}) \tag{5-5-4}$$

用电位差计测量电位差具有下述优点。

(1)准确度高,仅依赖于标准电池、检流计、电阻丝。精密电阻很均匀准确,标准电池的电动势准确稳定,检流计很灵敏,所以能实现较高的测量精度。

(2)测量范围宽广,灵敏度高,可测量小电压或电压的微小变化。

(3)“内阻”高,不影响待测电路。它避免了伏特计测量电位差时总要从被测电路上分流的缺点。由于采用电位补偿原理,测量时不影响待测电路的原来状态。用伏特表测量电压时总要从被测电路上分出一部分电流,从而改变了待测电路的原来状态,伏特表内阻越低,这种影响就越大。而用电位差计测量时,测量回路中电流为零,对待测电路的影响可以忽略不计。

本实验使用的十一线电位差计,其测量的准确度主要取决于下列因素:

(1)十一线电阻丝每段长度的准确性和粗细的均匀性;

(2)标准电池的准确度;

(3)检流计的灵敏度;

(4)工作电流的稳定性。

十一线电位差计描述如下。

图 5-5-3 为 DH325 型十一线电位差计线路图(包括测电池内阻的电路)。可调稳压

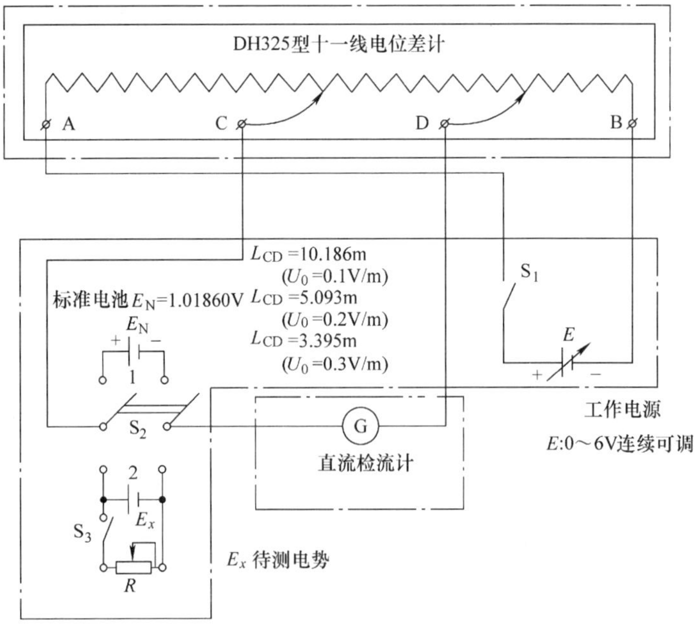

图 5-5-3　DH325 型十一线电位差计线路图

电源 E，与长度为 L 的电阻丝 AB 为一串联电路，电阻丝 AB 长 11 m，绕在透明玻璃板的 10 个有机玻璃棒和一个分度盘上，面板上有 1，2，…，10 的编号插线孔，每相邻两个编号插孔间电阻丝长为 1 m，阻值为 10 Ω。插头 C 可插入 1，2，…，10 中任意一插线孔，刻度盘电阻丝 B_0有毫米刻度，触头 D 可在它上面滑动。

工作电流 I_0在电阻丝 AB 上产生电位差。触头 D 为滑线盘的刻度值对应的阻值，C 可在电阻丝上 0～10 的电阻插孔任意选取所需阻值，因此可得到随之改变的补偿电压。图 5－5－3中 E_x为待测电动势，E_N为标准电势，R 为电阻箱，S 为双刀双掷开关。

【实验内容】

（1）对照原理图考查电位差计实物，了解结构，熟悉用法。

（2）测电池的电动势 E_x。请参照“仪器描述”部分的说明，自拟具体操作步骤。

（3）测电池的内阻 $r_{内}$，将图 5－5－3 中的 S_2 和“2”点闭合，并闭合 S_1，移动 C、D 位置，当 G 为零时，C、D 间的电位差即待测电池的端电压，$U_x = E_x - I' \cdot r_{内} = I'R_0$（$I'$是 $E_xK'R_0E_x$ 回路中的电流），所以

$$r_{内} = \frac{E_x - U_x}{I'} = \frac{E_x - U_x}{U_x/R_0} = (\frac{E_x}{U_x} - 1)R_0$$

测知 E_x、U_x后，由此式便可算出电池内阻 $r_{内}$。

上述各项测量均重复五次，测量结果用不确定度表示，并将记录的数据和计算结果填入自行设计的表格之中。

注意事项：

（1）未经教师检查线路不得连标准电池 E_0的两个极，只可接一个极；

（2）接线时特别注意 E_0和 E_x接入电路的方向，不可接反；

（3）每次测量时都应使保护电阻 R_h由最大开始，以保护 G 安全。

【思考题】

（1）用电位差计测电动势的物理思想是什么？

（2）电位差计能否测量高于工作电源的待测电源电动势？

（3）在测量中如果检流计总是向一侧偏转，其原因可能有哪些？

（4）本实验为什么要用 11 根电阻丝，而不是简单地只用 1 根？

【附】 标准电池简介

原电池的电动势与电解液的化学成分、浓度、电极的种类等因素有关，因而一般要想把不同电池做到电动势完全一致是困难的。标准电池就是用来当作电动势标准的一种原电池。实验室常见的有干式标准电池和湿式标准电池。湿式标准电池又分为饱和式和非饱和式两种。这里仅简介最常用的饱和式标准电池亦称“国际标准电池”，它的结构如图 5－5－4 所示。

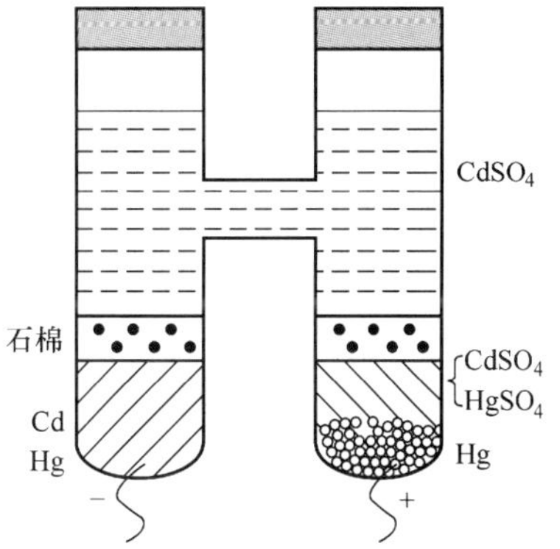

图 5－5－4　饱和式标准电池结构示意图

1. 标准电池特点

（1）电动势恒定，使用中随时间变化很小。

（2）电动势因湿度的改变而产生的变化可用

下面的经验公式进行计算：

$$E_t \approx E_{20℃} - 0.000\,04(t-20) - 0.000\,001\,(t-20)^2$$

式中 E_t——室温 t ℃时标准电池的电动势值，V；

$E_{20℃}$——室温 20 ℃时标准电池的电动势值，V，此值一般为已知。

(3)电池的内阻随时间保持相当大的稳定性。

2. 使用标准电池注意事项

(1)从标准电池取用的电流不得超过 1 μA。因此，不许用一般伏特计(如万用表)测量标准电池电压。使用标准电池的时间要尽可能短。

(2)绝不能将标准电池当一般电源使用。

(3)不许倒置、横置或激烈震动。

实验 6 用双臂电桥测量低电阻

【实验目的】

(1)了解四端引线法的意义及双臂电桥的结构。

(2)学习使用双臂电桥测量低电阻。

(3)学习测量导体的电阻率。

【实验仪器和用具】

DH6105 型组装式双臂电桥、检流计、被测电阻、换向开关、通断开关、导线等。

【实验原理】

用惠斯通电桥测量中值电阻时，忽略了导线电阻和接触电阻的影响，但在测量 1 Ω 以下的低电阻时，各引线的电阻和端点的接触电阻相对被测电阻来说不可忽略，一般情况下，附加电阻约为 $10^{-5} \sim 10^{-2}$ Ω。为避免附加电阻的影响，本实验引入了四端引线法，组成了双臂电桥(又称为开尔文电桥)，是一种常用的测量低电阻的方法，已广泛应用于科技测量中。

1. 四端引线法

图 5-6-1 为伏安法测电阻的电路图，待测电阻 R_x 两侧的接触电阻和导线电阻用等效电阻 r_1、r_2、r_3、r_4 表示。通常电压表内阻较大，r_1 和 r_4 对测量的影响不大；而 r_2 和 r_3 与 R_x 串联在一起，若 r_2 和 r_3 数值与 R_x 为同一数量级，或超过 R_x，则显然不能用此电路来测量 R_x。

若将该测量电路改为如图 5-6-2 所示的电路，将待测低电阻 R_x 两侧的接点分为两个电流接点 C-C 和两个电压接点 P-P，C-C 在 P-P 的外侧，则显然电压表测量的是 P-P 之间一段低电阻两端的电压，这便消除了 r_2 和 r_3 对 R_x 测量的影响。这种测量低电阻或低电阻两端电压的方法叫作四端引线法，广泛应用于各种测量领域中。例如为了研究高温超导体在发生正常超导转变时的零电阻现象和迈斯纳效应，就是用这种的四端引线法，通过测量超导样品电阻 R 随温度 T 的变化而测定其临界温度 T_c 的。低值标准电阻也正是为了减小接触电阻和接线电阻而设有四个端钮。

2. 双臂电桥测量低电阻

用惠斯通电桥测量电阻，测出的 R_x 值中，实际上含有接线电阻和接触电阻(统称为 R_j)的成分(一般为 $10^{-3} \sim 10^{-4}$ Ω 数量级)。通常可以不考虑 R_j 的影响，但是当被测电阻是较小值(如几十欧姆以下)时，R_j 所占的比重就比较明显了。

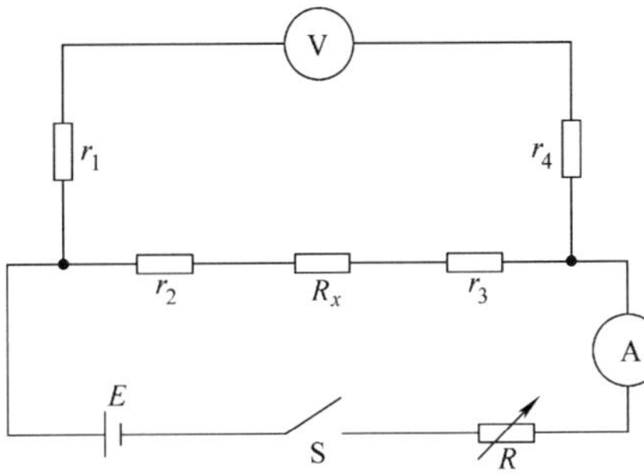

图 5-6-1　伏安法测电阻

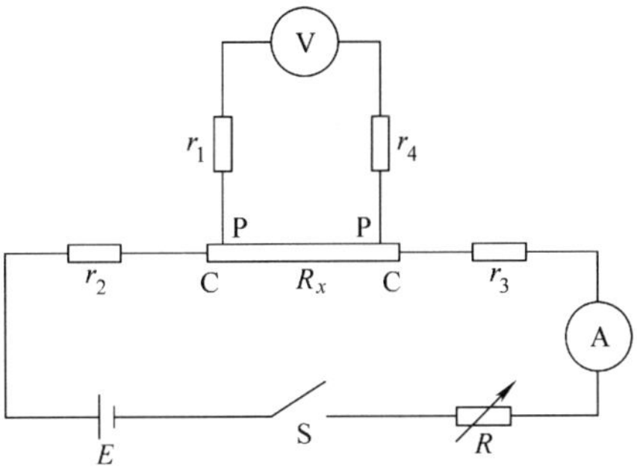

图 5-6-2　四端引线法测电阻

因此，需要从测量电路的设计上来消除这些因素对测量精度的影响。双臂电桥正是把四端引线法和电桥的平衡比较法结合起来精密测量低电阻的一种电桥。

如图 5-6-3 所示，R_1、R_2、R_3、R_4 为桥臂电阻。R_N 为比较用的已知标准电阻，R_x 为被测电阻。R_N 和 R_x 是采用四端引线的接线法，电流接点为 C_1、C_2，位于外侧；电位接点是 P_1、P_2，位于内侧。

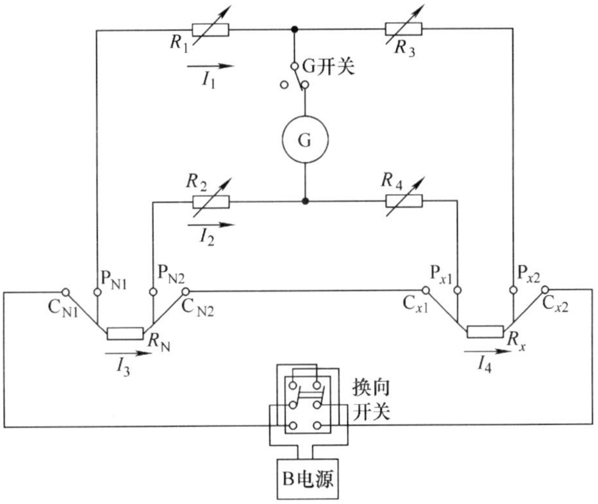

图 5-6-3　双臂电桥测低电阻

测量时，接上被测电阻 R_x，然后调节各桥臂电阻值，使检流计指示逐步为零（即 $I_G = 0$），这时 $I_3 = I_4$ 时，根据基尔霍夫定律可写出以下三个回路方程：

$$I_1R_1 = I_3 \cdot R_N + I_2R_2$$
$$I_1R_3 = I_3 \cdot R_x + I_2R_4$$
$$(I_3 - I_2)r = I_2(R_2 + R_4) \tag{5-6-1}$$

式中 r 为 C_{N2} 和 C_{x_1} 之间的线电阻。将上述三个方程联立求解，可得

$$R_x = \frac{R_3}{R_1}R_N + \frac{rR_2}{R_3 + R_2 + r}\left(\frac{R_3}{R_1} - \frac{R_4}{R_2}\right) \tag{5-6-2}$$

由此可见，用双臂电桥测电阻，R_x的结果由等式右边的两项来决定，其中第一项与单臂电桥相同，第二项称为更正项。为了便于测量和计算，使双臂电桥求 R_x的公式与单臂电桥相同，可在实验中设法使更正项尽可能为零。在双臂电桥测量中，通常可采用同步调节法，令 $R_3/R_1=R_4/R_2$，使得更正项接近零。在实际的使用中，通常使 $R_1=R_2$，$R_3=R_4$，则上式变为

$$R_x=\frac{R_3}{R_1}R_N \qquad (5-6-3)$$

在这里必须指出，在实际的双臂电桥中，很难做到 R_3/R_1与 R_4/R_2完全相等，所以 R_x和 R_N电流接点间的导线应使用较粗的、导电性优良的导线，以使 r 值尽可能小。这样，即使 R_3/R_1与 R_4/R_2两项不严格相等，但由于 r 值很小，更正项仍能趋近于零。

为了更好地验证这个结论，可以人为地改变 R_1、R_2、R_3和 R_4的值，使 $R_1\neq R_2$，$R_3\neq R_4$，并与 $R_1=R_2$，$R_3=R_4$时的测量结果进行比较。

综上所述，双臂电桥之所以能测量低电阻，总结为以下关键两点。

（1）单臂电桥测量小电阻之所以误差大，是因为用单臂电桥测出的值，包含有桥臂间的引线电阻和接触电阻，当接触电阻与 R_x相比不能忽略时，测量结果就会有较大的误差。而双臂电桥电位接点的接线电阻与接触电阻位于 R_1、R_3和 R_2、R_4的支路中，实验中设法令 R_1、R_2、R_3和 R_4都不小于 100 Ω，那么接触电阻的影响就可以略去不计。

（2）双臂电桥电流接点的接线电阻与接触电阻，一端包含在电阻 r 里面，而 r 是存在于更正项中，对电桥平衡不产生影响；另一端则包含在电源电路中，对测量结果也不会产生影响。当满足 $R_3/R_1=R_4/R_2$条件时，基本上消除了 r 的影响。

【实验内容】

1. 第一部分

（1）按图 5－6－3 电路接线。将可调标准电阻、被测电阻，按四端连接法与 R_1、R_2、R_3、R_4连接，注意 C_{N2}、C_{x1}之间要用粗短连线。

（2）打开专用电源和检流计的电源开关，加电后等待 5 min，调节指零仪指针指在零位上。在测量未知电阻时，为保护指零仪指针不被打坏，指零仪的灵敏度调节旋钮应旋在最低位置，待电桥初步平衡后再增加指零仪灵敏度。在指零仪灵敏度或环境等因素变化时，可能会引起指零仪指针偏离零位，因此在测量之前，随时都应调节指零仪指零。

（3）估计被测电阻值大小，选择适当 R_1、R_2、R_3、R_4的阻值，并使 $R_1=R_2$，$R_3=R_4$。先按下 G 开关按钮，再正向接通 DHK－1 开关，接通电桥的电源 B，调节步进盘和滑线读数盘，使指零仪指针指在零位上，电桥平衡。注意：测量低电阻时，工作电流较大，由于存在热效应，会引起被测电阻的变化，所以电源开关不应长时间接通，而应间歇使用。记录 R_1、R_2、R_3、R_4和 R_N的阻值。

$$R_{x1}=R_3/R_1\times R_N(\text{步进盘读数}+\text{滑线盘读数})$$

（4）如需更高的测量精度，可保持测量电路不变，再反向接通 DHK－1 开关，重新微调滑线读数盘，使指零仪指针重新指在零位上，电桥平衡。这样做的目的是减小接触电势和热电势对测量的影响。记录 R_1、R_2、R_3、R_4和 R_N的阻值。

$$R_{x2}=R_3/R_1\times R_N(\text{步进盘读数}+\text{滑线盘读数})$$

被测电阻按下式计算：

$$R_x=(R_{x1}+R_{x2})/2$$

(5) * 保持以上测量电路不变，调节 R_2 或 R_4，使 $R_1 \neq R_2$ 或 $R_3 \neq R_4$，测量 R_x 值，并与 $R_1 = R_2$，$R_3 = R_4$ 时的测量结果相比较。

2. 第二部分

(1) 测量一段金属丝的电阻 R_x。

按图 5－6－3 连接好电路。调定 $R_1 = R_2$、$R_3 = R_4$，正向接通工作电源 B，按下 G 按钮进行粗调，调节 R_N 电阻，使检流计指示为零，双臂电桥达到平衡，记下 R_1、R_2、R_3、R_4 和 R_N 的阻值。

反向接通工作电源 B，使电路中电流反向，重新调节电桥平衡，记下 R_1、R_2、R_3、R_4 和 R_N 的阻值。

计算金属丝的电阻 R_x。

(2) 记录金属丝的长度 L。

(3) 用螺旋测微计测量金属丝的直径 d，在不同部位测量 5 次，求平均值。根据公式 $\rho = \pi d^2 R_x / (4L)$，计算金属丝的电阻率。

(4) 改变金属丝的长度，重复上述步骤，并比较两次测量结果。

【思考题】

(1) 双臂电桥与惠斯通电桥有哪些异同？

(2) 双臂电桥怎样消除附加电阻的影响？

(3) 如果待测电阻的两个电压端引线电阻较大，对测量结果有无影响？

(4) 如何提高测量金属丝电阻率的准确度？

【附】 注意事项

(1) 在测量带有电感电路的直流电阻时，应先接通电源 B，再按下 G 按钮；断开时，应先断开 G 按钮，后断开电源 B，以免反冲电势损坏指零电路。

(2) 在测量 0.1 Ω 以下阻值时，C_{N1}、C_{N2}、C_{x1}、C_{x2}、P_{N1}、P_{N2}、P_{x1}、P_{x2} 接线柱到被测量电阻之间的连接导线电阻为 0.005～0.01 Ω，测量其他阻值时，连接导线电阻应小于 0.05 Ω。

(3) 仪器长期搁置不用，在接触处可能产生氧化，造成接触不良，使用前应该来回转动 R_N 开关数次。

实验 7　磁场的描绘

【实验目的】

(1) 掌握电磁感应法测量磁场的原理。

(2) 研究载流圆线圈轴向磁场的分布。

(3) 描绘亥姆霍兹线圈的磁场均匀区。

【实验仪器】

DH4501 亥姆霍兹线圈磁场实验仪、磁场实验仪电源、探测线圈、交流毫伏表等。

【实验原理】

1. 载流圆线圈与亥姆霍兹线圈的磁场

1) 载流圆线圈磁场

根据毕奥－萨伐尔定律，一半径为 R，通以电流 I 的圆线圈，在轴线上的磁感应强度为

$$B = \frac{\mu_0 N_0 I R^2}{2(R^2 + x^2)^{3/2}} \tag{5-7-1}$$

式中 N_0——圆线圈的匝数；

x——轴上某一点到圆心 O 的距离；

μ_0——真空磁导率，$\mu_0 = 4\pi \times 10^{-7}$ H/m。

轴线上磁场的分布如图 5-7-1 所示。

本实验取 $N_0 = 400$ 匝，$R = 105$ mm。当 $f = 120$ Hz，$I = 60$ mA（有效值）时，可算得在圆心 O 处（$x = 0$），单个线圈的磁感应强度 $B = 0.144$ mT，这也是圆电流轴线上磁场的最大值。

2）亥姆霍兹线圈的磁场分布

亥姆霍兹线圈是由线圈匝数 N、半径 R、电流大小及方向均相同的两圆线圈组成（图 5-7-2）。两圆线圈平面彼此平行且共轴，两者中心间距离等于它们的半径 R。计算证明：两线圈合磁场在轴上（两线圈圆心连线）附近较大范围 $|x| < (R/10)$ 内，$B(x)$ 和 $B(0)$ 间相对差别约万分之一，因此亥姆霍兹线圈能产生比较均匀的磁场，如图 5-7-2 所示。这种均匀磁场在工程运用和科学实验中应用十分广泛。

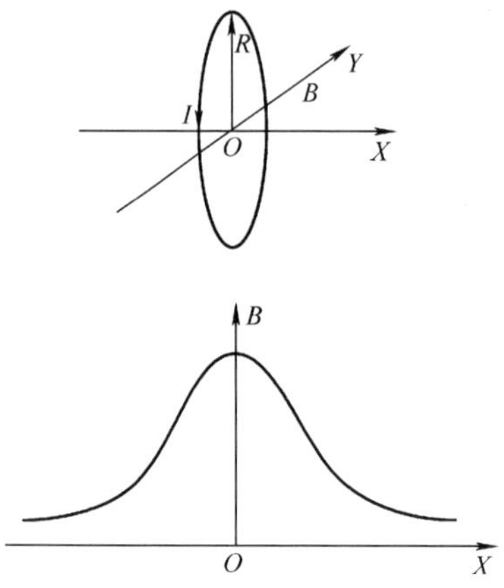

图 5-7-1　单个圆线圈磁场分布

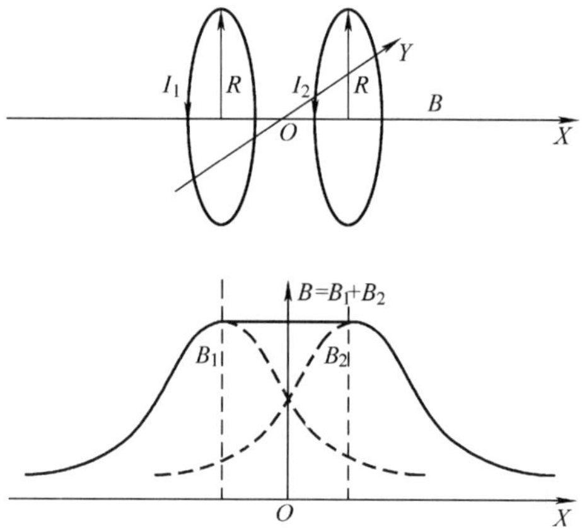

图 5-7-2　亥姆霍兹线圈磁场分布

设 x 为亥姆霍兹线圈中轴线上某点离中心点 O 的距离，则亥姆霍兹线圈轴线上该点的磁感应强度为

$$B = \frac{1}{2}\mu_0 N I R^2 \left\{ \left[R^2 + \left(\frac{R}{2} + x \right)^2 \right]^{-3/2} + \left[R^2 + \left(\frac{R}{2} - x \right)^2 \right]^{-3/2} \right\} \tag{5-7-2}$$

而在亥姆霍兹线圈轴线上中心 O 处，$x = 0$，磁感应强度为

$$B_O = \frac{\mu_0 N I}{R} \times \frac{8}{5^{3/2}} = 0.715\ 5 \frac{\mu_0 N I}{R} \tag{5-7-3}$$

实验取 $N = 400$ 匝，$R = 105$ mm。当 $f = 120$ Hz，$I = 60$ mA（有效值）时，可算得在中心 O 处（$x = 0$），亥姆霍兹线圈磁感应强度 $B = 0.206$ mT。

2. *电磁感应法测磁场*

1）电磁感应法测量原理

磁感应强度是一个矢量，因此磁场的测量不仅要测量磁场的大小且要测出它的方向。

测定磁场的方法很多,本实验采用感应法测量磁感应强度的大小和方向。感应法是利用通过一个探测线圈中磁通量变化所感应的电动势大小来测量磁场。

设由交流信号驱动的线圈产生交变磁场,它的磁场强度瞬时值为

$$B_i = B_m \sin \omega t$$

式中 B_m——磁感应强度的峰值,其有效值记作 B;

ω——角频率。

设有一个探测线圈放在这个磁场中,则通过这个探测线圈的有效磁通量为

$$\Phi = NSB_m \cos \theta \sin \omega t$$

式中 N——探测线圈的匝数;

S——该线圈的截面积;

θ——法线 n 与 B_m 之间的夹角,如图5 -7 -3所示。

线圈产生的感应电动势为

$$\begin{aligned} \varepsilon &= -\frac{d\Phi}{dt} = -NS\omega B_m \cos \theta \cos \omega t \\ &= -\varepsilon_m \cos \omega t \end{aligned}$$

式中 ε_m——线圈法线和磁场成 θ 角时,感应电动势的幅值,$\varepsilon_m = NS\omega B_m \cos \theta$。

当 $\theta = 0$,$\varepsilon_m = NS\omega B_m$,这时的感应电动势的幅值最大。如果用数字式毫伏表测量此时线圈的电动势,则毫伏表的示值(有效值)$U_m = \frac{\varepsilon_m}{\sqrt{2}}$,则

$$B = \frac{B_m}{\sqrt{2}} = \frac{U_m}{NS\omega} \tag{5-7-4}$$

式中 B——磁感应强度的有效值;

B_m——磁感应强度的峰值。

2)探测线圈的设计

为减少对所测磁场均匀性的影响,要求探测线圈尽可能小。实际的探测线圈又不可能做得很小,否则会影响测量灵敏度。一般设计的线圈长度 L 和外径 D 有 $L = 2/3D$ 的关系,线圈的内径 d 与外径 D 有 $d \leq 3/D$ 的关系,尺寸示意图如图 5 -7 -4 所示。线圈在磁场中的等效面积,经过理论计算,可用下式表示:

$$S = \frac{13}{108}\pi D^2 \tag{5-7-5}$$

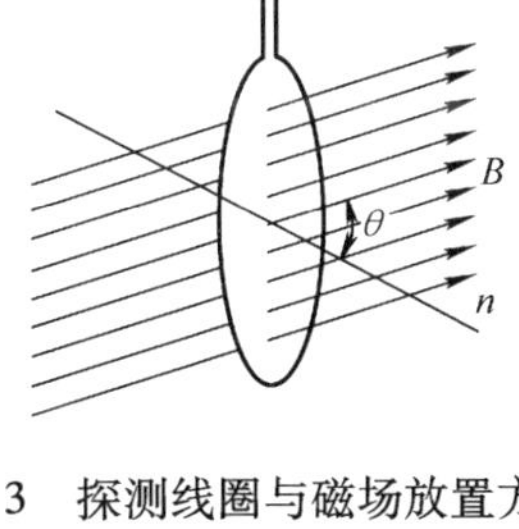

图5 -7 -3 探测线圈与磁场放置方位示意图

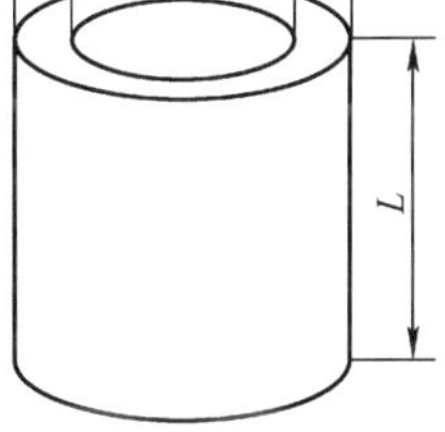

图5 -7 -4 探测线圈尺寸示意图

这样设计的线圈测得的平均磁感应强度可以近似看成是线圈中心点的磁感应强度。

将式(5-7-5)代入式(5-7-4)得

$$B = \frac{54}{13\pi^2 ND^2 f} U_m \qquad (5-7-6)$$

本实验的 $D = 0.012$ m, $N = 1\,000$ 匝。将不同的频率 f 代入式(5-7-6)就可得出 B 值。

例如:当 $I = 60$ mA, $f = 120$ Hz 时,交流毫伏表读数为 5.95 mV,则可根据式(5-7-6)求得单个线圈的磁感应强度 $B = 0.145$ mT。

磁场的方向本来可用探测线圈输出端毫伏表读数最大时探测线圈平面的法线方向来确定,但是用这种方法测定的磁场方向误差较大,原因在于这时磁通量 Φ 变化率小,所产生感应电动势引起毫伏表的读数变化不易察觉。如果这时把探测线圈平面旋转 90°,磁场方向与线圈平面法线垂直,那么磁通量变化率最大,线圈方向稍有变化,就能引起毫伏表的读数明显变化,从而测量误差较小。因此,实验上是以毫伏表读数最小时来确定磁场的方向。

【实验内容】

1. 准备工作

仪器使用前,先开机预热 10 min。熟悉亥姆霍兹线圈架和磁场测量仪上各个接线端子的正确连线方法和仪器的正确操作方法。DH4501 亥姆霍兹磁场实验仪实验连线如图 5-7-5所示。

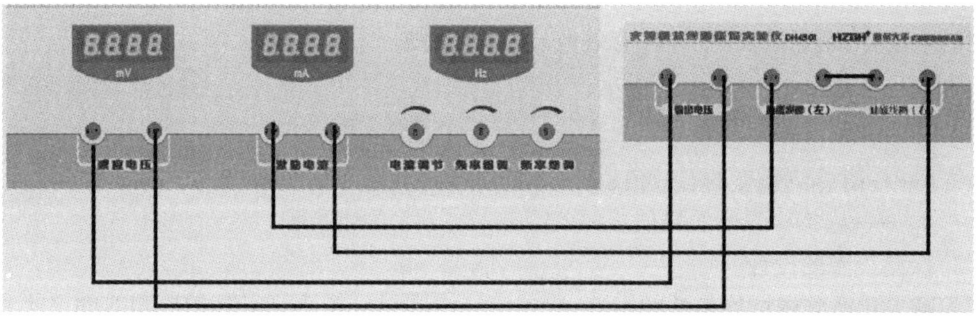

图 5-7-5　DH4501 亥姆霍兹磁场实验仪实验连线

随仪器附带的连接线是一头为插头,另一头为分开的插片(分红、黑两种),将插头插入测量仪的激励电流输出端子,插片的一头接至线圈测试架上的励磁线圈端子(分别可以做圆线圈实验和亥姆霍兹线圈实验),红接线柱用红线连接,黑接线柱用黑线连接。将插头插入测量仪的感应电压输入端子,插片的一头接至线圈测试架上的输出电压端子,红接线柱用红线连接,黑接线柱用黑线连接。

亥姆霍兹线圈架上有一长一短两个移动装置。慢慢转动手轮,移动装置上装的测磁传感器盒随之移动,就可将装有探测线圈的传感器盒移动到指定的位置上。用手转动传感器盒的有机玻璃罩就可转动探测线圈,改变测量角度。

2. 测量载流圆线圈轴向磁场的分布

按图 5-7-5 接线。调节频率调节电位器,使频率表读数为 120 Hz。调节磁场实验仪的电流调节电位器,使励磁电流有效值为 $I = 60$ mA。以圆电流线圈中心为坐标原点,每隔 10.0 mm 测一个 U_m 值,测量过程中注意保持励磁电流值不变,并保证探测线圈法线方向与圆电流线圈轴线 D 的夹角为 0°(从理论上可知,如果转动探测线圈,当 $\theta = 0°$ 和 $\theta = 180°$ 时应该得到两个相同的 U_m 值，但实际测量时，这两个值往往不相等，这时就应该分别测出这两个值，然后取其平均值计算对应点的磁感应强度）。在做实验时，可以把探测线圈从$\theta=0°$转到 $\theta=180°$，测量一组数据对比一下，正、反方向的测量误差如果不大于 2%，则只做一个方向的数据即可，否则应分别按正、反方向测量，再求平均值作为测量结果。

3. 测量亥姆霍兹线圈轴线上磁场的分布

把磁场实验仪的两个线圈串联起来，接到磁场测试仪的励磁电流两端。调节频率调节电位器，使频率表读数为 120 Hz。调节磁场实验仪的电流调节电位器，使励磁电流有效值 $I=60$ mA。以两个圆线圈轴线上的中心点为坐标原点，每隔 10.0 mm 测一个 U_m 值。

4. 测量亥姆霍兹线圈沿径向的磁场分布

固定探测线圈法线方向与圆电流轴线 D 的夹角为 0°，转动探测线圈径向移动手轮，每移动 10 mm 测量一个数据，按正、负方向测到边缘为止，记录数据并作出磁场分布曲线图。

5. 研究励磁电流频率改变对磁场强度的影响

把探测线圈固定在亥姆霍兹线圈中心点，其法线方向与圆电流轴线 D 的夹角为 0°（亦可选取其他位置或其他方向），并保持不变。调节磁场测试仪输出电流频率，在 20 ~ 150 Hz 范围内，每次频率改变 10 Hz，逐次测量感应电动势的数值并记录。

6. 测试数据处理

（1）圆电流线圈轴线上磁场分布的测量数据记入表 5-7-1，注意这时坐标原点设在圆心处（要求列表记录，表格中包括测点位置、毫伏表读数以及由 U_m 换算得到的 B 值，并在表格中表示出各测点对应的理论值）。在同一坐标纸上画出实验曲线与理论曲线。

表 5-7-1　圆电流线圈轴线上磁场分布的测量　　$f=$ ______ Hz

轴向坐标 x/mm	…	-20	-10	0	10	20	…
U_m/mV							
测量值 $B=\dfrac{2.926}{f}U_m$/mT							
计算值 $B=\dfrac{\mu_0 N_0 I R^2}{2(R^2+x^2)^{3/2}}$/mT							

（2）亥姆霍兹线圈轴线上的磁场分布的测量数据记入表 5-7-2，注意坐标原点设在两个线圈圆心连线的中点 O 处，在方格坐标纸上画出实验曲线。

表 5-7-2　亥姆霍兹线圈轴线上的磁场分布的测量　　$f=$ ______ Hz

轴向坐标 x/mm	…	-20	-10	0	10	20	…
U_m/mV							
测量值 $B=\dfrac{2.926}{f}U_m$/mT							

（3）亥姆霍兹线圈沿径向的磁场分布的测量数据记入表 5-7-3，并作出磁场分布曲线图。

表 5-7-3　亥姆霍兹线圈沿径向的磁场分布的测量　　$f=$ ______ Hz

轴向坐标 x/mm	…	-20	-10	0	10	20	…
U_m/mV							
测量值 $B=\dfrac{2.926}{f}U_m$/mT							

(4)验证公式 $\varepsilon_m = NS\omega B\cos\theta$(表 5－7－4)。以角度为横坐标,以实际测得的感应电压 U_m 为纵坐标作图。

表 5－7－4　探测线圈转角与感应电压的关系测量　　　f = ______Hz

探测线圈转角 θ/(°)	0°	10°	20°	30°	40°	…
U/mV						
计算值 $U = U_m \cdot \cos\theta$						

(5)研究励磁电流频率改变对磁场的影响(表 5－7－5)。调节励磁电流的频率 f 为 20 Hz,调节励磁电流大小为 60 mA。注意:改变电流频率的同时,励磁电流大小也会随之变化,需调节电流调节电位器以固定电流值不变。以频率为横坐标,磁场强度有效值 B 为纵坐标作图,并对实验结果进行讨论。

表 5－7－5　励磁电流频率与磁感应强度关系测试　　　f = ______Hz

励磁电流频率 f/Hz	20	30	40	50	…	150
U_m/mV						
测量值 $B = \frac{2.926}{f} U_m$/mT						

【思考题】

(1)单线圈轴线上磁场的分布规律如何? 亥姆霍兹线圈的磁场分布特点又怎样?

(2)探测线圈放入磁场后,不同方向上毫伏表指示值不同,哪个方向最大? 如何测准 U_m 值? 指示值最小表示什么?

(3)分析圆电流磁场分布的实验值与理论值之间误差产生的原因。

【附】　DH4501 亥姆霍兹线圈磁场实验仪简介

DH4501 亥姆霍兹线圈磁场实验仪(以下简称磁场实验仪),由亥姆霍兹线圈架和磁场测量仪两个部分组成(图 5－7－6)。亥姆霍兹线圈架部分有一传感器盒,盒中装有用于测量磁场的感应线圈。该磁场实验仪是集信号发生、信号感应、测量显示于一体的多用途教学实验仪器,可用于研究交流线圈磁场分布、亥姆霍兹线圈磁场分布。该磁场实验仪具有激励信号的频率可变、输出强度连续可调的特点,可以研究不同激励频率、不同磁场强度下,探测线圈上产生不同感应电动势的情况。探测线圈由二维移动装置带动,可做横向、径向连续调节,还可作 360°连续旋转,从而实现了探测线圈的三维连续可调。这种结构设计丰富了实验内容,可以方便地测量载流圆形线圈和亥姆霍兹线圈轴向上的磁场分布情况、载流圆形线圈(或亥姆霍兹线圈)的径向磁场分布情况以及研究探测线圈平面的法线与载流圆形线圈(或亥姆霍兹线圈)的轴线成不同夹角时所产生的感应电动势值的变化规律。

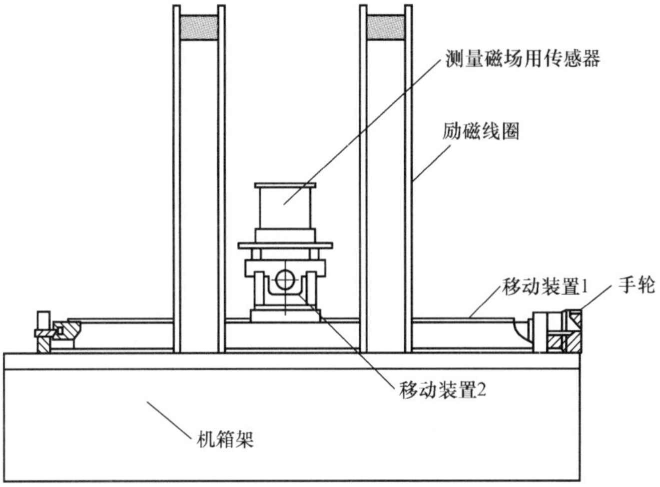

图 5－7－6　DH4501 亥姆霍兹线圈磁场实验仪

实验 8　霍尔效应

【实验目的】

(1)了解霍尔效应原理及霍尔元件有关参数的含义和作用。

(2)学习利用霍尔效应测量磁场的原理和方法。

(3)测绘霍尔元件的 U_H—I_s、U_H—I_M 曲线,了解霍尔电压 U_H 与霍尔元件工作电流 I_s、磁感应强度 B 及励磁电流 I_M 之间的关系。

(4)确定霍尔元件的导电类型、载流子浓度以及迁移率。

(5)学习用“对称交换测量法”消除负效应产生的系统误差。

【实验仪器】

霍尔效应实验仪、霍尔效应测试仪。

【实验原理】

霍尔效应是导电材料中的电流与磁场相互作用而产生电动势的效应。1879 年美国霍普金斯大学研究生霍尔在研究金属导电机理时发现了这种电磁现象,故称霍尔效应。后来曾有人利用霍尔效应制成测量磁场的磁传感器,但因金属的霍尔效应太弱而未能得到实际应用。随着半导体材料和制造工艺的发展,人们又利用半导体材料制成霍尔元件,由于它的霍尔效应显著而得到实用和发展,现在广泛用于非电量的测量、电动控制、电磁测量和计算装置方面。在电流体中的霍尔效应也是目前在研究中的“磁流体发电”的理论基础。近年来,霍尔效应实验不断有新发现。1980 年原西德物理学家冯·克利青研究二维电子气系统的输运特性,在低温和强磁场下发现了量子霍尔效应,这是凝聚态物理领域最重要的发现之一。目前对量子霍尔效应正在进行深入研究,并取得了重要应用,例如用于确定电阻的自然基准,可以极为精确地测量光谱精细结构常数等。

在磁场、磁路等磁现象的研究和应用中,霍尔效应及其元件是不可缺少的,利用它观测磁场直观、干扰小、灵敏度高、效果明显。

霍尔效应从本质上讲,是运动的带电粒子在磁场中受洛仑兹力的作用而引起的偏转。当带电粒子(电子或空穴)被约束在固体材料中,这种偏转就导致在垂直电流和磁场的方向上产生正负电荷在不同侧的聚积,从而形成附加的横向电场和横向电势差。

如图 5-8-1 所示,磁场 B 位于 Z 的正向,与之垂直的半导体薄片上沿 X 正向通以电流 I_s(称为工作电流),假设载流子为电子(N 型半导体材料),它沿着与电流 I_s 相反的 X 负向运动。由于洛仑兹力 f_L 作用,电子即向图中虚线箭头所指的位于 Y 轴负方向的 B 侧偏转,并使 B 侧形成电子积累,而相对的 A 侧形成正电荷积累。与此同时,运动的电子还受到由于两种积累的异种电荷形成的反向电场力 f_E 的作用。随着电荷积累的增加,f_E 增大,当两力大小相等(方向相反)时,$f_L = -f_E$,则电子积累便达到动态平衡。这时在 A、B 两端面之间建立的电场称为霍尔电场 E_H,相应的电势差称为霍尔电压 U_H。

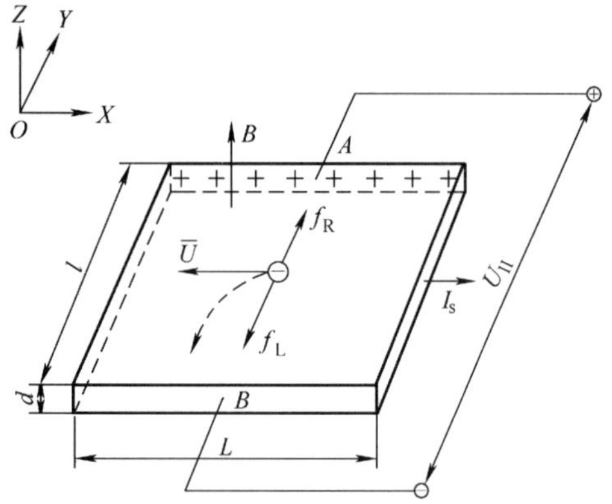

图 5-8-1　霍尔效应原理示意图

设电子按均一速度 $\overline{V}$,向图 5-8-1 所示的 X 负方向运动,在磁场 B 作用下,所受洛仑兹力

$$f_L = e\overline{V}B$$

式中　e——电子电量;

$\overline{V}$——电子漂移平均速度;

B——磁感应强度。

同时,电场作用于电子的力

$$f_E = eE_H = eU_H/l$$

式中　E_H——霍尔电场强度;

U_H——霍尔电压;

l——霍尔元件宽度。

当达到动态平衡时,有

$$f_L = f_E$$

$$\overline{V}B = U_H/l \tag{5-8-1}$$

设霍尔元件宽度为 l,厚度为 d,载流子浓度为 n,则霍尔元件的工作电流为

$$I_s = ne\overline{V}ld \tag{5-8-2}$$

于是得

$$U_H = E_H l = \frac{1}{ne}\frac{I_s B}{d} = R_H\frac{I_s B}{d} \tag{5-8-3}$$

即霍尔电压 U_H(A、B 间电压)与 I_s、B 的乘积成正比,与霍尔元件的厚度 d 成反比,比例系数

$$R_H = \frac{1}{ne} \tag{5-8-4}$$

称为霍尔系数,它是反映材料霍尔效应强弱的重要参数。根据材料的电导率 $\sigma = ne\mu$ 的关系,还可以得到

$$R_H = \mu/\sigma \tag{5-8-5}$$

式中　μ——载流子的迁移率,即单位电场下载流子的运动速度,一般电子迁移率大于空穴迁移率,因此制作霍尔元件时大多采用 N 型半导体材料。

当霍尔元件的材料和厚度确定时，设

$$K_H = \frac{R_H}{d} = \frac{1}{ned} \tag{5-8-6}$$

将式(5-8-6)代入式(5-8-3)中得

$$U_H = K_H I_s B \tag{5-8-7}$$

其中，K_H 称为元件的霍尔灵敏度，对一定的霍尔元件是一个常数，它的大小与材料的性质以及元件的尺寸有关。它表示霍尔元件在单位磁感应强度和单位控制电流下的霍尔电压大小，其单位是[mV/(mA·T)]，一般要求 K_H 愈大愈好。由于金属的电子浓度(n)很高，所以它的 R_H 或 K_H 都不大，因此不适宜作霍尔元件；半导体中载流子的浓度小于金属，所以半导体的霍尔效应比金属显著。此外元件厚度 d 愈薄，K_H 愈高，所以制作时，往往采用减少 d 的办法来增加灵敏度；但不能认为 d 愈薄愈好，因为此时元件的输入和输出电阻将会增加，这对霍尔元件是不希望的。实际实验中采用的霍尔片的厚度 d、宽度 l、长度 L 可查阅仪器使用说明书。

应当注意的是，当磁感应强度 B 和元件平面法线成一角度 θ 时，作用在元件上的有效磁场是其法线方向上的分量 $B\cos\theta$，此时

$$U_H = K_H I_s B\cos\theta$$

所以，一般在使用时应调整元件两平面方位，使 U_H达到最大，即 $\theta=0$，这时有式(5-8-6)。

由式(5-8-6)可知，当工作电流 I_s或磁感应强度 B(其方向可由励磁电流方向来控制)，两者之一改变方向时，霍尔电压 U_H方向随之改变；若两者方向同时改变，则霍尔电压 U_H极性不变。

由式(5-8-4)可知，霍尔系数与载流子的浓度成正比。由式(5-8-3)和式(5-8-4)可得

$$n = \frac{I_s B}{edU_H} \tag{5-8-8}$$

因此，知道了 U_H、I_s、B、d 就可以计算出该材料的载流子浓度。

如果半导体为 N 型(载流子为电子)，则 K_H 为负，U_H 也为负；若半导体为 P 型(载流子为空穴)，则 K_H 为正，U_H 也为正。因此，利用霍尔系数的正、负可以判断半导体的导电类型。如果知道了载流子的类型，就可以由 U_H 的正、负确定磁场的方向。

【实验内容】

1. 实验系统的调节

按仪器面板上的文字和符号提示将霍尔效应测试仪与霍尔效应实验架正确连接。

(1)将霍尔效应测试仪面板右下方的励磁电流 I_M的直流恒流源输出端接霍尔效应实验架上的 I_M磁场励磁电流的输入端(将红接线柱与红接线柱对应相连，黑接线柱与黑接线柱对应相连)。

(2)测试仪左下方供给霍尔元件工作电流 I_s的直流恒流源输出端，接实验架上霍尔片工作电流 I_s输入端(将红接线柱与红接线柱对应相连，黑接线柱与黑接线柱对应相连)。

(3)测试仪 U_H霍尔电压输入端，接实验架中部的 U_H霍尔电压输出端。

注意：以上三组线千万不能接错，以免烧坏元件。开机前将霍尔效应测试仪输出电流调节旋钮按逆时针方向旋到底，使其输出电流趋于最小状态。

(4)用一边是分开的接线插，一边是双芯插头的控制连接线与测试仪背部的插孔相连接(红色插头与红色插座相连，黑色插头与黑色插座相连)。

2. 研究霍尔效应与霍尔元件特性

1)判断半导体元件的导电类型

调整励磁电流 $I_M=500$ mA，工作电流 $I_s=5$ mA，测量霍尔电压 U_H值。根据实验中磁场 B 的方向和通过霍尔元件的工作电流 I_s的方向以及所测量霍尔电压 U_H的正负，判断半导体元件的导电类型。

2)测量霍尔电压 U_H与工作电流 I_s的关系

(1)先将 I_s、I_M都调零，调节中间的霍尔电压表，使其显示为 0 mV。

(2)将霍尔元件移至线圈中心，调节 $I_M=500$ mA 并保持不变。调节 $I_s=1$ mA，按表中 I_s、I_M正负情况切换实验架上的方向(即改变 B 和 I_s的方向)，分别测量霍尔电压 U_H值(U_1，U_2，U_3，U_4)填入表 5-8-1。以后 I_s每次递增 1.00 mA，测量各 U_1，U_2，U_3，U_4值。

描绘 I_s—U_H 曲线，验证线性关系。由该曲线的斜率求出霍尔系数 R_H。(霍尔元件厚度 d 以及螺线管中心磁感应强度 B 的值与励磁电流 I_M的对应关系可查询仪器说明书)

表 5-8-1　霍尔电压与工作电流的关系测试

I_s/mA	U_1/mV	U_2/mV	V_3/mV	V_4/mV	$U_H=\frac{U_1-U_2+U_3-U_4}{4}$/mV
	$+I_s+I_M$	$+I_s-I_M$	$-I_s-I_M$	$-I_s+I_M$	
1.00					
2.00					
3.00					
4.00					
5.00					
6.00					
7.00					
8.00					

3)测量霍尔电压 U_H 与励磁电流 I_M 的关系

(1)先将 I_s、I_M都调零，然后调节 I_s至 3.00 mA。

(2)调节 $I_M=100,150,200,\cdots,500$ mA(间隔为 50 mA)，分别测量霍尔电压 U_H值并填入表 5-8-2。

根据表 5-8-2 中所测得的数据，绘出 I_M—U_H曲线，验证线性关系。分析当 I_M达到一定值以后，I_M—U_H直线斜率变化的原因。

表 5-8-2　霍尔电压与励磁电流的关系测试

I_M/mA	U_1/mV	U_2/mV	U_3/mV	U_4/mV	$U_H=\frac{U_1-U_2+U_3-U_4}{4}$/mV
	$+I_s+I_M$	$+I_s-I_M$	$-I_s-I_M$	$-I_s+I_M$	
100					
150					
200					
…					
500					

4）计算霍尔元件的霍尔灵敏度

如果已知 B，根据式（5－8－6）可知

$$K_H = \frac{U_H}{I_s B} \tag{5-8-9}$$

5）根据式（5－8－8），求出载流子浓度 n。

3. 注意事项

（1）霍尔元件是易损元件，必须防止元件受压、挤、扭、碰撞等现象发生，以免损坏元件。

（2）实验前应检查电磁铁和霍尔元件二维移动尺是否松动，应紧固后使用。

（3）记录数据时，为了不使电磁铁过热，一般应断开励磁电流的换向开关。

（4）励磁电流换向时，应尽可能将电流值调低，待换向后再恢复原电流值。

【思考题】

（1）分析本实验主要误差来源。

（2）以简图示意，用霍尔效应法判断霍尔片上磁场方向。

【附】 实验系统误差及其消除

测量霍尔电压 U_H时，不可避免地会产生一些副效应，由此而产生的附加电势叠加在霍尔电势上，使得实际测得的电压不只是 U_H，还包括其他因素带来的附加电压，形成测量系统误差，这些副效应如下。

1. 不等势电压 U_0

由于制作时横向电极位置不对称而产生的电势差 U_0，称为不等势电压。它与外磁场无关，仅与工作电流 I_s的大小成正比，且其正负随 I_s的方向而改变。

2. 爱廷豪森效应

当元件 X 方向通以工作电流 I_s，Z 方向加磁场 B 时，由于霍尔片内的载流子速度服从统计分布，有快有慢。在到达动态平衡时，在磁场的作用下慢速快速的载流子将在洛仑兹力和霍尔电场的共同作用下，沿 Y 轴分别向相反的两侧偏转，这些载流子的动能将转化为热能，使两侧的温升不同，因而造成 Y 方向上两侧的温差（$T_A - T_B$）。因为霍尔电极和元件两者材料不同，电极和元件之间形成温差电偶，这一温差在 A、B 间产生温差电动势 U_E，$U_E \propto IB$，这一效应称爱廷豪森效应。U_E的大小、正负与 I、B 的大小和方向有关，跟 U_H与 I、B 的关系相同，不能在测量中消除。

3. 能斯脱效应

在霍尔元件上接出引线时，不可能做到接触电阻完全相同。当电流 I_s通过不同接触电阻时将产生不同的焦耳热，并因温差产生一个附加电压 U_N，这就是能斯脱效应。它与电流 I_s无关，只与外磁场 B 有关。

4. 里纪－杜勒克效应

由能斯托效应产生的电流也有爱廷豪森效应，由此而产生附件电压 U_{RL}，称为里纪－杜勒克效应。U_{RL}与电流 I_s无关，只与外磁场 B 有关。

为了减少和消除以上效应的附加电势差，利用这些附加电势差与霍尔元件工作电流 I_s、磁场 B（即相应的励磁电流 I_M）的关系，采用对称（交换）测量法进行测量。

当 $+I_s$，$+I_M$时，$U_{AB1} = +U_H + U_0 + U_E + U_N + U_{RL}$。

当 $+I_s$，$-I_M$时，$U_{AB2} = -U_H + U_0 - U_E + U_N + U_{RL}$。

当 $-I_s$，$-I_M$时，$U_{AB3} = +U_H - U_0 + U_E - U_N - U_{RL}$。

当 $-I_s$，$+I_M$时，$U_{AB4} = -U_H - U_0 - U_E - V_N - U_{RL}$。

对以上四式做如下运算：

$$\frac{1}{4}(U_{AB1} - U_{AB2} + U_{AB3} - U_{AB4}) = U_H + U_E$$

可见，除爱廷豪森效应以外的其他副效应产生的电势差会全部消除，因爱廷豪森效应所产生的电势差 U_E的符号和霍尔电势 U_H的符号，与 I_s及 B 的方向关系相同，故无法消除，但在非大电流、非强磁场下，$U_H >> U_E$，因而 U_E可以忽略不计，由此可得

$$U_H \approx U_H + U_E = \frac{U_1 - U_2 + U_3 - U_4}{4}$$

实验9　电子示波器的使用

【实验目的】

(1)了解示波器的基本组成和显示波形的基本原理。

(2)学会使用信号发生器。

(3)学会用示波器观察波形，并用其测量电压、周期和频率。

【实验仪器】

XJ4318 型二踪示波器、XD2 信号发生器等。

【实验原理】

电子示波器(简称示波器)是一种用途广泛的电子测量仪器，它可以直接观察电压信号的波形，并能测量电压信号的幅度、有效值、频率和周期，因此，一切电压信号及可以转化为电压信号的电学量(如电流、阻抗等)和非电学量(如位移、压力、温度、光强等)都可以用示波器来观察、测量。由于电子的惯性很小，所以电子示波器一般可以在很高的频率范围内工作，适于观察电压信号随时间的迅速变化过程。采用高增益放大器的示波器可以观察微弱的信号；具有多通道的示波器，则可以同时观察几个信号，并可比较它们之间的相应关系。

1. 示波器的基本组成

示波器的主要部分有示波管、带衰减器的 Y 轴放大器、带衰减器的 X 轴放大器、扫描发生器(锯齿波发生器)、触发同步和电源等，其结构方框图如图 5-9-1 所示。为了适应各种测量的要求，示波器的电路组成是多样而复杂的，这里仅就主要部分加以介绍。

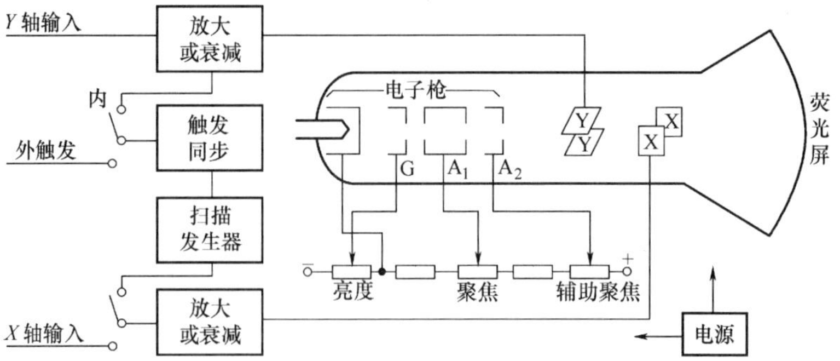

图 5-9-1　示波器基本组成结构方框图

1)示波管

示波管主要包括荧光屏、电子枪、偏转系统三部分,全都密封在玻璃外壳内,里面抽成高真空。下面分别说明各部分的作用。

(1)荧光屏:它是示波器的显示部分,当加速聚焦后的电子打到荧光上时,屏上所涂的荧光物质就会发光,从而显示出电子束的位置。当电子停止作用后,荧光剂的发光需经一定时间才会停止,称为余辉效应。

(2)电子枪:由灯丝 H、阴极 K、控制栅极 G、第一阳极 A_1、第二阳极 A_2 五部分组成。灯丝通电后加热阴极。阴极是一个表面涂有氧化物的金属筒,被加热后发射电子。控制栅极是一个顶端有小孔的圆筒,套在阴极外面。它的电位比阴极低,对阴极发射出来的电子起控制作用,只有初速度较大的电子才能穿过栅极顶端的小孔然后在阳极加速下奔向荧光屏。示波器面板上的"亮度"调整就是通过调节电位以控制射向荧光屏的电子流密度,从而改变了屏上的光斑亮度。阳极电位比阴极电位高很多,电子被它们之间的电场加速形成射线。当控制栅极、第一阳极、第二阳极之间的电位调节合适时,电子枪内的电场对电子射线有聚焦作用,所以第一阳极也称聚焦阳极。第二阳极电位更高,又称加速阳极。面板上的"聚焦"调节,就是调第一阳极电位,使荧光屏上的光斑成为明亮、清晰的小圆点。有的示波器还有"辅助聚焦",实际是调节第二阳极电位。

(3)偏转系统:它由两对相互垂直的偏转板组成,一对垂直偏转板 Y,一对水平偏转板 X。在偏转板上加以适当电压,电子束通过时,其运动方向发生偏转,从而使电子束在荧光屏上的光斑位置也发生改变。

容易证明,光点在荧光屏上偏移的距离与偏转板上所加的电压成正比,因而可将电压的测量转化为屏上光点偏移距离的测量,这就是示波器测量电压的原理。

2)信号放大器和衰减器

示波管本身相当于一个多量程电压表,这一作用是靠信号放大器和衰减器实现的。由于示波管本身的 X 及 Y 轴偏转板的灵敏度不高(0.1 ~ 1 mm/V),当加在偏转板的信号过小时,要预先将小的信号电压加以放大后再加到偏转板上。为此设置 X 轴及 Y 轴电压放大器。衰减器的作用是使过大的输入信号电压变小以适应放大器的要求,否则放大器不能正常工作,使输入信号发生畸变,甚至使仪器受损。对一般示波器来说,X 轴和 Y 轴都设置有衰减器,以满足各种测量的需要。

3)扫描系统

扫描系统也称时基电路,用来产生一个随时间作线性变化的扫描电压,这种扫描电压随时间变化的关系如同锯齿,故称锯齿波电压,这个电压经 X 轴放大器放大后加到示波管的水平偏转板上,使电子束产生水平扫描。这样,屏上的水平坐标变成时间坐标,Y 轴输入的被测信号波形就可以在时间轴上展开。扫描系统是示波器显示被测电压波形必需的重要组成部分。

2. 示波器显示波形的原理

如果只在竖直偏转板上加一交变的正弦电压,则电子束的亮点将随电压的变化在竖直方向来回运动,如果电压频率较高,则看到的是一条竖直亮线。要能显示波形,必须同时在水平偏转板上加一扫描电压,使电子束的亮点沿水平方向拉开。这种扫描电压的特点是电压随时间呈线性关系增加到最大值,最后突然回到最小,此后再重复地变化。这种扫描电压

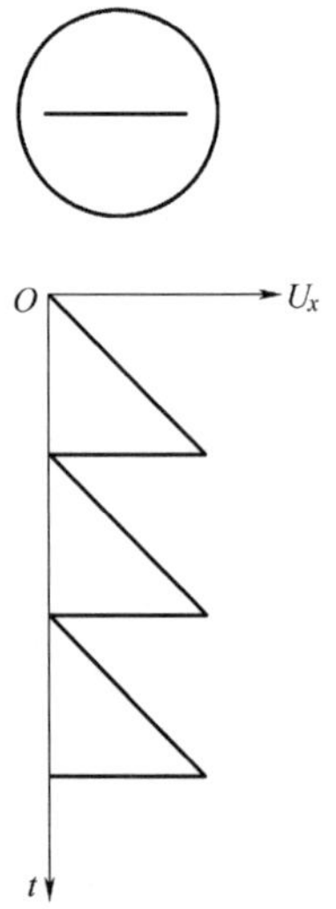

图 5－9－2　锯齿波电压波形

即前面所说的“锯齿波电压”，如图 5－9－2 所示。当只有锯齿波电压加在水平偏转板上时，如果频率足够高，则荧光屏上也只显示一条水平亮线。

如果在竖直偏转板上（简称 Y 轴）加正弦电压，同时在水平偏转板上（简称 X 轴）加锯齿波电压，电子受竖直、水平两个方向的力的作用，电子的运动就是两相互垂直的运动的合成。当锯齿波电压比正弦电压变化周期稍大时，在荧光屏上将能显示出完整周期的所加正弦电压的波形图，如图 5－9－3 所示。

3. 同步

如果正弦波和锯齿波电压的周期稍微不同，屏上出现的是一移动着的不稳定图形。这种情形可用图 5－9－4 说明。设锯齿波电压的周期 T_X 比正弦波电压周期 T_Y 稍小，比方说 $T_X/T_Y=7/8$。在第一扫描周期内，屏上显示正弦信号 0～4 点的曲线段；在第二周期内，显示 4～8 点的曲线段，起点在 4 处；第三周期内，显示 8～11 点的曲线段，起点在 8 处。这样，屏上显示的波形每次都不重叠，好像波形在向右移动。同理，如果 T_X 比 T_Y 稍大，则好像在向左移动。以上描述的情况在示波器使用过程中经常会出现。其原因是扫描电压的周期与被测信号的周期不相等或不成整数倍，以致每次扫描开始时波形曲线上的起点均不一样所造成的。为了使屏上的图形稳定，必须使 $T_X/T_Y=n(n=1,2,3,\cdots)$，$n$ 是屏上显示完整波形的个数。

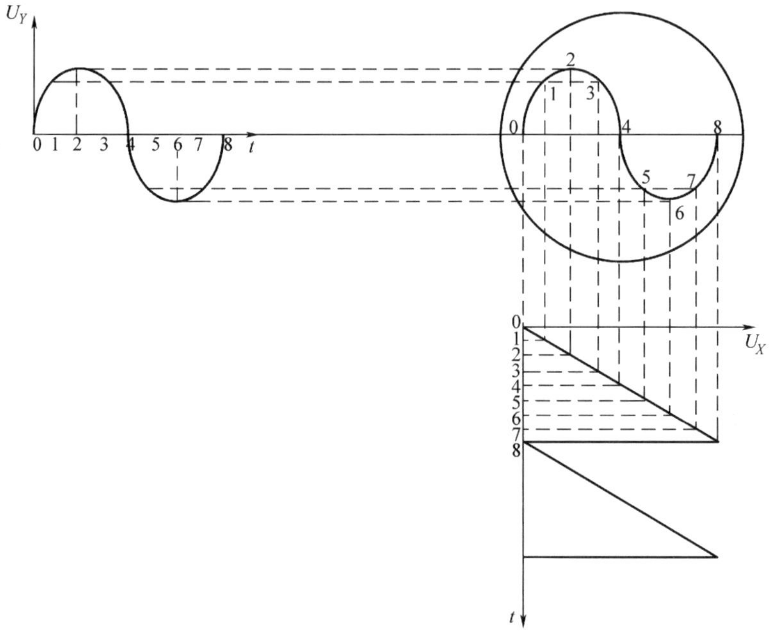

图 5－9－3　正弦电压波形

为了获得一定数量的波形，示波器上设有“扫描时间”（或“扫描范围”）、“扫描微调”旋钮，用来调节锯齿波电压的周期 T_X（或频率 f_X），使之与被测信号的周期 T_Y（或频率 f_Y）成合适的关系，从而在示波器屏上得到所需数目的完整的被测波形。输入 Y 轴的被测信号与示波器内部的锯齿波电压是互相独立的。由于环境或其他因素的影响，它们的周期（或频率）可能发生微小的改变。这时，虽然可通过调节扫描旋钮将周期调到整数倍的关系，但过一会儿又变了，波形又移动起来。在观察高频信号时这种问题尤为突出。为此示波器内装有扫描同步装置，让锯齿波电压的扫描起点自动跟着被测信号改变，这就称为整步（或同步）。有的示波器中，需要让扫描电压与外部某一信号同步，因此设有触发选择键，可选择外触发工作状态，相应设有“外触发”信号输入端。

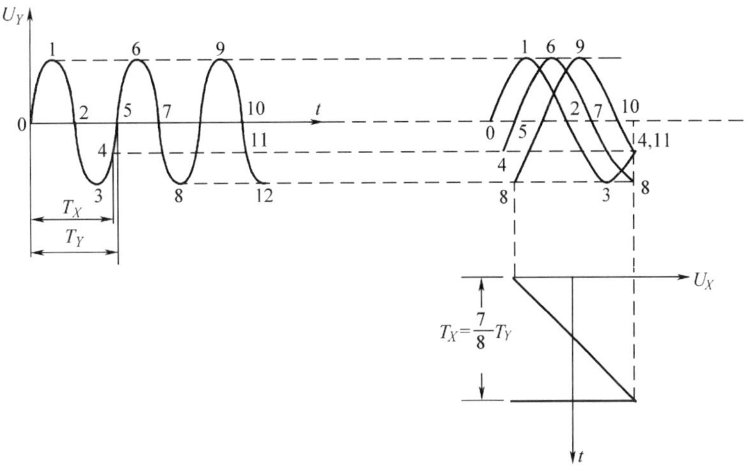

图 5－9－4　正弦波和锯齿波电压不同步示意图

【仪器描述】

1. XJ4318 型示波器各旋钮的用途及使用方法

XJ4318 型示波器面板如图 5－9－5 所示。

(1) 内刻度坐标线：它消除了光迹和刻度线之间的观察误差，测量上升时间的信号幅度和测量点位置在左边指出。

(2) 电源指示器：它是一个发光二极管，在仪器电源通过时发红光。

(3) 电源开关：它用于接通和关断仪器的电源，按入为接通，弹出为关断。

(4) AC、⊥、DC 开关：可使输入端成为交流耦合、接地、直流耦合。

(5) 偏转因数开关：改变输入偏转因数 5 mV/DIV ~ 5 V/DIV，按 1—2—5 进制共分 10 个挡级。

(6) PULL ×5：改变 Y 轴放大器的发射极电阻，使偏转灵敏度提高 5 倍。

(7) 输入：作垂直被测信号的输入端。

(8) 微调：调节显示波形的幅度，顺时针方向增大，顺时针方向旋足并接通开关为“标准”位置。

(9) 仪器测量接地装置。

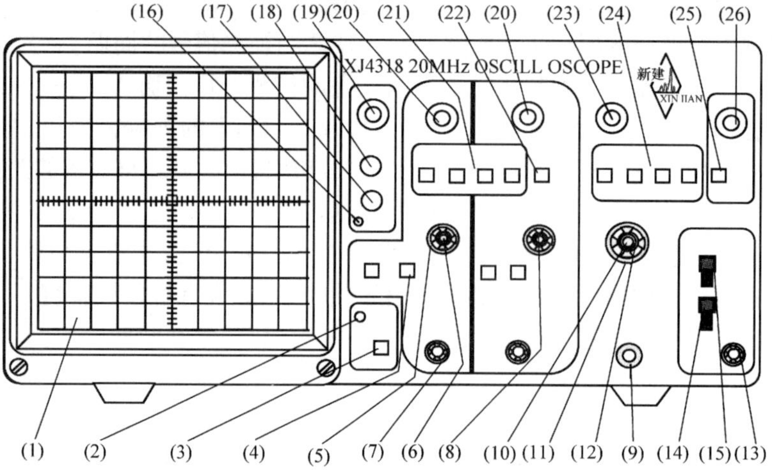

图 5-9-5　XJ4318 型示波器面板示意图

(10)PULL ×10:改变水平放大器的反馈电阻使水平放大器放大量提高 10 倍,相应地也使扫描速度及水平偏转灵敏度提高 10 倍。

(11)t/DIV 开关:为扫描时间因数挡级开关,从 0.2 μs/DIV ~0.2 s/DIV 按 1—2—5 进制,共 19 挡,当开关顺时针旋足是“X—Y”或“外 X”状态。

(12)微调:用以连续改变扫描速度的细调装置。顺时针方向旋足并接通开关为“校准”位置。

(13)外触发输入:供扫描外触发输入信号的输入端用。

(14)触发源开关:选择扫描触发信号的来源,内为内触发,触发信号来自 Y 放大器;外为外触发,信号来自外触发输入;电源为电源触发,信号来自电源波形,当垂直输入信号和电源频率成倍数关系时这种触发源是有用的。

(15)内触发选择开关:是选择扫描内触发信号源。

CH_1——加到 CH_1 输入连接器的信号是触发信号源。

CH_2——加到 CH_2 输入连接器的信号是触发信号源。

VERT——垂直方式内触发源取自垂直方式开关所选择的信号。

(16) CAL0.5:为探极校准信号输出,输出 $0.5U_{pp}$ 幅度方波,频率为 1 kHz。

(17)聚焦:调节聚焦可使光点圆而小,达到波形清晰。

(18)标尺亮度:控制坐标片标尺的亮度,顺时针方向旋转为增亮。

(19)亮度:控制荧光屏上光迹的明暗程度,顺时针方向旋转为增亮,光点停留在荧光屏上不动时,宜将亮度减弱或熄灭,以延长示波器使用寿命。

(20)位移:控制显示迹线在荧光屏上 Y 轴方向的位置,顺时针方向迹线向上,逆时针方向迹线向下。

(21)垂直方式开关:五位按钮开关,用来选择垂直放大系统的工作方式。

CH_1——显示通道 CH_1 输入信号。

ALT——交替显示 CH_1、CH_2 输入信号,交替过程出现于扫描结束后回扫的一段时间里,该方式在扫描速度从 0.2 μs/DIV 到 0.5 ms/DIV 范围内同时观察两个输入信号。

CHOP——在扫描过程中，显示过程在 CH_1 和 CH_2 之间转换，转换频率约 500 kHz。该方式在扫描速度从 1 ms/DIV 到 0.2 s/DIV 范围内同时观察两个输入信号。

CH_2——显示通道 CH_2 输入信号。

ALL OUT ADD——使 CH_1 信号与 CH_2 信号相加（CH_2 极性“+”）或相减（CH_2 极性“-”）。

（22）CH_2 极性：控制 CH_2 在荧光屏上显示波形的极性“+”或“-”。

（23）X 位移：控制光迹在荧光屏 X 方向的位置，在“X—Y”方式用作水平位移。顺时针方向光迹向右，逆时针方向光迹向左。

（24）触发方式开关：五位按钮开关，用于选择扫描工作方式。

AUTO——扫描电路处于自激状态。

NORM——扫描电路处于触发状态。

TV—V——电路处于电视场同步。

TV—H——电路处于电视行同步。

（25）+、-极性开关：供选择扫描触发极性，测量正脉冲前沿及负脉冲后沿宜用“+”，测量负脉冲前沿及正脉冲后沿宜用“-”。

（26）电平锁定：调节和确定扫描触发点在触发信号上的位置，电平电位器顺时针方向旋足并接通开关为锁定位置，此时触发点将自动处于被测波形中心电平附近。

2. XD2 信号发生器

XD2 信号发生器是一种正弦信号发生器（图 5-9-6），它能产生频率为 1 Hz~1 MHz 的正弦电压。它的频率比较稳定，输出幅度可调。面板上的电压表指示是在输出衰减前的信号电压有效值。

频率范围共分六挡。每一挡中，又由右上方三个旋钮来调节信号频率。例如当各旋钮的位置处于图中位置时，输出信号频率的读数为

$$f=(4\times1+3\times0.1+4\times0.01)\times10\ \text{Hz}=43.4\ \text{Hz}$$

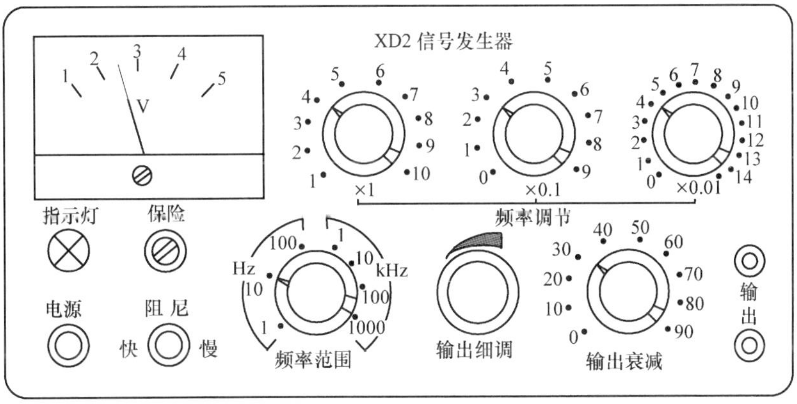

图 5-9-6　XD2 信号发生器面板示意图

信号发生器的输出电压是经过内部衰减器后输出的。输出信号的大小由面板上电压表读数和衰减倍数的大小决定。由于衰减倍数范围较大，故取其对数值刻在输出衰减旋钮周围。衰减倍数用分贝（dB）值表示，其定义为

$$\text{分贝值} = 20\lg\frac{U}{U_{出}}$$

式中 U——未经衰减器的电压,由面板上电压表读出,示值为有效值;

$U_{出}$——经过衰减器后的输出电压有效值。

【实验内容】

1. 观察信号发生器波形

(1)将信号发生器的输出端接到示波器 Y 轴输入端上。

(2)开启信号发生器,调节示波器(注意信号发生器频率与扫描频率),观察正弦波形,并使其稳定。

2. 测量正弦波电压

在示波器上调节出大小适中、稳定的正弦波形,选择其中一个完整的波形,先测算出正弦波电压峰—峰值 U_{pp},即

$$U_{pp} = (\text{垂直距离 DIV}) \times (\text{挡位 V/DIV}) \times (\text{探头衰减率})$$

然后求出正弦波电压有效值 U 为

$$U = \frac{0.71 \times U_{pp}}{2}$$

3. 测量正弦波周期和频率

在示波器上调节出大小适中、稳定的正弦波形,选择其中一个完整的波形,先测算出正弦波的周期 T,即

$$T = (\text{水平距离 DIV}) \times (\text{挡位 t/DIV})$$

然后求出正弦波的频率 $f = \frac{1}{T}$。

4. 利用李萨如图形测量频率

设将未知频率 f_Y 的电压 U_Y 和已知频率 f_X 的电压 U_X(均为正弦电压),分别送到示波器的 Y 轴和 X 轴,则由于两个电压的频率、振幅和相位的不同,在荧光屏上将显示各种不同波形,一般得不到稳定的图形,但当两电压的频率成简单整数比时,将出现稳定的封闭曲线,称为李萨如图形。根据这个图形可以确定两电压的频率比,从而确定待测频率的大小。

图 5 - 9 - 7 列出各种不同的频率比在不同相位差时的李萨如图形。可以得到

$$\frac{\text{加在 } Y \text{ 轴电压的频率 } f_Y}{\text{加在 } X \text{ 轴电压的频率 } f_X} = \frac{\text{水平直线与图形相交的点数 } N_X}{\text{垂直直线与图形相交的点数 } N_Y}$$

所以未知频率

$$f_Y = \frac{N_X}{N_Y} f_X$$

但应指出,水平、垂直直线不应通过图形的交叉点。

测量方法如下。

(1)将一台信号发生器的输出端接到示波器 Y 轴输入端上,并调节信号发生器输出电压的频率为 50 Hz,作为待测信号频率。把另一信号发生器的输出端接到示波器 X 轴输入端上作为标准信号频率。

(2)分别调节与 X 轴相连的信号发生器输出正弦波的频率 f_X 约为 25 Hz、50 Hz、

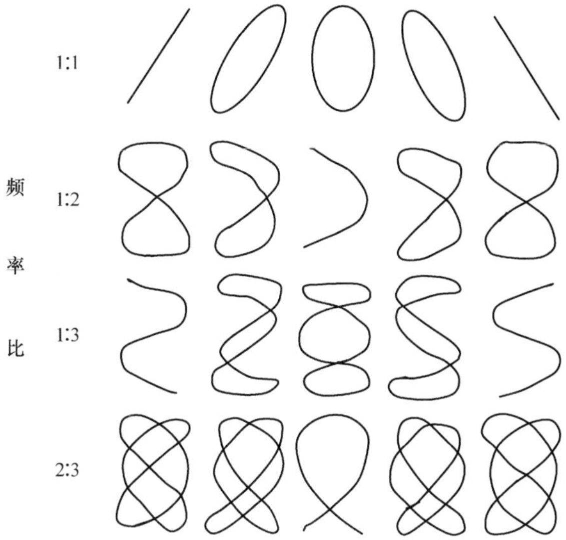

图 5－9－7　李萨如图形

100 Hz、150 Hz、200 Hz 等。观察各种李萨如图形(图 5－9－7)，微调 f_X 使其图形稳定时，记录 f_X 的确切值，再分别读出水平线和垂直线与图形的交点数。由此求出各频率比及被测频率 f_Y，记录于表5－9－1中。

(3)观察时图形大小不适中，可调节"V/DIV"和与 X 轴相连的信号发生器输出电压。

表 5－9－1　不同频率比的李萨如图形测试

标准信号频率 f_X/Hz	25	50	100	150	200
李萨如图形(稳定时)					
频率比 $=\dfrac{水平线交点数\ N_X}{垂直线交点数\ N_Y}$					
待测电压频率 $f_Y = f_X \cdot N_X/N_Y$					
f_Y 的平均值/Hz					

【思考题】

(1)简述怎样利用示波器观察一个未知电压信号的波形。

(2)当 Y 轴输入端有信号，但屏上只有一条水平线时，是什么原因？应如何调节才能使波形沿 Y 轴展开？

(3)如果 Y 轴信号的频率比 X 轴信号的频率大得多，示波器上会看到什么情形？

(4)如果图形不稳定，总是向左或向右移，应如何调节？

实验 10　电表改装与校准

【实验目的】

(1)测量表头内阻及满度电流。

(2)掌握将 1 mA 表头改成较大量程的电流表和电压表的方法。

(3)设计一个 $R_{中}=1\ 500\ \Omega$ 的欧姆表,要求在 $E=1.3\sim1.6$ V 范围内使用能调零。

(4)用电阻校准欧姆表,画校准曲线,并根据校准曲线用组装好的欧姆表测未知电阻。

(5)学会校准电流表和电压表的方法。

【实验仪器和用具】

电表改装与校准实验仪、电阻箱。

【实验原理】

电表在电测量中有着广泛的应用,因此了解电表和使用电表就显得十分重要。电流计(表头)由于构造的原因,一般只能测量较小的电流和电压,如果要用它来测量较大的电流或电压,就必须进行改装以扩大其量程。万用表的原理就是基于对微安表头进行多量程改装而来,其在电路的测量和故障检测中得到了广泛的应用。

常见的磁电式电流计主要由放在永久磁场中的由细漆包线绕制的可以转动的线圈、用来产生机械反力矩的游丝、指示用的指针和永久磁铁所组成。当电流通过线圈时,载流线圈在磁场中就产生一磁力矩 $M_{磁}$,使线圈转动,从而带动指针偏转。线圈偏转角度的大小与通过的电流大小成正比,所以可由指针的偏转直接指示出电流值。

(1)电流计允许通过的最大电流称为电流计的量程,用 I_g 表示;电流计的线圈有一定内阻,用 R_g 表示。I_g 与 R_g 是两个表示电流计特性的重要参数。

测量内阻 R_g 的常用方法如下。

①半电流法也称中值法,测量原理图如图 5-10-1 所示。当被测电流计接在电路中时,先使电流计满偏,再用十进位电阻箱(R_2)与电流计并联作为分流电阻,改变电阻箱电阻值即改变分流程度。当电流计指针指示到中间值,且标准表读数(总电流强度)仍保持不变(可通过调电源电压和 R_W 来实现),显然这时分流电阻值就等于被测电流计的内阻。

②替代法,测量原理图如图 5-10-2 所示。当被测电流计接在电路中时,电路中有一定的电流(标准表读数),然后用十进位电阻箱(R_2)替代它,改变电阻箱电阻值,使得电路中的电压不变的条件下,电路中的电流(标准表读数)亦保持不变,则电阻箱的电阻值即为被测电流计内阻。

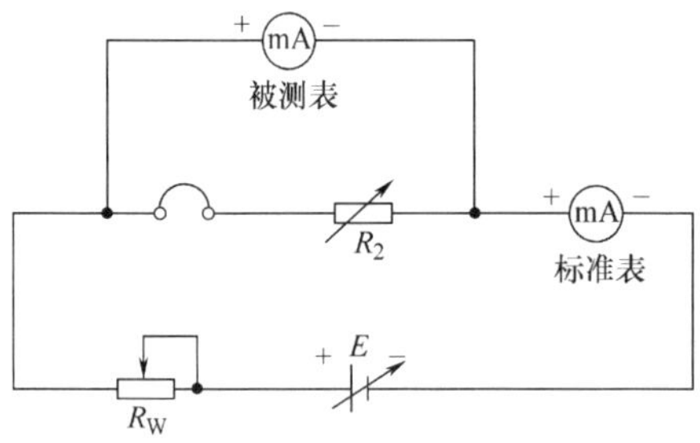

图 5-10-1　半电流法测电流表内阻

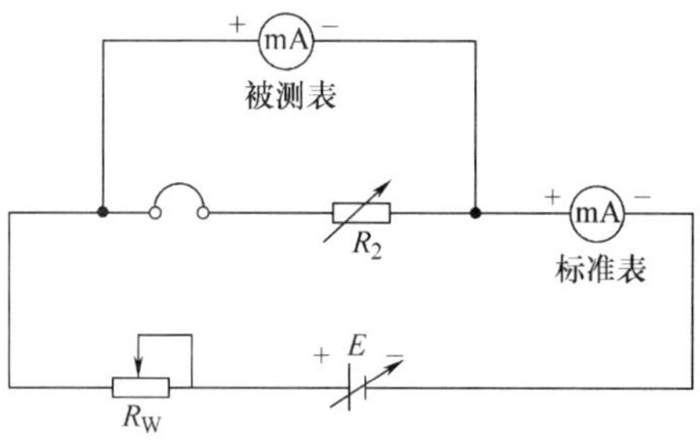

图 5-10-2　替代法测电流表内阻

替代法是一种运用很广的测量方法,具有较高的测量准确度。

(2)改装为大量程电流表。

图 5-10-3 为扩流的电流表原理图。根据电阻并联规律可知,如果在表头两端并联上一个阻值适当的电阻 R_2,可使表头不能承受的那部分电流从 R_2 上分流通过。这种由表头和并联电阻 R_2 组成的整体(图中虚线框住的部分)就是改装后的电流表。如需将量程扩大至

n 倍，则有

$$R_2 = R_g/(n-1) \tag{5-10-1}$$

用电流表测量电流时，电流表应串联在被测电路中，所以要求电流表应有较小的内阻。另外，在表头上并联阻值不同的分流电阻，便可制成多量程的电流表。

（3）改装为电压表。

一般表头能承受的电压很小，不能用来测量较大的电压。如图 5－10－4 所示，为了测量较大的电压，可以给表头串联一个阻值适当的电阻 R_M，使表头上不能承受的那部分电压降落在电阻 R_M上。这种由表头和串联电阻 R_M组成的整体就是电压表，串联的电阻 R_M叫作扩程电阻。选取不同大小的 R_M，就可以得到不同量程的电压表。由图 5－10－4 可求得扩程电阻为

$$R_M = \frac{U}{R_M} - R_g \tag{5-10-2}$$

实际的扩展量程后的电压表原理图如图 5－10－4 所示。

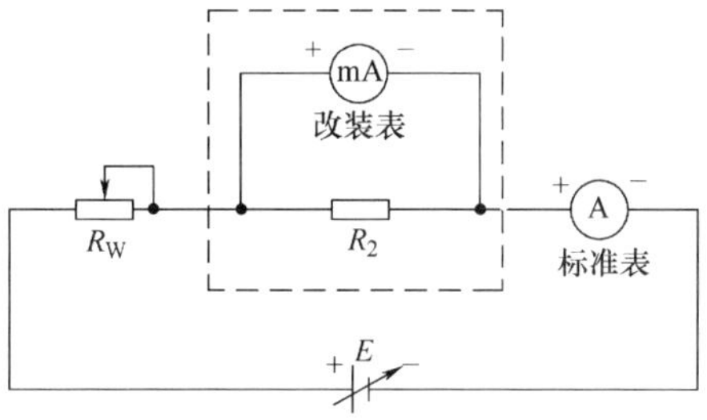

图 5－10－3　扩流的电流表原理图

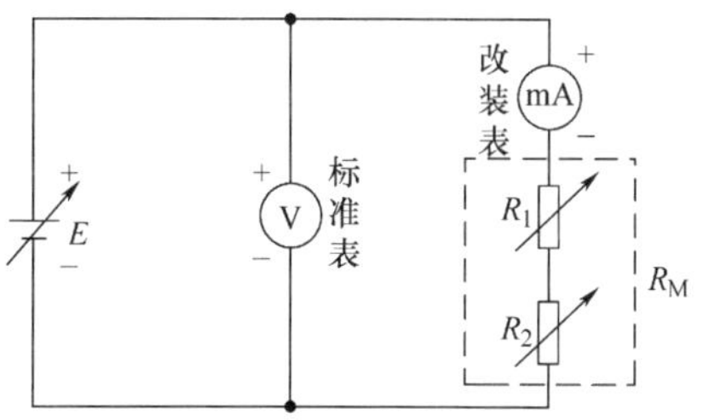

图 5－10－4　扩展量程的电压表原理图

用电压表测电压时，电压表总是并联在被测电路上，为了不因并联电压表而改变电路中的工作状态，要求电压表有较高的内阻。

（4）改装毫安表为欧姆表。

用来测量电阻大小的电表称为欧姆表。根据调零方式的不同，可分为串联分压式和并联分流式两种。其原理电路如图 5－10－5 所示。

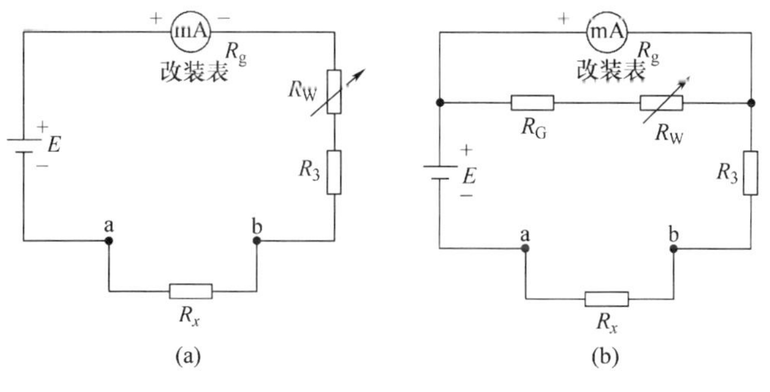

图 5－10－5　改装的欧姆表原理图

（a）串联分压式　（b）并联分流式

图中 E 为电源，R_3为限流电阻，R_W为调零电位器，R_x为被测电阻，R_g为等效表头内阻。图 5 - 10 - 5（b）中，R_G与 R_W一起组成分流电阻。

欧姆表使用前先要调零点，即 a、b 两点短路，（相当于 $R_x=0$），调节 R_W的阻值，使表头指针正好偏转到满度。可见，欧姆表的零点就在表头标度尺的满刻度（即量程）处，与电流表和电压表的零点正好相反。

在图 5 - 10 - 5（a）中，当 a、b 端接入被测电阻 R_x 后，电路中的电流为

$$I=\frac{E}{R_g+R_W+R_3+R_x} \tag{5-10-3}$$

对于给定的表头和线路来说，R_g、R_W、R_3 都是常量。由此可见，当电源端电压 E 保持不变时，被测电阻和电流值有一一对应的关系。即接入不同的电阻，表头就会有不同的偏转读数，R_x越大，电流 I 越小。短路 a、b 两端，即 $R_x=0$ 时，有

$$I=\frac{E}{R_g+R_W+R_3}=I_g \tag{5-10-4}$$

这时指针满偏。

当 $R_x=R_g+R_W+R_3$时，有

$$I=\frac{E}{R_g+R_W+R_3+R_x}=\frac{1}{2}I_g \tag{5-10-5}$$

这时指针在表头的中间位置，对应的阻值为中值电阻，显然 $R_中=R_g+R_W+R_3$。

当 $R_x=\infty$（相当于 a、b 开路）时，$I=0$，即指针在表头的机械零位。

根据以上分析，可知欧姆表的标度尺为反向刻度，且刻度是不均匀的，电阻 R 越大，刻度间隔愈密。如果表头的标度尺预先按已知电阻值刻度，就可以用电流表来直接测量电阻了。并联分流式欧姆表是利用对表头分流来进行调零的，具体参数可自行设计。

欧姆表在使用过程中电池的端电压会有所改变，而表头的内阻 R_g及限流电阻 R_3为常量，故要求 R_W要随着 E 的变化而改变，以满足调零的要求，设计时用可调电源模拟电池电压的变化，范围取 1.3 ~ 1.6 V 即可。

【实验内容】

电表改装与校准实验仪的使用方法参见附录。仪器在进行实验前应对毫安表进行机械调零。

（1）用中值法或替代法测出表头的内阻，按图 5 - 10 - 1 或图 5 - 10 - 2 接线。$R_g=$ ________ Ω。

（2）将一个量程为 1 mA 的表头改装成 5 mA 量程的电流表。

①根据式（5 - 10 - 1）计算出分流电阻值，先将电源电压调到最小，R_W调到中间位置，再按图 5 - 10 - 3 接线。

②慢慢调节电源，升高电压，使改装表指到满量程（可配合调节 R_W变阻器），这时记录标准表读数。注意：R_W作为限流电阻，阻值不要调至最小值。然后调小电源电压，使改装表每隔 1 mA（满量程的 1/5）逐步减小读数直至零点；（将标准电流表选择开关打在 20 mA 挡量程）再调节电源电压按原间隔逐步增大改装表读数到满量程，每次记下标准表相应的读

数填入表 5 - 10 - 1。

表 5 - 10 - 1 量程为 1 mA 的表头改装成 5 mA 量程的电流表测试数据

改装表读数/mA	标准表读数/mA			示值误差 ΔI/mA
	减小时	增大时	平均值	
1				
2				
3				
4				
5				

③以改装表读数为横坐标,标准表由大到小及由小到大调节时两次读数的平均值为纵坐标,在坐标纸上作出电流表的校正曲线,并根据两表最大误差的数值定出改装表的准确度级别。

④重复以上步骤,将 1 mA 表头改装成 10 mA 表头,可按每隔 2 mA 测量一次。(可选做)。

⑤将面板上的 R_G 和表头串联,作为一个新的表头,重新测量一组数据,并比较扩流电阻有何异同。(可选做)

(3)将一个量程为 1 mA 的表头改装成 1.5 V 量程的电压表。

①根据式(5 - 10 - 2)计算扩程电阻 R_M 的阻值,可用 R_1、R_2 进行实验。

②按图 5 - 10 - 4 连接校准电路。用量程为 2 V 的数显电压表作为标准表来校准改装的电压表。

③调节电源电压,使改装表指针指到满量程(1.5 V),记下标准表读数。然后每隔 0.3 V逐步减小改装读数直至零点,再按原间隔逐步增大到满量程,每次记下标准表相应的读数填入表 5 - 10 - 2。

④以改装表读数为横坐标,标准表由大到小及由小到大调节时两次读数的平均值为纵坐标,在坐标纸上作出电压表的校正曲线,并根据两表最大误差的数值定出改装表的准确度级别。

表 5 - 10 - 2 量程为 1 mA 的表头改装成 1.5 V 量程的电压表测试数据

改装表读数/V	标准表读数/V			示值误差 ΔU/V
	减小时	增大时	平均值	
0.3				
0.6				
0.9				
1.2				
1.5				

⑤重复以上步骤，将 1 mA 表头改成 5 V 表头，可按每隔 1 V 测量一次。（可选做）

（4）改装欧姆表及标定表面刻度。

①根据表头参数 I_g 和 R_g 以及电源电压 E，选择 R_W 为 470 Ω，R_3 为 1 kΩ，也可自行确定。

②按图 5－10－5（a）进行连线。将 R_1、R_2 电阻箱（这时作为被测电阻 R_x）接于欧姆表的 a、b 端，调节 R_1、R_2，使 $R_{中} = R_1 + R_2 = 1\ 500\ \Omega$。

③调节电源 $E = 1.5$ V，调 R_W 使改装表头指示为零。

④取电阻箱的电阻为一组特定的数值 R_{x_i}，读出相应的偏转格数 d_i。利用所得读数 R_{x_i}、d_i 绘制出改装欧姆表的标度盘，如表 5－10－3 所示。

表 5－10－3　改装欧姆表标定表面刻度测试数据

R_{x_1} /Ω	$\frac{1}{5}R_{中}$	$\frac{1}{4}R_{中}$	$\frac{1}{3}R_{中}$	$\frac{1}{2}R_{中}$	$R_{中}$	$2R_{中}$	$3R_{中}$	$4R_{中}$	$5R_{中}$
偏转格数 d_i									

【思考题】

（1）是否还有别的办法来测定电流计内阻？能否用欧姆定律来进行测定？能否用电桥来进行测定而又保证通过电流计的电流不超过 I_g？

（2）设计 $R_{中} = 1\ 500\ \Omega$ 的欧姆表。现有两块量程 1 mA 的电流表，其内阻分别为 250 Ω 和 100 Ω，你认为选哪块较好？

【附】 DH4508 型电表改装与校准实验仪使用简介

本仪器通过连线能完成改装电流表、电压表、欧姆表实验，通过实验能提高使用者运用电表、使用电表的能力。

1. 主要技术参数

指针式被改装表：量程 1 mA，内阻约 155 Ω，精度 1.5 级。

电阻箱：调节范围 0～11 111.0 Ω，精度 0.1 级。

标准电流表：0～2 mA，0～20 mA 两量程，三位半数显，精度 ±0.5%。

标准电压表：0～2 V，0～20 V 两量程，三位半数显，精度 ±0.5%。

可调稳压源：输出范围 0～2 V，0～10 V 两量程，稳定度 0.1%/min，负载调整率 0.1%。

供电电源：交流 220（1＋10%）V，50 Hz。

2. 使用说明

本仪器内附指针式电流计、标准电压表电流表、可调直流稳压电源、十进式电阻箱、专用导线及其他部件，无须其他配件便可完成多种电表改装实验。

本仪器的面板如图 5－10－6 所示。

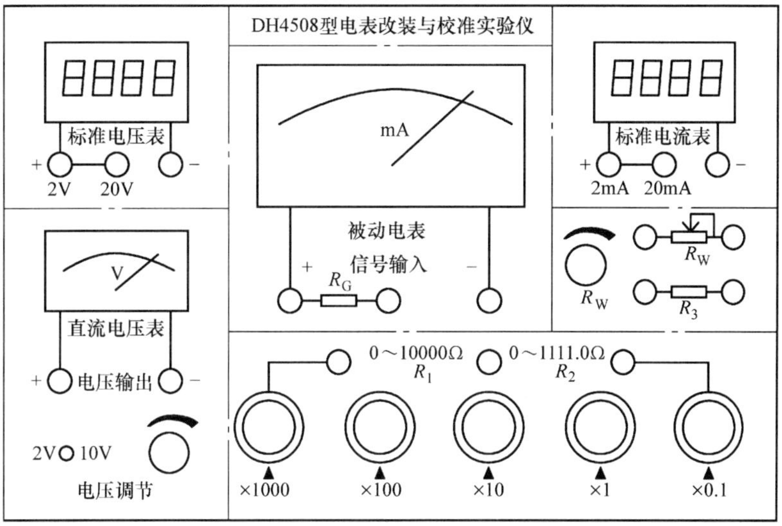

图 5－10－6　面板示意图

可调直流稳压源分为 2 V、10 V 两个量程，通过"电压选择开关"选择所需的电压输出，调节"电压调节"电位器调节需要的电压。指针式电压表的指示也分为 2 V、10 V 两个量程。

标准数显电压表有 2 V、20 V 两个量程，通过"电压量程选择开关"选择不同的电压量程，需连接到对应的测量端方可测量。

标准数显电流表有 2 mA、20 mA 两个量程，通过"电流量程选择开关"选择不同的电流量程，需连接到对应的测量端方可测量。

3. 使用步骤

(1) 打开仪器后部电源开关，接通交流电源。

(2) 检查标准电压表、标准电流表，应正常显示。标准电压表在空载时因内阻较高会出现跳字，属正常现象。

(3) 调节稳压电源，应正常输出。

实验 11　电子荷质比的测定

【实验目的】

(1) 观察电子束在电场作用下的偏转。

(2) 观察运动电荷在磁场中受洛仑兹力作用后的运动规律，加深对此的理解。

(3) 测定电子的荷质比。

【实验仪器】

DH4520 型电子荷质比测定仪包括:洛仑兹力管、亥姆霍兹线圈、供电电源和读数标尺等部分。

1. 洛仑兹力管

洛仑兹力管又称威尔尼管,是本实验仪的核心器件。它是一个直径为 153 mm 的大灯泡,泡内抽真空后,充入一定压强的混合惰性气体。泡内装有一个特殊结构的电子枪,由热阴极、调制板、锥形加速阳极和一对偏转极板组成,如图 5 - 11 - 1 所示。经阳极加速后的电子,经过锥形阳极前端的小孔射出,形成电子束。具有一定能量的电子束与惰性气体分子碰撞后,使惰性气体发光,从而使电子束的运动轨迹成为可见。

2. 亥姆霍兹线圈

亥姆霍兹线圈是由一对绕向一致,彼此平行且共轴的圆形线圈组成,如图 5 - 11 - 2 所示。当两线圈正向串联并通以电流 I,且距离 a 等于线圈的半径 r 时,可以在线圈的轴线上获得不太强的均匀磁场。如两线圈间的距离 a 不等于 r 时,则轴线上的磁场就不均匀。

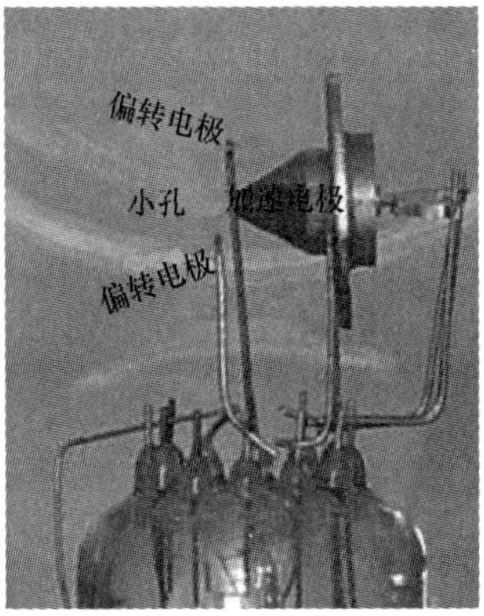

图 5 - 11 - 1　洛仑兹力管

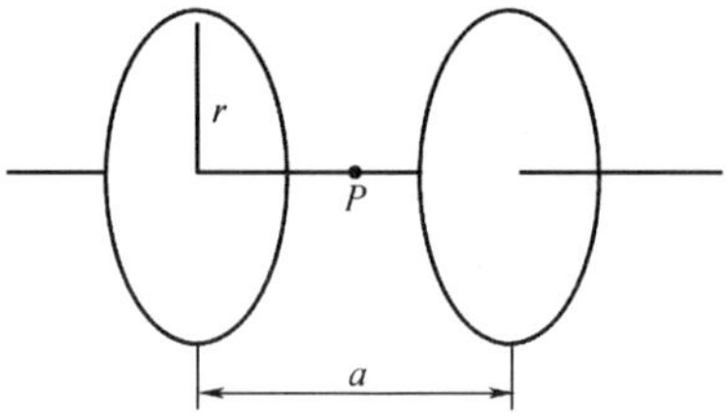

图 5 - 11 - 2　亥姆霍兹线圈

根据构成亥姆霍兹线圈的两个单个线圈在轴线上 P 点产生的磁感应强度 B 的叠加,可求出当 $a=r$ 时,亥姆霍兹线圈轴线上总的磁感应强度

$$B=0.716\frac{\mu_0 NI}{r}$$

式中　μ_0——真空磁导率,$\mu_0=4\pi\times10^{-7}$ H/m;

N——每个线圈的匝数,$N=140$ 匝;

r——亥姆霍兹线圈的等效半径,$r=0.140$ m。

根据以上数据,可算得

$$B=9.00\times10^{-4}I\ (\mathrm{T}) \qquad (5-11-1)$$

3. 供电电源

(1)偏转电压。偏转电压开关分“上正”“断开”“下正”三挡。置“上正”时上偏转板接正电压,下偏转板接地。置“下正”时则相反。置“断开”时,上下偏转板均无电压接入。观察与测量电子束在洛仑兹力作用下的运动轨迹时,应置于“断开”位置。偏转电压的大小,由偏转电压开关下面的电位器调节。电压值在 50 ~ 250 V,连续可调,无显示。

(2)阳极电压。阳极电压接于洛仑兹力管内的加速电极，用于加速电子的运动速度。电压值由数字电压表显示，值的大小由电压表下的电位器调节。实验时的电压范围为100～200 V。

(3)线圈电流。线圈电流(励磁电流)方向开关分“顺时”“断开”“逆时”三挡。置“顺时”时线圈中的电流方向为顺时针方向，线圈上的顺时指示灯亮，产生的磁场方向指向机内。置“逆时”时则相反。置“断开”时，线圈上的电流方向指示灯全熄灭，线圈中没有电流。电流值由数字电流表指示，其值由电流表下面的电位器调节。

注意：在转换线圈电流的方向前，应先将线圈电流值调到最小，以免转换电流方向时产生强电弧烧坏开关的接触点。在观察电子束在电场力的作用下发生偏转时，应将此开关置“断开”位置。

在仪器后盖上设有外接电流表和外接电压表接线柱，以备在做演示时外接大型电压表和电流表。

4. 读数装置

在亥姆霍兹线圈的前后线圈上，分别装有单爪数显游标尺和镜子，以便在测量电子束圆周的直径 D 时，使游标尺上的爪子、电子束轨迹、爪子在镜中的像三者重合，构成一线，以减小视差，提高读数的准确性。游标读数分 inch 和 mm 两种刻度，本实验选用 mm 刻度。

【实验原理】

电子荷质比(e/m)首先由英国物理学家 J. J. 汤姆逊(J. J. Thomson，1856—1940)于 1897 年在英国剑桥卡文迪许实验室测出，并因此于 1906 年获诺贝尔物理学奖。

在物理学中，测定电子荷质比的实验方法有多种，但都是采用电场(或磁场，或电场和磁场)来控制电子的运动，从而测定电子的荷质比。本实验是采用由亥姆霍兹线圈产生的磁场，控制洛仑兹力管中电子的运动，测定电子荷质比的。

对于在均匀磁场 $\vec{B}$ 中的以速度 $\vec{v}$ 运动的电子，将受到洛仑兹力

$$\vec{F}=e\vec{v}\times\vec{B}$$

的作用。当 $\vec{v}$ 和 $\vec{B}$ 同向时，力 $\vec{F}$ 等于零，电子的运动不受磁场的影响。当 $\vec{v}$ 和 $\vec{B}$ 垂直时，力 $\vec{F}$ 垂直于速度 $\vec{v}$ 和磁感应强度 $\vec{B}$，电子在垂直于 $\vec{B}$ 的平面内做匀速圆周运动，如图 5－11－3所示。维持电子做圆周运动的力就是洛仑兹力，其大小为

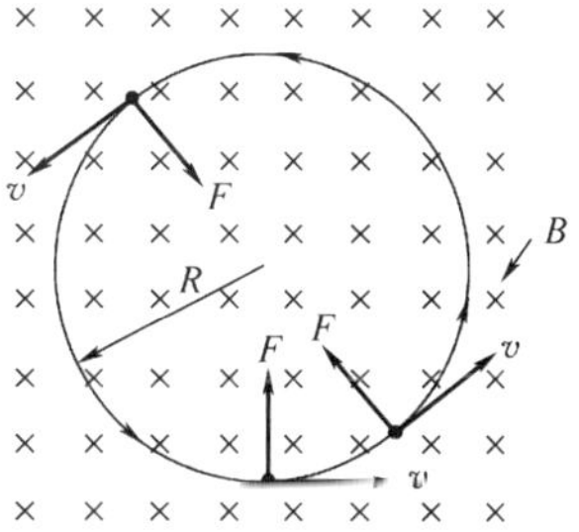

图 5－11－3　带电粒子在均匀磁场中的运动

$$F=evB=m\frac{v^2}{R}$$

式中　R——电子运动轨道的半径。

容易得出电子荷质比

$$\frac{e}{m}=\frac{v}{RB} \tag{5-11-2}$$

由此可见，实验中只要测定了电子运动的速度 v、轨道的半径 R 和磁感应强度 B，即可测定电子的荷质比。

电子运动的速度 v 应该由加速电极，即阳极的电压 U 决定(电子离开阴极时的初速度

相对来说很小，可以忽略），即

$$\frac{1}{2}mv^2 = eU \tag{5-11-3}$$

将式(5-11-3)代入式(5-11-2)，得

$$\frac{e}{m} = \frac{2U}{R^2B^2} \tag{5-11-4}$$

将式(5-11-1)代入上式，得电子荷质比

$$\frac{e}{m} = 2.47 \times 10^6 \times \frac{U}{R^2I^2} \quad (\mathrm{C/kg}) \tag{5-11-5}$$

如果用电子束轨迹的直径 D 表示，则

$$\frac{e}{m} = 9.88 \times 10^6 \times \frac{U}{D^2I^2} \quad (\mathrm{C/kg}) \tag{5-11-6}$$

式中 U、D、I 都是可以通过实验测量的量。由此即可求出电子荷质比。

如果电子运动的速度 v 和磁感应强度 B 不完全垂直时，电子束将做螺旋线运动。

【实验内容】

在开始通电实验前，应使仪器面板上各控制开关和旋钮放在下述位置上：偏转电压开关置"断开"，电位器逆时针转到电压最小，调节阳极电压的电位器也逆时针调到零，线圈电流方向开关置"断开"，调节线圈电流的电位器也逆时针调到零。以上调节的目的，是为了保护仪器，不受大电流高电压的冲击，延长洛仑兹力管的使用寿命。

打开电源，预热 5 min。逐渐增加阳极电压至 100～200 V，即可看到一束淡蓝绿色的光束从电子枪中射出，这就是电子束。

1. 观察电子束在电场作用下的偏转

转动洛仑兹力管，使角度指示为 90°，即电子束指向左边并与线圈轴线垂直。在转动洛仑兹力管时，务必用手抓住胶木管座，切勿手抓玻璃泡转动，以免管座松动。

将偏转电压开关拨到"上正"位置，这时上偏转板电位为正，下偏转板接地，观察电子束的偏转方向。加大偏转板上的偏转电压，观察偏转角度的变化情况。在偏转电压不变的情况下，加大阳极电压，观察偏转角度的变化情况。再将偏转电压调至最小，偏转开关拨到"下正"位置，做与上相同的观察。

记录观察到的现象，并做出理论解释。

2. 观察电子束在磁场中的运动轨迹

将偏转电压开关拨到"断开"位置。线圈电流方向开关拨到"顺时"位置，线圈上的电流顺时方向指示灯亮，加大线圈电流和阳极电压，观察电子束在磁场中运动轨迹的变化情况。转动洛仑兹力管，做进一步的观察。

记录观察到的现象，并做出理论解释。

3. 测量电子的荷质比

根据以上所述，将电子束轨迹调整成一个闭合的圆。利用读数装置，在不同的阳极电压 U 和不同的线圈电流 I 情况下，仔细测量电子束轨迹的直径。根据式(5-11-6)计算电子荷质比。

具体内容建议如下。

固定阳极电压，改变线圈电流，做多次测量。

固定线圈电流，改变阳极电压，做多次测量。

欲使实验结果比较准确，关键是测准电子束轨迹的直径 D。圆的直径取 4 ~ 9 cm 时较为合适。

实验结束后，将阳极电压和线圈电流调到最小，偏转电压开关和线圈电流开关都拨到"断开"位置，然后关掉电源。

【附】 参考数据

(1)固定阳极电压，改变线圈电流，见表 5 - 11 - 1。

表 5 - 11 - 1 固定阳极电压，改变线圈电流

阳极电压 U/V	线圈电流 I/A	电子束直径 D/m	电子荷质比 $e/m \times 10^{11}$ /(C/kg)
100	1.00	0.073 9	1.81
	1.20	0.063 9	1.68
	1.40	0.056 1	1.66
	1.60	0.047 6	1.70
	1.80	0.042 2	1.71
平均值			1.70

(2)固定线圈电流，改变阳极电压，见表 5 - 11 - 2。

表 5 - 11 - 2 固定线圈电流，改变阳极电压

线圈电流 I/A	阳极电压 U/V	电子束直径 D/m	电子荷质比 $e/m \times 10^{11}$ /(C/kg)
1.50	100	0.051 0	1.69
	110	0.052 2	1.61
	120	0.053 8	1.82
	130	0.057 6	1.72
	140	0.059 1	1.76
平均值			1.72

平均相对误差 $E = 2.8\%$。

实验 12 电路混沌效应

【实验目的】

(1)用示波器观测 LC 振荡器产生的波形及经 RC 移相后的波形。

(2)用双踪示波器观测上述两个波形组成的相图(李萨如图)。

(3)改变 RC 移相器中可调电阻 R 的值，观察相图周期变化；记录倍周期分岔、阵发混沌、三倍周期、吸引子(周期混沌)和双吸引子(周期混沌)相图。

(4)测量由 TL072 双运放构成的有源非线性负阻"元件"的伏安特性，结合非线性电路的动力学方程，解释混沌产生的原因。

【实验仪器和用具】

示波器(1 台)、四位半数字万用表(2 台)、放大器 TL072(1 个)、电阻(6 只,220 Ω×2、2.2 kΩ×1、3.3 kΩ×1、22 kΩ×2)、可调电感(1 只,18~22 mH 可调)、电容(2 只,0.1 μF×1、0.01 μF×1)、电位器(2 只,2.2 kΩ、220 Ω)、电阻箱(1 个,0~99 999.9 Ω)、桥形跨连线和连接导线(若干,SJ-009、SJ-301、SJ-302)、9 孔插件方板(1 块,SJ-010)。

【实验原理】

1. 非线性电路与非线性动力学

实验电路如图 5-12-1 所示。图中 R_2 是一个有源非线性负阻器件;电感 L_1 和电容 C_1 组成一个损耗可以忽略的谐振回路;可变电阻 R_1 和电容 C_2 连接将振荡器产生的正弦信号移相输出。图 5-12-2 所示的是该电阻的伏安特性曲线,可以看出加在此非线性元件上电压与通过它的电流极性是相反的。由于加在此元件上的电压增加时,通过它的电流减小,因而将此元件称为非线性负阻元件。

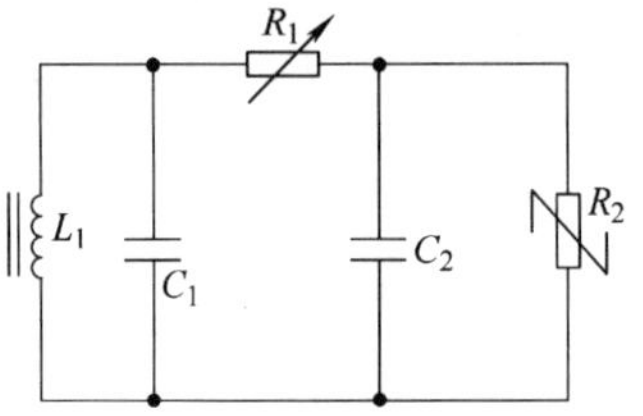

图 5-12-1 非线性电路

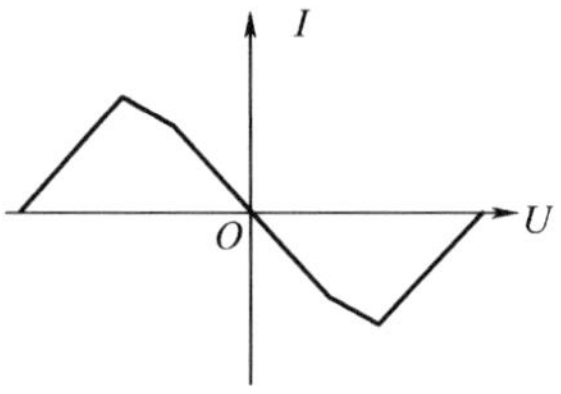

图 5-12-2 非线性电阻伏安特性曲线

图 5-12-1 所示电路的非线性动力学方程为

$$C_2\frac{\mathrm{d}U_{C_2}}{\mathrm{d}t}=G(U_{C_1}-U_{C_2})-gU_{C_2} \qquad (5-12-1)$$

$$C_1\frac{\mathrm{d}U_{C_1}}{\mathrm{d}t}=G(U_{C_2}-U_{C_1})+i_L \qquad (5-12-2)$$

$$L\frac{\mathrm{d}i_L}{\mathrm{d}t}=-U_{C_1} \qquad (5-12-3)$$

式中 U_{C_1}、U_{C_2}——C_1、C_2 上的电压;

i_L——电感 L_1 上的电流;

G——电导,$G=1/R_1$;

g——U 的函数。

如果 R_2 是线性的,则 g 为常数,电路就是一般的振荡电路,得到的解是正弦函数。电阻 R_1 的作用是调节 C_1 和 C_2 的位相差。把 C_1 和 C_2 两端的电压分别输入到示波器的 X、Y 轴,则显示的图形是椭圆。但是如果 R_2 是非线性的则又显示什么图形呢?

实际电路中 R_2 经常是非线性元件。实际非线性混沌实验电路如图 5-12-3 所示。图中,非线性电阻是电路的关键,它是通过一个双运算放大器和六个电阻组合来实现的。电路中,L、C_1 并联构成振荡电路,电位器 R_{W_1}、R_{W_2} 和 C_2 的作用是分相,使 CH1 和 CH2 两处输入示波器的信号产生相位差,即可得到 X、Y 两个信号的合成图形。双运放 *TL*072 的前级和后级正、负反馈同时存在,正反馈的强弱与比值 $R_3/(R_{W_1}+R_{W_2})$、$R_4/(R_{W_1}+R_{W_2})$ 有关,负反

馈的强弱与比值 R_2/R_1、R_5/R_4 有关。当正反馈大于负反馈时，振荡电路才能维持振荡。若调节 R_{W_1}、R_{W_2} 时正反馈就发生变化，TL072 就处于振荡状态而表现出非线性。

2. 有源非线性负阻元件的实现

有源非线性负阻元件实现的方法有多种，这里采用两个运算放大器和六个电阻来实现，其电路如图 5－12－4 所示，其伏安特性曲线如图 5－12－5 所示，表现出分段线性的特点，整体呈现为非线性。实验所要研究的是该非线性元件对整个电路的影响，而非线性负阻元件的作用是使振动周期产生分岔和混沌等一系列非线性现象。

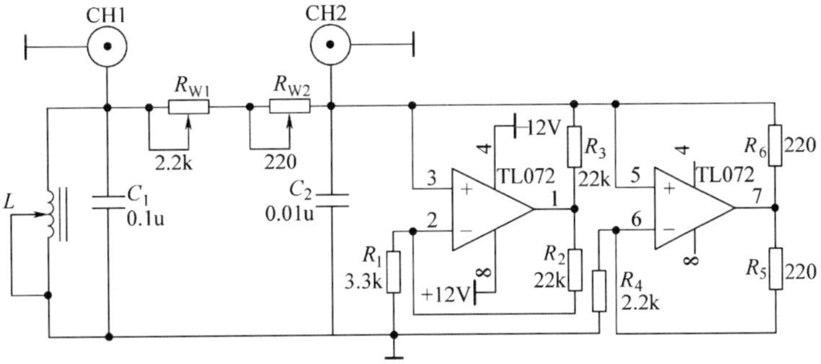

图 5－12－3　实际非线性混沌实验电路

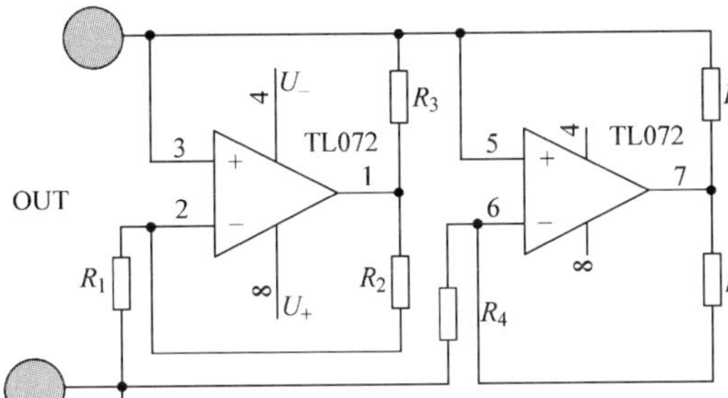

图 5－12－4　有源非线性负阻元件的实验电路

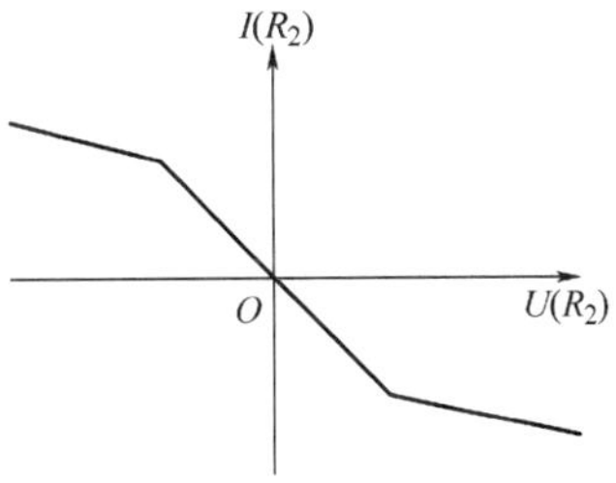

图 5－12－5　有源非线性负阻元件的伏安特性曲线

3. 实验现象的观察

把图 5－12－3 中的 CH1 和 CH2 接入示波器，将示波器调至 CH1—CH2 波形合成挡，调节可变电阻器的阻值，可以从示波器上观察到一系列现象。最初仪器刚打开时，电路中有一个短暂的稳态响应现象，这个稳态响应被称作系统的吸引子（attractor）。这意味着系统的响应部分虽然初始条件各异，但仍会变化到一个稳态。在本实验中对于初始电路中的微小正负扰动，各对应于一个正负的稳态。当电导继续平滑增大到达某一值时，可以发现响应部分的电压和电流开始周期性地回到同一个值，产生了振荡。这时就观察到了一个单周期吸引子（period-one attractor）。它的频率决定于电感与非线性电阻组成的回路的特性。

再增加电导（电导值为 $1/(R_{W_1}+R_{W_2})$）时，我们就观察到了一系列非线性现象。先是电路中产生了一个不连续的变化：电流与电压的振荡周期变成了原来的两倍，也称分岔（bifurcation）。继续增加电导，还会发现二周期倍增到四周期，四周期倍增到八周期。如果精度足够，当连续地、越来越小地调节时就会发现一系列永无止境的周期倍增，最终在有限的范围内会成为无穷周期的循环，从而显示出混沌吸引(chaotic attractor)的性质。

需要注意的是，对应于前面所述的不同的初始稳态，调节电导会导致两个不同的但却是确定的混沌吸引子，这两个混沌吸引子是关于零电位对称的。

实验中，很容易地观察到倍周期和四周期现象。再有一点变化，就会导致一个单旋涡状的混沌吸引子，较明显的是三周期窗口。观察到这些窗口表明了得到的是混沌的解，而不是噪声。在调节的最后，看到吸引子突然充满了原本两个混沌吸引子所占据的空间，形成了双旋涡混沌吸引子(double scroll chaotic attractor)。由于示波器上的每一点对应着电路中的每一个状态，出现双混沌吸引子就意味着电路在这个状态时，相当于电路处于最初的那个响应状态，最终会到达哪一个状态完全取决于初始条件。

在实验中，尤其需要注意的是，如果示波器的扫描频率选择不适合，可能无法观察到正确的现象。这就需通过使用示波器中不同的扫描频率挡来观察现象，以期得到最佳的实验结果。

【实验内容】

1. 混沌现象的观察

(1)按照电路原理图 5-12-3 进行接线，注意运算放大器的电源极性不要接反。

(2)用同轴电缆将 Q9 插座 CH1 连接双踪示波器 CH1 通道(即 X 轴输入)；Q9 插座 CH2 连接双踪示波器 CH2 通道(即 Y 轴输入)；可以交换 X、Y 输入，使显示的图形相差 90°。

① 调节示波器相应的旋钮使其在 Y—X 状态工作，即 CH2 输入的大小反映在示波器的水平方向；CH1 输入的大小反映在示波器的垂直方向。

② CH2 的输入和 CH1 的输入可放在 DC 态或 AC 态，并适当调节输入增益 V/DIV 波段开关，使示波器显示大小适度、稳定的图像。

(3)检查接线无误后即可开启电源开关，电源指示灯点亮，此时电压表不需要接入电路。

(4)非线性电路混沌的现象观测。

① 把电感值调到 20 mH 或 21 mH。

② 右旋细调电位器 R_{W_2} 到底，左旋或右旋 R_{W_1} 粗调电位器，使示波器出现一个略斜向的椭圆，如图 5-12-6(a)所示。

③ 左旋细调电位器 R_{W_2} 少许，示波器会出现二倍周期分岔，如图 5-12-6(b)所示。

④ 再左旋细调电位器 R_{W_2} 少许，示波器会出现三倍周期分岔，如图 5-12-6(c)所示。

⑤ 再左旋细调电位器 R_{W_2} 少许，示波器会出现四倍周期分岔，如图 5-12-6(d)所示。

⑥ 再左旋细调电位器 R_{W_2} 少许，示波器会出现双吸引子(混沌)现象，如图 5-12-6(e)所示。

⑦ 在观测的同时可以调节示波器相应的旋钮，来观测不同状态下，Y 轴输入或 X 轴输入的相位、幅度和跳变情况。

⑧ 电感的选择对实验现象的影响很大，只有选择合适的电感和电容才可能观测到最好的效果。有兴趣的话可以改变电感和电容的值来观测不同情况下的现象，并分析产生此现象的原因，并从理论的角度去认识和理解非线性电路的混沌现象。

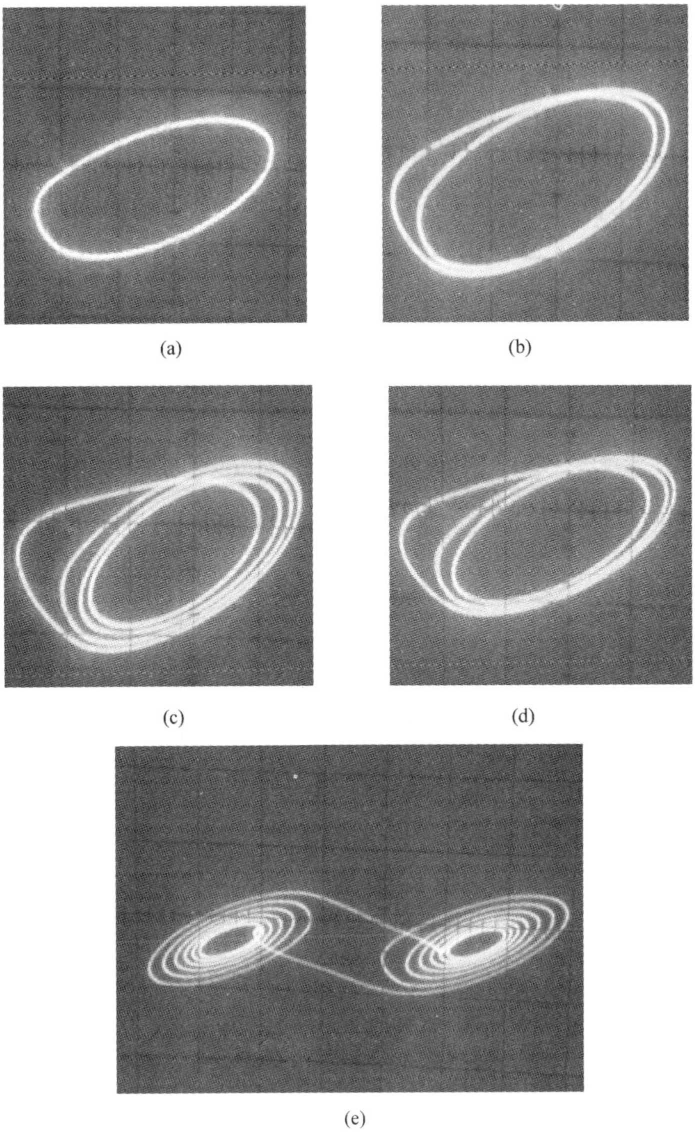

图 5－12－6　非线性电路混沌的现象观测图

(a)略斜向的椭圆　(b)二倍周期分岔　(c)三倍周期分岔　(d)四倍周期分岔　(e)双吸引子(混沌)

2. 有源非线性电阻伏安特性的测量

(1)测量原理如图 5－12－7 所示，连接电路如图 5－12－8所示。其中 R 为 0～99 999.9 Ω 可调电阻箱，R_2 即为非线性负阻。电流表和电压表用一般的四位半数字万用表。(注意数字电流表的正极接电压表的正极)

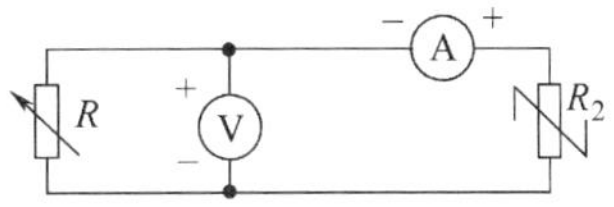

图 5－12－7　有源非线性电阻伏安特性的测量原理图

(2)检查接线无误后即可开启电源。

(3)将电阻箱电阻由 99 999.9Ω 起由大到小调节，记录电阻箱的电阻、数字电压表以及电流表上的对应读数填入表 5－12－1 中。描点作出有源非线性电路的非线性负阻特性曲线(即 I—U 曲线，通过曲线拟合作出分段曲线)，从实验数据验证非线性负阻特性。实验过程中，可能会出现电压电流曲线在二、四象限，这属于正常现象。由于元件的差异，非线性负阻特性曲线可能不一样。

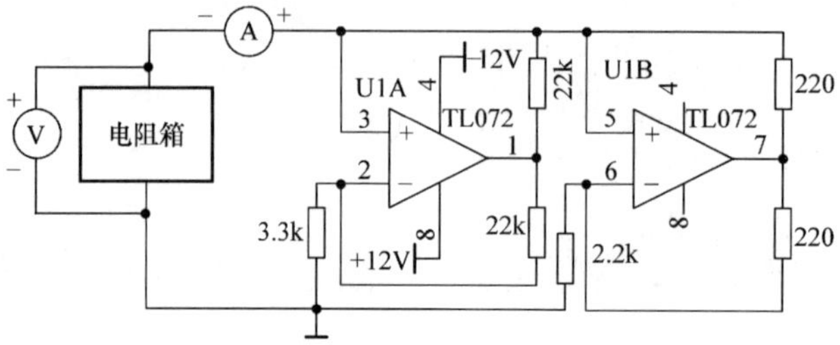

图 5 - 12 - 8　有源非线性电阻伏安特性的测量电路

表 5 - 12 - 1　有源非线性电阻伏安特性的测量数据

电压/V	电阻/Ω	电流/mA

第6章 光学实验

实验1 薄透镜焦距的测定

【实验目的】

(1)学会调节光学系统使之共轴。

(2)掌握薄透镜焦距的常用测量方法。

(3)熟悉光学实验的操作规则。

【实验仪器与用具】

GSZ-2B型光学平台、底座及支架、薄凸透镜(两块)、薄凹透镜、平面镜、物屏(可调狭缝组、有透光箭头的铁皮屏或一字针组)、像屏(白色,有散射光的作用)、光源。

【实验原理】

薄透镜是最常用的基本光学元件,也是光学实验中常用的器件之一。焦距是透镜的主要特征参量。因此,了解透镜成像的规律,测量透镜焦距,是最基本的光学实验内容之一,本实验采用几种不同方法分别测定凸、凹两种透镜的焦距,以便了解透镜的成像规律,掌握光路调节技术,比较各种测量方法的优缺点,为今后正确使用光学仪器打下良好的基础。

在近轴光线条件下,薄透镜成像的高斯公式为

$$\frac{1}{u}+\frac{1}{v}=\frac{1}{f'} \tag{6-1-1}$$

式中 u——物距;

v——像距;

f'——焦距。

应用上式时,必须注意各物理量所适用的符号规定。本书规定:距离自参考点(薄透镜光心)量起,与光线进行方向一致时为正,反之为负。运算时已知量须添加符号,未知量则根据求得的结果中的符号判断其物理意义。

1. 测量凸透镜焦距的方法

1)粗略估测法

以太阳光或较远的灯光为光源,用凸透镜将其发出的光线聚成一光点(或像),此时,根据高斯公式,物距可看成无穷远,像距等于焦距,则光点到透镜中心的距离,即为凸透镜的焦距。由于这种方法误差比较大,大都用在实验前做粗略估计,比如挑选透镜等。

2)共轭法测量凸透镜焦距

利用凸透镜物、像共轭对称成像的性质测量凸透镜焦距的方法,叫共轭法。所谓“物像共轭对称”是指物与像的位置可以互移,如图6-1-1(a)所示。其中图6-1-1(a)图中处于物点 s_0 的物体Q经凸透镜L在像点 p 处成像P,这时物距为 u,像距为 v。若把物点 s_0 移到图6-1-1(a)中 p 的点,那么该物体经同一凸透镜L成像于原来的物点,即像点 p 将移到图6-1-1(a)中的 s_0 点。于是,图6-1-1(b)中的物距 u' 和像

距 v'分别是图6－1－1(a)中的像距 v 和物距 u,即物距 $u'=v$,像距 $v'=u$。这就是"物像共轭对称"。设 $u+v=u'+v'=D$(D 为物屏 Q 和像屏 P 之间的距离)。

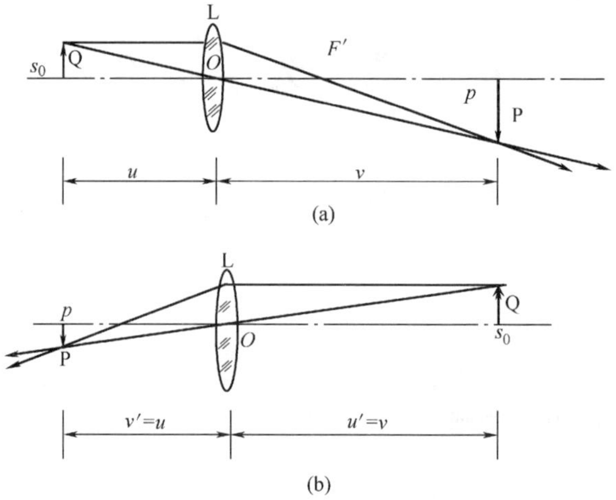

图 6－1－1　物像共轭

(a)示意图　(b)物像位置互换

根据上面的共轭法,如果物与像的位置不调换,那么,物放在 s_0 处,凸透镜 L 放在 X_1 处,所成一倒立放大实像在 p 处;将物不动,凸透镜放在 X_2 处,所成倒立缩小的实像也在 p 处,如图 6－1－2 所示。

由图可知,$u'-u=d$ 或 $v-u=d$。于是可得方程组

$$\begin{cases} D=u+v \\ d=v-u \\ \dfrac{1}{u}+\dfrac{1}{v}=\dfrac{1}{f'} \end{cases}$$

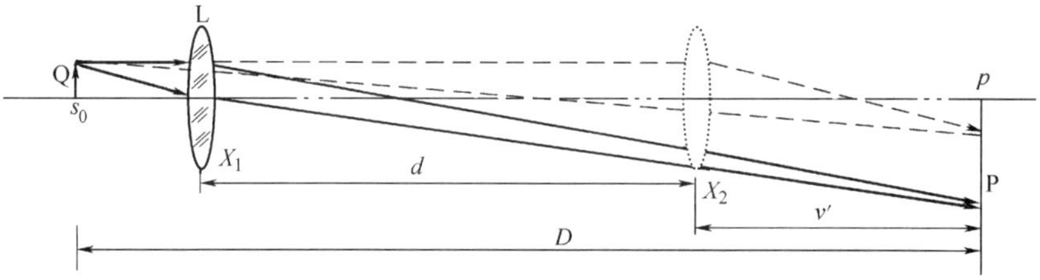

图 6－1－2　共轭法测量凸透镜焦距

解方程组得

$$\left.\begin{aligned} v&=\frac{D+d}{2} \\ u&=\frac{D-d}{2}f'=\frac{D^2-d^2}{4D} \end{aligned}\right\} \tag{6－1－2}$$

该式是共轭法测量凸透镜焦距的公式。由于 f'是通过移动透镜两次成像而求得的,所以,这种方法又称二次成像法。

另外,从方程组中消去 u,得

$$\frac{1}{D-v}+\frac{1}{v}=\frac{1}{f}$$

$$v^2 - Dv + Df = 0$$

$$v = \frac{D \pm \sqrt{D^2 - 4f'D}}{2}$$

当 v 有实根必须有

$$D^2 - 4fD \geqslant 0$$

$$D \geqslant 4f' \qquad (6-1-3)$$

即物屏与像屏之间的距离大于或最少等于四倍的焦距，物才能通过凸透镜二次成像。

3）自准直法测量凸透镜焦距

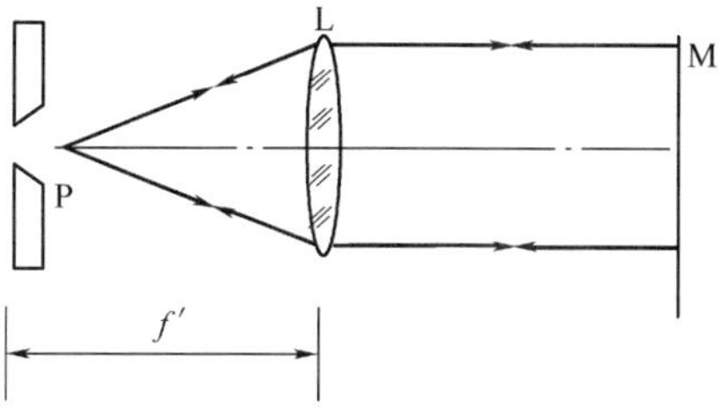

图 6－1－3　自准直法测量凸透镜焦距

如图 6－1－3 所示，当以狭缝光源 P 作为物放在透镜 L 的第一焦平面上时，由 P 发出的光经透镜 L 后将形成平行光。如果在透镜后面放一个与透镜光轴垂直的平面反射镜 M，则平行光经 M 反射，将沿着原来的路线反方向进行，并成像在狭缝平面上。狭缝光源 P 与透镜 L 之间的距离，就是透镜的焦距 f'。这个方法是利用调节实验装置本身，使之产生平行光以达到调焦的目的，所以称自准直法。

2. 用物距与像距法测量凹透镜焦距

由于对实物，凹透镜成虚像，所以直接测量凹透镜的物距、像距，难以两全。此时只能借助与凸透镜成一个倒立的实像作为凹透镜的虚物，虚物的位置可以测出。凹透镜能对虚物成实像，实像的位置可以测出。于是，就可以用高斯公式求出凹透镜的焦距 f，如图 6－1－4 所示。

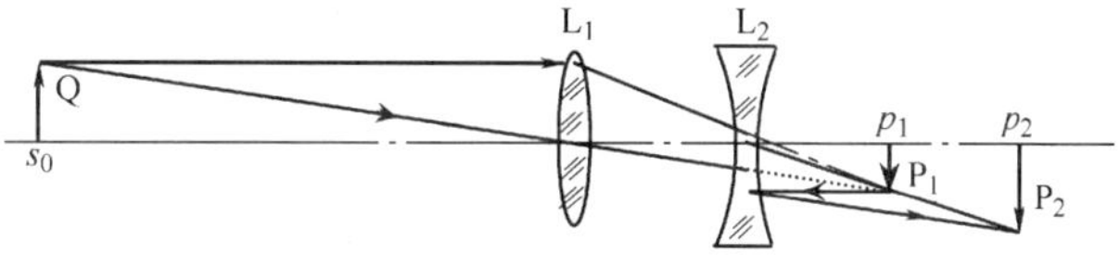

图 6－1－4　用物距与像距法测量凹透镜焦距

【实验内容】

1. 共轭法测量凸透镜焦距

（1）粗调，按图 6－1－5 所示，选用合适的底座及支架，将各光学元件靠拢，调节高低左右；光心中心大致在同一高度和一直线上。

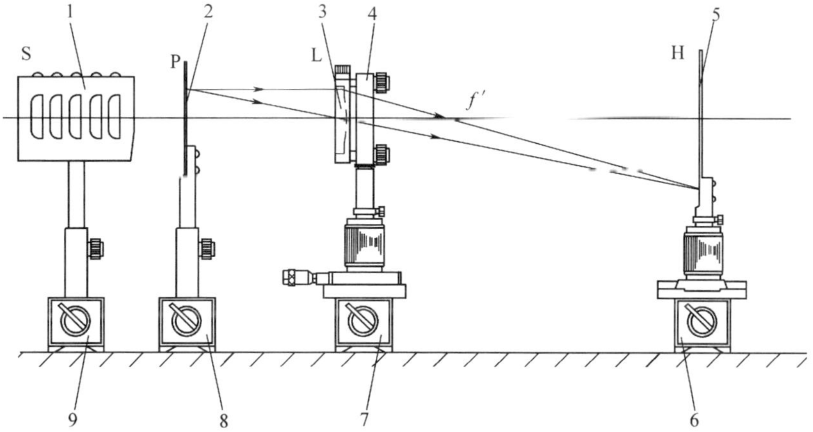

图 6－1－5　共轭法测量凸透镜焦距实验装置

1—白光源 S；2—物屏 P（SZ－14）；3—凸透镜 L（f' = 190 mm）；4—二维架（SZ－07）或透镜架（SZ－08）；5—白屏 H（SZ－13）；6—二维平移底座（SZ－02）；7—三维平移底座（SZ－01）；8，9—通用底座（SZ－04）

(2)细调，用共轭原理进行调整，使物屏与像屏之间的距离 $D \geq 4f$，将凸透镜从物屏向像屏缓慢移动，若所成的大像与小像的中心重合，则等高共轴已调节好；若大像中心在小像中心的下方，说明凸透镜位置偏低，应将位置调高，反之，则将透镜调低。左右亦然。

(3)读出物屏所在位置 s_0，像屏所在位置 p，填入自拟的表格中，求出 $D = |p - s_0|$。

(4)移动凸透镜，使像屏上呈现清晰的放大的倒立实像，记下此时的位置 X_1；继续移动凸透镜，使像屏上呈现清晰的缩小的倒立实像，记下此时的位置 X_2，求出 $d = |X_2 - X_1|$。

重复上述步骤五次，共得四组数据，用式(6－1－2)计算出每组的 f' 值，求出 f' 的平均值。

2. 自准直法测量凸透镜焦距

(1)按图6－1－6所示，在光学实验平台上放置物屏P、平面镜M，并使它们之间的距离比所测凸透镜的焦距大。在物屏P和平面镜M之间放上被测量的凸透镜L。

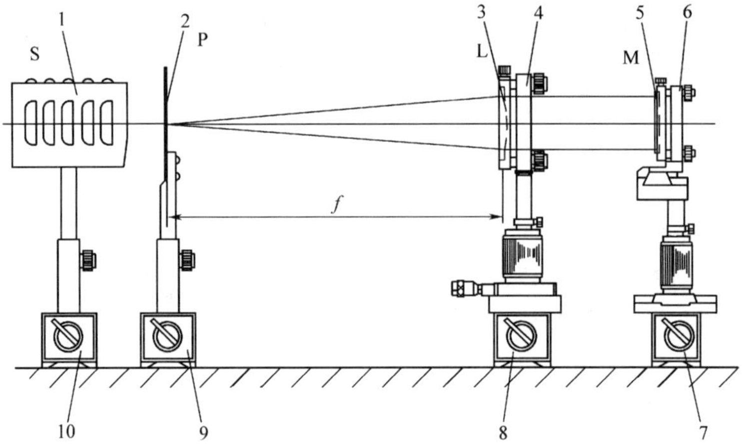

图6－1－6　自准直法测量凸透镜焦距实验装置

1—白光源S(GY－6A)；2—物屏P(SZ－14)；3—凸透镜L(f'＝190 mm)；
4—二维架(SZ－07)或透镜架(SZ－08)；5—平面镜M底座(SZ－04)；6—三维调节架(SZ－16)；
7—二维平移底座(SZ－02)；8—三维平移底座(SZ－01)；9，10—通用底座

(2)适当调节光路，使物屏P发出的光通过透镜L后，由平面镜M反射回去，并再次通过透镜射向物屏P。

(3)前后移动凸透镜，使物屏上产生倒立、等大、清晰的实像，当共轴很好时，物与像完全重合，用纸片遮住平面镜，清晰的像应该消失。记下凸透镜的位置 l。

重复步骤(3)五次，记录物屏P及透镜L所在的位置，计算出 f' 的平均值。

3. 用物距与像距法测量凹透镜焦距

(1)按图6－1－4固定物屏的位置于 s_0 处，并在其后的导轨上放置一凸透镜 L_1，使像屏上成一倒立缩小的实像。记下像屏P位置 p_1。s_0 通过凸透镜也可成一个倒立放大的实像，但所成的缩小实像亮度、清晰度高，易准确定位。

(2)移动像屏的位置，重复步骤(1)五次，将测量六次所得的 p_1 位置填入自拟的表格中。

(3)在凸透镜 L_1 与像屏P之间放上凹透镜 L_2，L_2 的位置应靠近 p_1 一些，此时P上倒立

缩小的实像可能模糊不清，为此需可将像屏向后移动，直至在 p_2 处又出现清晰的像。重复找出 P_2、L_2 的位置 6 次，填入自拟的表中。

(4)利用高斯公式计算出凹透镜的焦距。（高斯公式具体用到这里时 u、f 均为负值，若 $|u|$大，v 也大；$v=f$，$v=\infty$）

【思考题】

(1)为什么要调节光学系统共轴？调节共轴有哪些要求？怎样调节？不满足共轴要求时对测量会产生什么影响？

(2)为什么实验中常用白屏作为成像的光屏？可否用黑屏、透明平玻璃、毛玻璃，为什么？

(3)为什么实物经会聚透镜两次成像时，必须使物体与像屏之间的距离 D 大于透镜焦距的 4 倍？实验中如果 D 选择不当，对 f' 的测量有何影响？

(4)在薄透镜成像的高斯公式中，u、v、f 在具体应用时其正、负号如何规定？

(5)为什么用物距与像距法测凹透镜焦距时必须借助一直凸透镜？如何计算出凹透镜的焦距？

实验 2　迈克尔逊干涉仪的调节及使用

【实验目的】

(1)了解迈克尔逊干涉仪的构造原理，学会其调整和使用方法。

(2)观察迈克尔逊干涉仪产生的干涉图样，加深对干涉现象的理解。

(3)测量 He - Ne 激光的波长。

【实验仪器与用具】

迈克尔逊干涉仪(WSM - 100 型)、He - Ne 激光器、钠光灯、毛玻璃屏、扩束镜。

【实验原理】

在物理学史上，迈克尔逊曾用自己发明的光学干涉仪器进行实验，精确地测量微小长度，否定了“以太”的存在，这个著名的实验为近代物理学的诞生和兴起开辟了道路，1907 年获诺贝尔奖。迈克尔逊干涉仪原理简明，构思巧妙，堪称精密光学仪器的典范。随着对仪器的不断改进，还能用于光谱线精细结构的研究和利用光波标定标准米尺等实验。目前，根据迈克尔逊干涉仪的基本原理，研制的各种精密仪器已广泛地应用于生产、生活和科技领域。

1. 用迈克尔逊干涉仪测量 He - Ne 激光波长

迈克尔逊干涉仪的工作原理如图 6 - 2 - 1 所示，M_1、M_2 为两垂直放置的平面反射镜，分别固定在两个垂直的臂上。P_1、P_2 平行放置，与 M_2 固定在同一臂上，且与 M_1 和 M_2 的夹角均为 45°。M_1 由精密丝杆控制，可以沿臂轴前后移动。P_1 的第二面上涂有半透明、半反射膜，能够将入射光分成振幅几乎相等的反射光 1′、透射光 2′，所以 P_1 称为分光板（又称为分光镜）。1′光经 M_1 反射后由原路返回再次穿过分光板 P_1 后成为 1″光，到达观察点 E 处；2′光到达 M_2 后被 M_2 反射后按原路返回，在 P_1 的第二面上形成 2″光，也被返回到观察点 E 处。由于 1′光在到达 E 处之前穿过 P_1 三次，而 2′光在到达 E 处之前穿过 P_1 一次，为了补偿 1′、2′两光的光程差，便在 M_2 所在的臂上再放一个与 P_1 的厚度、折射率严格相同的 P_2 平面玻璃板，满足了 1′、2′两光在到达 E 处时无光程差，所以称 P_2 为补偿板。由于 1′、2′光均来自同一光源 S，在到达 P_1 后被分成 1′、2′两光，所以两光是相干光。

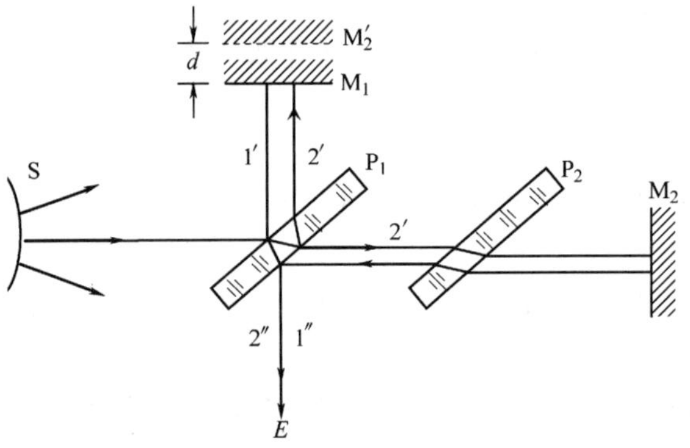

图 6－2－1 迈克尔逊干涉仪光路图

综上所述，光线 2″是在分光板 P_1 的第二面反射得到的，这样使 M_2 在 M_1 的附近（上部或下部）形成一个平行于 M_1 的虚像 M_2'，因而，在迈克尔逊干涉仪中，自 M_1、M_2 的反射相当于自 M_1、M_2' 的反射。也就是，在迈克尔逊干涉仪中产生的干涉相当于厚度为 d 的空气薄膜所产生的干涉，可以等效为距离为 $2d$ 的两个虚光源 S_1 和 S_2' 发出的相干光束。即 M_1 和 M_2' 反射的两束光程差为

$$\delta = 2dn_2\cos i \qquad (6-2-1)$$

两束相干光明暗条件为

$$\delta = 2\mathrm{d}n_2\cos i = \begin{cases} k\lambda & 亮 \\ \left(k+\dfrac{1}{2}\right)\lambda & 暗 \end{cases} \quad (k=1,2,3,\cdots) \qquad (6-2-2)$$

式中 i——反射光 1′在平面反射镜 M_1 上的反射角；

λ——激光的波长；

n_2——空气薄膜的折射率；

d——薄膜厚度。

凡 i 相同的光线光程差相等，并且得到的干涉条纹随 M_1 和 M_2' 的距离 d 而改变。当 $i=0$ 时光程差最大，在中心点处对应的干涉级数最高。由式（6－2－2）得

$$2d\cos i = k\lambda \Rightarrow d = \frac{k}{\cos i}\cdot\frac{\lambda}{2} \qquad (6-2-3)$$

$$\Delta d = N\cdot\frac{\lambda}{2} \qquad (6-2-4)$$

由式（6－2－4）可得，当 d 改变一个 $\lambda/2$ 时，就有一个条纹“涌出”或“陷入”，所以在实验时只要数出“涌出”或“陷入”的条纹个数 N，读出 d 的改变量 Δd 就可以计算出光波波长 λ 的值

$$\lambda = \frac{2\Delta d}{N} \qquad (6-2-5)$$

从迈克尔逊干涉仪装置（图 6－2－2）中可以看出，S_1 发出的凡与 M_2 的入射角均为 i 的圆锥面上所有光线 a，经 M_1 与 M_2' 的反射和透镜 L 的会聚于 L 的焦平面上以光轴为对称同

一点处；从光源 S_2 上发出的与 S_1 中 a 平行的光束 b，只要 i 角相同，它就与 1′、2′的光程差相等，经透镜 L 会聚在半径为 r 的同一个圆上。

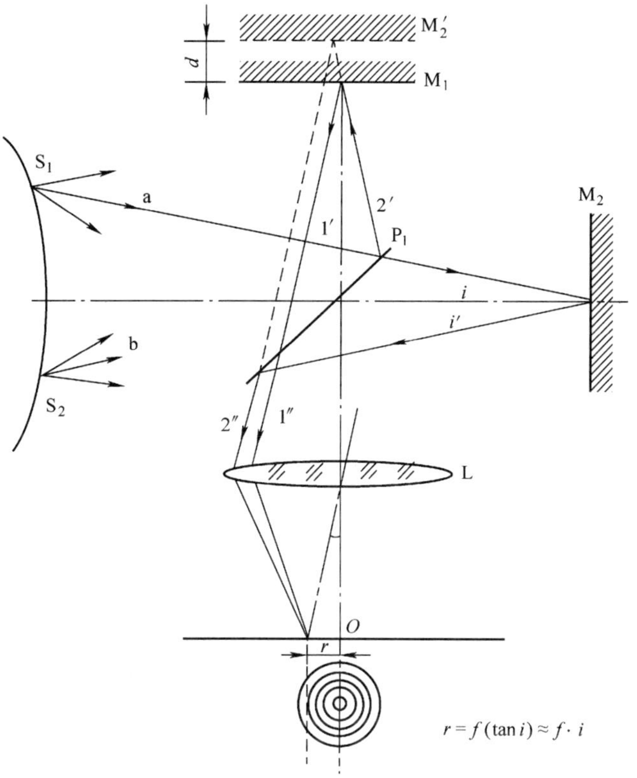

图 6 - 2 - 2　迈克尔逊干涉仪形成等倾干涉的光路图

2. 用迈克尔逊干涉仪测量钠光的双线波长差

由实验原理"1. 用迈克尔逊干涉仪测量 He - Ne 激光波长"内容可知，因光源的绝对单色（λ 一定），经 M_1、M_2'反射及 P_1、P_2 透射后，得到一些因光程差相同的圆环，Δd 的改变仅是"涌出"或"陷入"的 N 在变化，其可见度 V 不变，即条纹清晰度不变。可见度为

$$V=\frac{I_{\max}-I_{\min}}{I_{\max}+I_{\min}} \tag{6-2-6}$$

当用 λ_1、λ_2 两相近的双线光源照（如钠光）射时，光程差为

$$\delta_1=k\lambda_1=\left(k+\frac{1}{2}\right)\lambda_2 \tag{6-2-7}$$

当改变 Δd 时，光程差为

$$\delta_2=\left(k+m+\frac{1}{2}\right)\lambda_1=(k+m)\lambda_2 \tag{6-2-8}$$

式（6 - 2 - 7）和式（6 - 2 - 8）对应相减得光程差变化量

$$\Delta l=\delta_2-\delta_1=\left(m+\frac{1}{2}\right)\lambda_1=\left(m-\frac{1}{2}\right)\lambda_2 \tag{6-2-9}$$

由式（6 - 2 - 9）得

$$\frac{\lambda_2-\lambda_1}{\lambda_1}=\frac{1}{m-\frac{1}{2}}=\frac{\lambda_2}{\Delta l}$$

于是,钠光的双线波长差为

$$\Delta\lambda=\frac{\lambda_1\lambda_2}{\Delta l}=\frac{\overline{\lambda}^2}{\Delta l} \tag{6-2-10}$$

式中 $\overline{\lambda}=(\lambda_1+\lambda_2)/2$,在视场中心处,当 M_1 在相继两次视见度为 0 时,移过 Δd 引起的光程差变化量为

$$\Delta l=2\Delta d$$

则

$$\Delta\lambda=\frac{\overline{\lambda}^2}{2\Delta d} \tag{6-2-11}$$

从式(6-2-11)可知,只要知道两波长的平均值 $\overline{\lambda}$ 和 M_1 镜移动的距离 Δd,就可求出纳光的双线波长差 $\Delta\lambda$。

【实验内容】

1. 测量 He-Ne 激光的波长

按如下步骤进行迈克尔逊干涉仪的手轮操作和读数练习。

(1)图 6-2-1 组装、调节仪器。

(2)连续同一方向转动微调手轮,仔细观察屏上的干涉条纹"涌出"或"陷入"现象,先练习读毫米标尺、读数窗口和微调手轮上的读数。掌握干涉条纹"涌出"或"陷入"个数、速度与调节微调手轮的关系。

(3)经上述调节后,读出动镜 M_1 所在的相对位置,此为"0"位置,然后沿同一方向转动微调手轮,仔细观察屏上的干涉条纹"涌出"或"陷入"的个数。每隔 100 个条纹,记录一次动镜 M_1 的位置。共记 500 个条纹,读 6 个位置的读数,填入自拟的表格中。

(4)由式(6-2-5)计算出 He-Ne 激光的波长,取其平均值 $\overline{\lambda}$ 与公认值(632.8 nm)比较,并计算其相对误差。

2. 测量钠光双线波长差

(1)以钠光为光源,使之照射到毛玻璃屏上,使形成均匀的扩束光源以便于加强条纹的亮度。在毛玻璃屏与分光镜 P_1 之间放一叉线(或指针)。在 E 点处沿 E 点 $\rightarrow P_1\rightarrow M_1$ 的方向进行观察。如果仪器未调好,则在视场中将见到叉丝(或指针)的双影。这时必须调节 M_1 或 M_2 镜后的螺丝,以改变 M_1 或 M_2 镜面的方位,直到双影完全重合。一般地说,这时即可出现干涉条纹,再仔细、慢慢地调节 M_2 镜旁的微调弹簧,使条纹成圆形。

(2)把圆形干涉条纹调好后,缓慢移动 M_1 镜,使视场中心的可见度最小,记下 M_1 镜的位置 d_1,再沿原来方向移动 M_1 镜,直到可见度最小,记下 M_1 镜的位置 d_2,即得到 $\Delta d=|d_2-d_1|$。

(3)按上述步骤重复三次,求得 $\overline{\Delta d}$,代入式(6-2-11),计算出纳光的双线波长差 $\Delta\lambda$,取 $\overline{\lambda}$ 为 589.3 nm。

【注意事项】

(1)在调节和测量过程中,一定要非常细心和耐心,转动手轮时要缓慢、均匀。

(2)为了防止引进螺距差,每项测量时必须沿同一方向转动手轮,途中不能倒退。

(3)在用激光器测波长时,M_1镜的位置应保持在 30 ~ 60 mm 范围内。

(4)为了测量读数准确,使用干涉仪前必须对读数系统进行校正。

【思考题】

(1)简述本实验所用干涉仪的读数方法。

(2)分析扩束激光和钠光产生的圆形干涉条纹的差别。

(3)怎样利用干涉条纹的"涌出"和"陷入"来测定光波的波长?

(4)调节钠光的干涉条纹时,如果确认已使双影重合,但条纹并不出现,试分析可能产生的原因。

【仪器构造说明】

迈克尔逊干涉仪的介绍如下。

1. 迈克尔逊干涉仪的主体结构

WSM - 100 型迈克尔逊干涉仪的主体结构如图 6 - 2 - 3 所示,由下面六个部分组成。

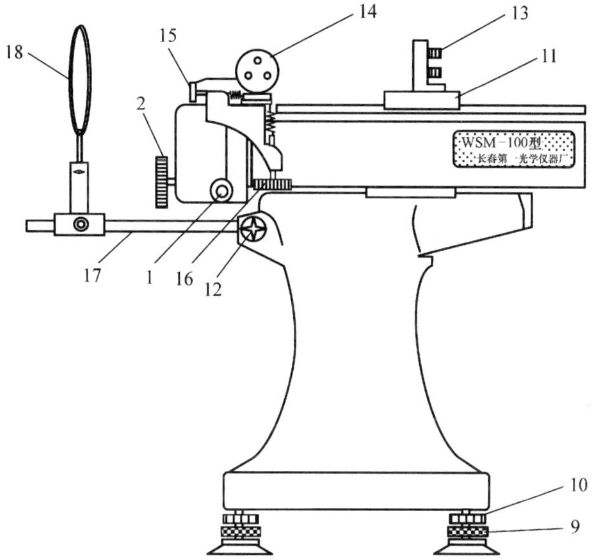

图 6 - 2 - 3　WSM - 100 型迈克尔逊干涉仪构造图

1—微调手轮;2—粗条手轮;9—调平螺钉;10—螺钉锁紧圈;11—动镜;12—加紧螺丝;
13—倾角调节螺丝;14—固定镜;15—水平拉簧螺钉;16—垂直拉簧螺钉;17—像屏支架杆;18—像屏

1)底座

底座由生铁铸成,较重,以保证仪器的稳定性。由三个调平螺丝 9 支撑,调平后可以拧紧锁紧圈 10 以保持座架稳定。

2)导轨

导轨 7 由两根平行的长约 280mm 的框架和精密丝杆 6 组成,被固定在底座上,精密丝杆穿过框架正中,丝杆螺距为 1mm,如图 6 - 2 - 3 所示。

3)拖板部分

拖板是一块平板,反面做成与导轨吻合的凹槽,装在导轨上,下方是精密螺母,丝杆穿过螺母,当丝杆旋转时,拖板能前后移动,带动固定在其上的移动镜 11(即 M_1)在导轨面上滑动,实现粗动。M_1是一块很精密的平面镜,表面镀有金属膜,具有较高的反射率,垂直地固定在拖板上,它的法线严格地与丝杆平行。倾角可分别用镜背后面的三颗滚花螺丝 13 来调节，各螺丝的调节范围是有限度的，如果螺丝向后顶得过松，在移动时可能因震动而使镜面有倾角变化，如果螺丝向前顶得太紧，致使条纹不规则，严重时，有可能将螺丝打滑或平面镜破损。

4）定镜部分

定镜 M_2 是与 M_1 相同的平面镜，固定在导轨框架右侧的支架上。通过调节其上的水平拉簧螺钉 15 使 M_2 在水平方向转过一微小的角度，以使干涉条纹在水平方向微动；通过调节其上的垂直拉簧螺钉 16 使 M_2 在垂直方向转过一微小的角度，能够使干涉条纹上下微动；与三颗滚花螺丝 13 相比，15、16 改变 M_2 的镜面方位小得多。定镜部分还包括分光板 P_1 和补偿板 P_2，前面原理部分已介绍过。

5）读数系统和传动部分

读数系统和传动部分如图 6－2－4 所示。

（1）镜 11（即 M_1）的移动距离可在机体侧面的毫米刻尺 5 上直接读得。

（2）粗调手轮 2 旋转一周，拖板移动 1 mm，即 M_2 移动 1 mm，同时，读数窗口 3 内的鼓轮也转动一周，鼓轮的一圈被等分为 100 格，每格为 0.1 mm，读数由窗口上的基准线指示。

（3）微调手轮 1 每转过一周，拖板移动 0.01 mm，可从读数窗口 3 中看到读数鼓轮移动一格，而微调鼓轮的周线被等分为 100 格，则每格表示为 0.001 mm。所以，最后读数应为上述三者之和。

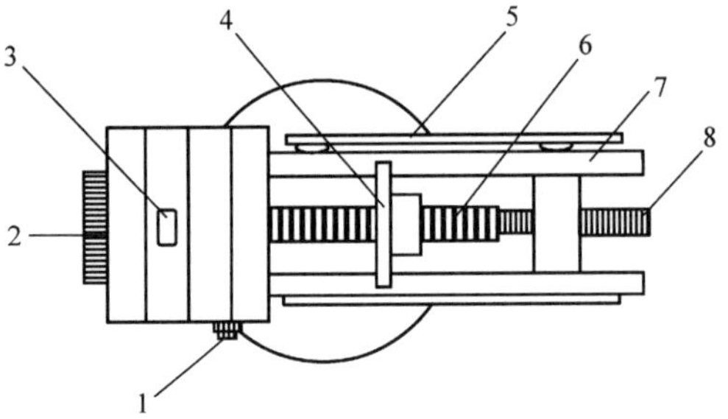

图 6－2－4　WSM－100 型迈克尔逊干涉仪读数系统和传动部分结构

1—微调手轮；2—粗条手轮；3—读数窗口；4—丝杆啮合螺母；5—刻度尺；6—精密丝杆；7—导轨；8—丝杆顶进螺帽

6）附件

支架杆 17 是用来放置像屏 18 用的，由加紧螺丝 12 固定。

2. 迈克尔逊干涉仪的调整

（1）按图 6－2－1 所示安装 He－Ne 激光器和迈克尔逊干涉仪。打开 He－Ne 激光器的电源开关，光强度旋扭调至中间，使激光束水平地射向干涉仪的分光板 P_1。

（2）调整激光光束对分光板 P_1 的水平方向入射角为 45°。

如果激光束对分光板 P_1 在水平方向的入射角为 45°，那么正好以 45°的反射角向动镜 M_1 垂直入射，光束沿原路返回，这个像斑重新进入激光器的发射孔。调整时，先用一张纸片将定镜 M_2 遮住，以免 M_2 反射回来的像干扰视线；然后调整激光器或干涉仪的位置，使激光器发出的光束经 P_1 折射和 M_1 反射后，原路返回到激光出射口，这已表明激光束对分光板 P_1 的水平方向入射角为 45°。

（3）调整定臂光路。

将纸片从 M_2 上拿下，并遮住 M_1 的镜面。发现从定镜 M_2 反射到激光发射孔附近的光斑有四个，其中光强最强的那个光斑就是要调整的光斑。为了将此光斑调进发射孔内，应先调节 M_2 背面的 3 个螺钉，以改变 M_2 的反射角度。微小改变 M_2 的反射角度再调节水平拉簧螺钉 15 和垂直拉簧螺钉 16，使 M_2 转过一微小的角度。特别注意，在未调 M_2 之前，这两个细调螺钉必须旋放在中间位置。

(4)拿掉 M_1 上的纸片后,要看到两个臂上的反射光斑都应进入激光器的发射孔,且在毛玻璃屏上的两组光斑完全重合,若无此现象,应按上述步骤反复调整。

(5)用扩束镜使激光束产生面光源,按上述步骤反复调节,直到毛玻璃屏上出现清晰的等倾干涉条纹。

实验3 等厚干涉现象的研究

【实验目的】

(1)观察牛顿环产生的等厚干涉条纹,加深对等厚干涉现象的认识。

(2)掌握测量平凸透镜曲率半径的方法。

(3)掌握读数显微镜的使用和用逐差法处理实验数据。

【实验仪器与用具】

GSZ-2B 型光学平台、牛顿环组件、读数显微镜、钠光灯、底座及支架。

【实验原理】

如图6-3-1所示,在平面玻璃板 BB' 上放置一曲率半径为 R 的平凸透镜 AOA',两者之间便形成一层空气薄层。当用单色光垂直照射下来时,从空气上下两个表面反射的光束1和光束2在空气表面层附近相遇产生干涉,空气层厚度相等处形成相同的干涉条纹,这种干涉现象称为等厚干涉。此等厚干涉条纹最早由牛顿发现,故称为牛顿环。在干涉条纹上,光程差相等处,是以接触点 O 为中心,半径为 r 的明暗相间的同心圆,r、h、R 三者关系为

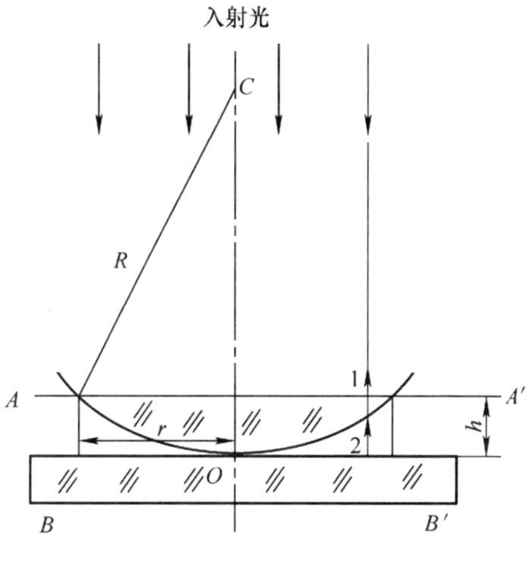

图6-3-1 牛顿环原理图

$$h=\frac{r^2}{2R-h} \qquad (6-3-1)$$

因 $R>>h$(R 为几米,h 为几分之一厘米),所以

$$h\approx\frac{r^2}{2R}$$

光程差为

$$\delta=2h-\frac{\lambda}{2} \qquad (6-3-2)$$

即

$$\delta=\frac{r^2}{R}-\frac{\lambda}{2} \qquad (6-3-3)$$

式(6-3-3)是进入透镜的光束,光束1先由透镜凸面反射回去,光束2穿过透镜进入空气膜后,由平面玻璃板反射形成的光程差,式中 $\lambda/2$ 为额外光程差。

在反射光中见到的亮环半径满足

$$\frac{r_k^2}{R}-\frac{\lambda}{2}=2k\cdot\frac{\lambda}{2}\quad(k=0,1,2,\cdots)\tag{6-3-4}$$

在反射光中见到的暗环半径满足

$$\frac{r_k^2}{R}-\frac{\lambda}{2}=(2k-1)\cdot\frac{\lambda}{2}\quad(k=0,1,2,\cdots)\tag{6-3-5}$$

从上方观察,以中心暗环为准,则有

$$r_k^2=k\cdot\lambda\cdot R\Rightarrow$$

$$R=\frac{r_k^2}{k\cdot\lambda}\tag{6-3-6}$$

可见,测出条纹的半径 r,依式(6-3-5)便可计算出平凸透镜的半径 R。

【实验内容】

1. 观察牛顿环

(1)接通钠光灯电源使灯管预热。

(2)按图6-3-2布置光路。若牛顿环装置平凸透镜与平板玻璃的接触点偏离中心,得调节夹具上的3个螺钉,使接触点稳定居中即可,但不要拧得太紧。

(3)调节分束器,使视场6 mm测量范围内充满黄光。消除视差,尽量使干涉圆环在量程内对称分布。

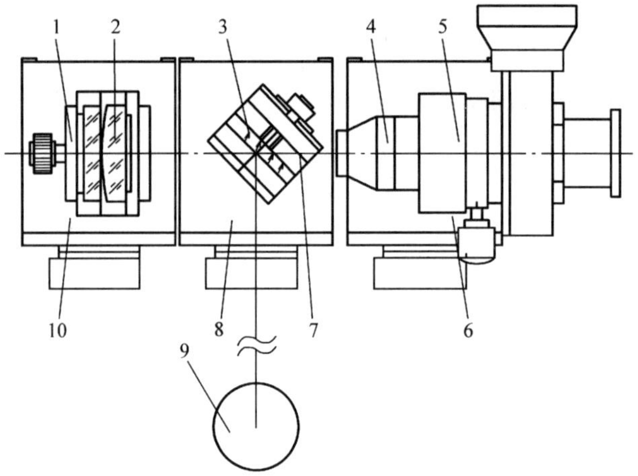

图6-3-2　牛顿环实验光路布置图

1—牛顿环支架;2—牛顿环组件;3—半透半反玻璃(分束器);4—显微镜;5—测微目镜架;6—二维平移底座(SZ-02);7—干版架(SZ-12);8—升降调节座(SZ-03);9—钠灯;10—升降调节座

2. 测量14环到5环的直径

(1)转动读数鼓轮,观察十字准线从中央缓慢向左(或向右)移至18环,然后反方向自18环向右(或向左)移动,当十字准线竖线与14环外侧相切时,记录读数显微镜上的位置读数 x_{14},然后继续转动鼓轮,使竖线依次与13、12、11、10、9、8、7、6、5环外侧相切,并记录读数。过了5环后继续转动鼓轮,并注意读出环的顺序,直到十字准线回到牛顿环中心,核对该中心是否是 $k=0$。

(2)继续按原方向转动读数鼓轮,越过干涉圆环中心,记录十字准线与右边(或左边)第

5、6、7、8、9、10、11、12、13、14 环内侧相切时的读数。注意,整个过程中鼓轮不能倒转。

(3)按上述步骤重复测量 3 次,将牛顿暗环位置的读数填入自拟表中。

【数据处理】

1. 方法

如图 6-3-3 所示,因圆心处 O 的位置无法确定,故先测出 $OL_n,\cdots,OL_3,OL_2,OL_1$ 之间的距离,再读出 $OL_1',OL_2',\cdots,OL_n'$,其中 $OL_1\sim OL_1'$ 为 k_1 级的圆环直径 D_1。同理可得 $k_2,k_3,\cdots,k_n$ 的圆环直径。采用多项逐差法处理。

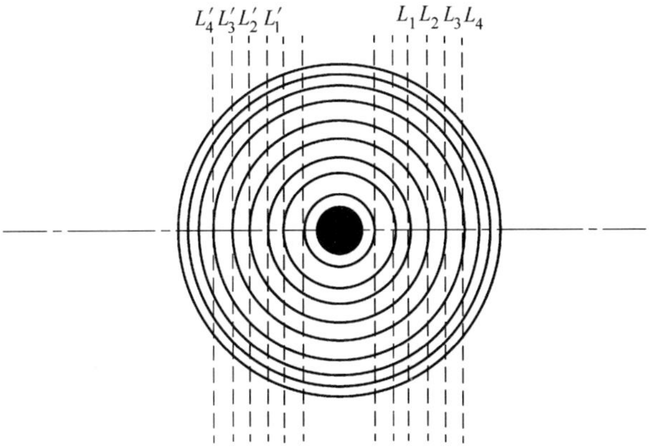

图 6-3-3　牛顿环干涉图样

首先把实验所测得 D_k 的数据分为 A、B 两组

A 组:$D_1,D_2,D_3,\cdots,D_a,\cdots,D_m$。

B 组:$D_{m+1},D_{m+2},D_{m+3},\cdots,D_b,\cdots,D_{2m}$。

于是可将式(6-3-6)改为

$$R=\frac{D_k^2}{4k\lambda}$$

得

$$D_a^2=4a\lambda R \tag{6-3-7}$$

$$D_b^2=4b\lambda R \tag{6-3-8}$$

将式(6-3-7)和式(6-3-8)相减得

$$R=\frac{D_b^2-D_a^2}{4(b-a)\lambda} \tag{6-3-9}$$

式(6-3-9)中,D_a,D_b 为 A,B 两组中的对应项,且 $b-a=m$(恒值)。

2. 步骤

(1)列出原始测量数据。

(2)计算各环位置读数的平均值,并列在表中。

(3)计算各环的直径 $\overline{D}_k$,并列在表中。

(4)计算各环的直径平方 $\overline{D}_k^2$,并列在表中。

(5)求 $\overline{D}_b^2-\overline{D}_a^2$

(6)用式(6-3-9)求出 R 的值。

(7)计算出 $\Delta\overline{R}$、相对误差$\frac{\Delta\overline{R}}{\overline{R}}$及绝对误差 $\overline{R}\pm\Delta\overline{R}$ 的数值。

【注意事项】

(1)使用读数显微镜时,为避免引进螺距差,移测时必须向同一方向旋转,中途不可倒退。

(2)调节时,螺旋不可旋得过紧,以免接触压力过大引起透镜弹性形变。

(3)实验完毕应将牛顿环仪上的三个螺旋松开,以免牛顿环变形。

【思考题】

(1)牛顿环干涉条纹一定会成为圆环形状吗?其形成的干涉条纹定域在何处?

(2)从牛顿环仪透射出到环底的光能形成干涉条纹吗?如果能形成干涉环,则与反射光形成的条纹有何不同?

(3)实验中为什么要测牛顿环直径,而不测其半径?

(4)实验中为什么要测量多组数据且采用多项逐差法处理数据?

(5)实验中如果用凹透镜代替凸透镜,所得数据有何异同?

(6)中心斑在什么情况下是暗的?在什么情况下是亮的?

实验4　分光仪的调整及棱镜折射率的测定

【实验目的】

(1)了解分光仪的结构,掌握分光仪的调节和使用方法。

(2)掌握测定棱镜顶角、最小偏向角的方法。

(3)学会用最小偏向角测定棱镜的折射率。

【实验仪器与用具】

FGY－01型(或JJY型)分光计、等边三棱镜、汞灯或钠光灯。

【实验原理】

1. 测量三棱镜的顶角

三棱镜由两个光学面 AB 和 AC 及一个毛玻璃面 BC 构成。三棱镜的顶角是指 AB 与 AC 的夹角 α,如图6－4－1所示。自准值法就是用自准值望远镜光轴与 AB 面垂直,使三棱镜 AB 面反射回来的小十字像位于准线 mn 中央,由分光仪的度盘和游标盘读出这时望远镜光轴相对于某一个方位 OO' 的角位置 θ_1;再把望远镜转到与三棱镜的 AC 面垂直,由分光仪分度盘和游标盘读出这时望远镜光轴相对于 OO' 的方位角 θ_2,于是望远镜光轴转过的角度为 $\varphi=\theta_2-\theta_1$,三棱镜顶角为

$$\alpha=180°-\varphi$$

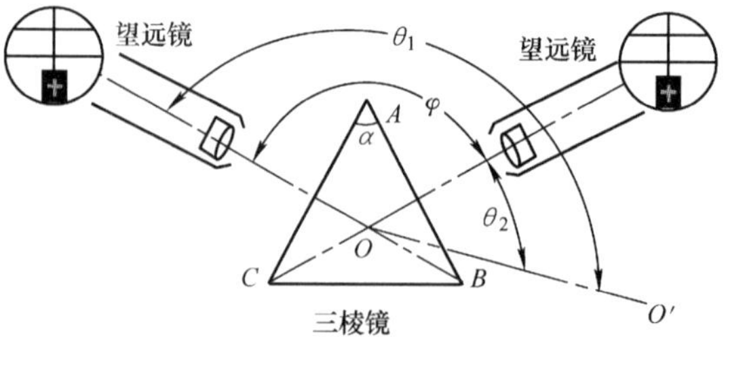

图6－4－1　准直法测三棱镜顶角

由于分光仪在制造上的原因,主轴可能不在分度盘的圆心上,可能略偏离分度盘圆心。因此望远镜绕过的真实角度与分度盘上反映出来的角度有偏差,这种误差叫偏心差,是一种系统误差。为了消除这种系统误差,分光仪分度盘上设置了相隔180°的两个读数窗口(A、B 窗口),而望远镜的方位 θ 由两个读数窗口读数的平均值来决定,而不是由一个窗口来读出,即

$$\left.\begin{aligned}\theta_1 &= \frac{\theta_1^A + \theta_1^B}{2} \\ \theta_2 &= \frac{\theta_2^A + \theta_2^B}{2}\end{aligned}\right\} \tag{6-4-1}$$

于是,望远镜光轴转过的角度应为

$$\varphi = \theta_2 - \theta_1 = \frac{|\theta_2^A - \theta_1^A| + |\theta_2^B - \theta_1^B|}{2}$$

$$\alpha = 180° - \frac{|\theta_2^A - \theta_1^A| + |\theta_2^B - \theta_1^B|}{2} \tag{6-4-2}$$

2. 用最小偏向角法测定棱镜玻璃的折射率

如图6-4-2所示,在三棱镜中,入射光线与出射光线之间的夹角 δ 称为棱镜的偏向角,这个偏向角 δ 与光线的入射角有关

$$\alpha = i_2 + i_3 \tag{6-4-3}$$

$$\delta = (i_1 - i_2) + (i_4 - i_3) = (i_1 + i_4) - \alpha \tag{6-4-4}$$

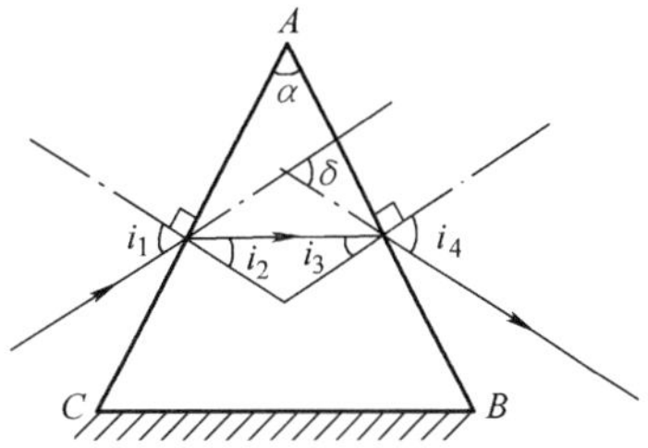

图6-4-2 最小偏向角法测定棱镜玻璃的折射率

由于 i_4 是 i_1 的函数,因此 δ 实际上只随 i_1 变化,当 i_1 为某一个值时,δ 达到最小,这最小的 δ 称为最小偏向角。

为了求 δ 的极小值,令导数 $\frac{\mathrm{d}\delta}{\mathrm{d}i_1}=0$,由式(6-4-4)得

$$\frac{\mathrm{d}i_4}{\mathrm{d}i_1} = -1 \tag{6-4-5}$$

由折射定律得

$$\sin i_1 = n\sin i_2 \quad \sin i_4 = n\sin i_3$$

$$\cos i_1 \mathrm{d}i_1 = n\cos i_2 \mathrm{d}i_2 \quad \cos i_4 \mathrm{d}i_4 = n\cos i_3 \mathrm{d}i_3$$

于是,有

$$\mathrm{d}i_3 = -\mathrm{d}i_2$$

$$\begin{aligned}\frac{\mathrm{d}i_4}{\mathrm{d}i_1} = \frac{\mathrm{d}i_4}{\mathrm{d}i_3}\cdot\frac{\mathrm{d}i_3}{\mathrm{d}i_2}\cdot\frac{\mathrm{d}i_2}{\mathrm{d}i_1} &= \frac{n\cos i_3}{\cos i_4}\times(-1)\times\frac{\cos i_1}{n\cos i_2} = -\frac{\cos i_3 \cos i_1}{\cos i_4 \cos i_2} \\ &= -\frac{\cos i_3\sqrt{1-n^2\sin^2 i_2}}{\cos i_2\sqrt{1-n^2\sin^2 i_3}} = -\frac{\sqrt{\sec^2 i_2 - n^2\tan^2 i_2}}{\sqrt{\sec^2 i_3 - n^2\tan^2 i_3}} \\ &= -\frac{\sqrt{1+(1-n^2)\tan^2 i_2}}{\sqrt{1+(1-n^2)\tan^2 i_3}}\end{aligned}$$

此式与式(6-4-3)比较可知 $\tan i_2 = \tan i_3$,在棱镜折射的情况下,$i_2 < \frac{\pi}{2}$,$i_3 < \frac{\pi}{2}$,所以

$$i_2 = i_3$$

由折射定律可知,这时 $i_1 = i_4$。因此,当 $i_1 = i_4$ 时 δ 具有极小值。将 $i_1 = i_4$、$i_2 = i_3$ 代入式(6-4-3)、式(6-4-4),有

$$\alpha=2i_2,\delta_{\min}=2i_1-\alpha,\quad i_2=\frac{\alpha}{2},i_1=\frac{1}{2}(\delta_{\min}+\alpha)$$

$$n=\frac{\sin i_1}{\sin i_2}=\frac{\sin\frac{\delta_{\min}+\alpha}{2}}{\sin\frac{\alpha}{2}} \tag{6-4-6}$$

由此可见,当棱镜偏向角最小时,在棱镜内部的光线与棱镜底面平行,入射光线与出射光线相对于棱镜成对称分布。

由于偏向角仅是入射角 i_1 的函数,因此可以通过连续改变入射角 i_1,同时观察出射光线的方位变化,在 i_1 的变化过程中,出射光线也随之向某一方向变化。当 i_1 变到某个值时,出射光线方位变化会发生停滞,并随即反向移动。在出射光线即将反向移动的时刻就是最小偏向角所对应的方位,只要固定这时的入射角,测出所固定的入射光线角坐标 θ_1,再测出出射光线的角坐标 θ_2,则有

$$\delta_{\min}=|\theta_1-\theta_2| \tag{6-4-7}$$

【实验内容】

1. 对分光仪进行调整

(1)调节目镜,看清分划板上的准线及小棱镜上的十字。

(2)在载物平台上放上三棱镜并调节望远镜及平台,使在望远镜中看到三棱镜两个光学面反射的小十字像。

(3)调节望远镜物镜,使十字像清晰。

(4)调整望远镜使其与分光仪主轴垂直。

分光计构造及调节详见【仪器构造说明】部分。

2. 用自准值法测量三棱镜顶角

(1)锁紧分度盘制动螺钉 10,转动望远镜(望远镜转动锁紧螺钉 9 松开),使望远镜对准三棱镜的反射面 AB,锁紧望远镜转动螺钉 9。利用望远镜转动微调 12,使由 AB 面反射回来的小十字像位于分划板 mn 准线的中央,记下分度盘两个窗口的读数值 θ_1^A 与 θ_1^B。

(2)松开锁紧螺钉 9,把望远镜转到与 AC 面垂直,再锁紧螺钉 9。利用微调 12 使由 AC 面反射回来的小十字像位于分划板上 mn 准线中央,记下分度盘上两个窗口的读数 θ_2^A、θ_2^B。

(3)按上述两步重复测量四次,将数据填入自拟表中,由式(6-4-1)求出 θ,计算出 φ 的平均值及标准误差。

3. 用反射法测量三棱镜顶角

在图 6-4-3 中,用光源照亮平行光管,它射出的平行光束照射在棱镜的顶角尖处 A,而被棱镜的两个光学面 AB 和 AC 所反射,分成夹角为 φ 的两束平行反射光束 R_1、R_2。由反射定律可知,$\angle 1=\angle 2=\angle 3=\angle 4$,所以 $\angle 1+\angle 2=\angle 3+\angle 4$。因为 $\angle 1+\angle 3=\alpha$,所以 $\angle 2+\angle 4=\alpha$。于是只要用分光仪测出从平行光管狭缝射出的光线经 AB、AC 两个面反射后的两束平行光 R_1 与 R_2 之间的夹角 φ,就可得顶角 $\alpha=\frac{\varphi}{2}$,则

$$\alpha=\frac{\varphi}{2}=\frac{|\theta_2^A-\theta_1^A|+|\theta_2^B-\theta_1^B|}{4} \tag{6-4-8}$$

(1)按实验内容"1. 对分光仪进行调整"的步骤调好分光仪。

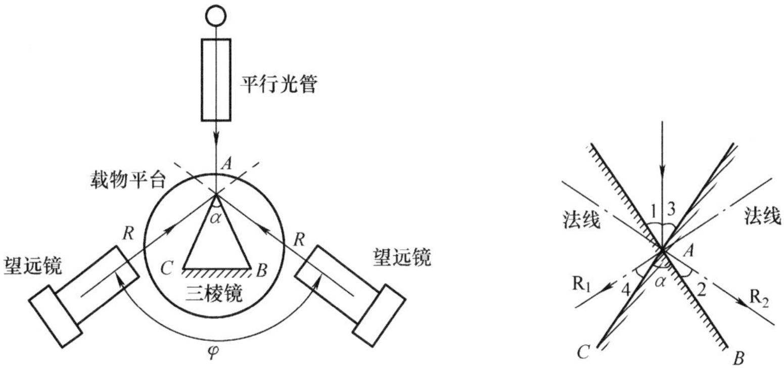

(a)　　　　　　　　(b)

图 6－4－3　用反射法测三棱镜顶角

(a)实验光路图　(b)光线示意图

(2)参照图 6－4－2 转动望远镜，寻找 AB 面反射的狭缝像，使狭缝像与竖直准线重合，记下分光仪 A、B 窗口的读数 θ_1^A、θ_1^B，继续转动望远镜，寻找 AC 面反射的狭缝像，也使狭缝像与竖直准线重合，再记下分光仪 A、B 窗口的读数 θ_2^A、θ_2^B。

(3)重复上述测量四次，将数据填入自拟表中，由式(6－4－7)求出 φ 的平均值及标准误差。

4. 用最小偏向角法测定棱镜玻璃的折射率

(1)用汞灯作光源照亮狭缝，由平行光管射出光线进入望远镜，寻找狭缝像，使狭缝像与分化板上的中央竖直准线重合，记下这时望远镜筒所在的角坐标 θ_1^A、θ_1^B。

(2)将三棱镜放置在载物台平台上，使平行光管射出光线进入三棱镜的 AC 面，转动平台在三棱镜的 AB 面观察望远镜中的可见光谱，跟踪绿谱线的移动方向。寻找最小偏向角的最佳位置，当轻微调节载物平台，而绿谱线恰好要反向移动时，固定载物平台。再转动望远镜，使狭缝的像(绿谱线)与中央竖直准线重合，记下这时出射光线角坐标 θ_2^A、θ_2^B。

(3)按上述步骤重复三次，由式(6－4－7)求出 $\delta_{\min}$ 的平均值，把 $\delta_{\min}$ 与 α 代入式(6－4－6)，求出棱镜玻璃的折射率 n 值，并计算出 n 的相对误差。

【思考题】

(1)分光仪主要由哪几部分组成？各部分作用是什么？

(2)分光仪的调整主要内容是什么？每一要求是如何实现的？

(3)分光仪底座为什么没有水平调节装置？

(4)在调整分光仪时，若旋转载物平台，三棱镜的 AB、AC、BC 三面反射回来的绿色小十字像均对准分化板水平叉丝等高的位置，这时还有必要再采用二分之一逐次逼近法来调节吗？为什么？

(5)望远镜对准三棱镜 AB 面时，A 窗口读数是 293°21′30″，写出这时 B 窗口的可能读数和望远镜对准面 AC 时，A、B 窗口的可能读数值。

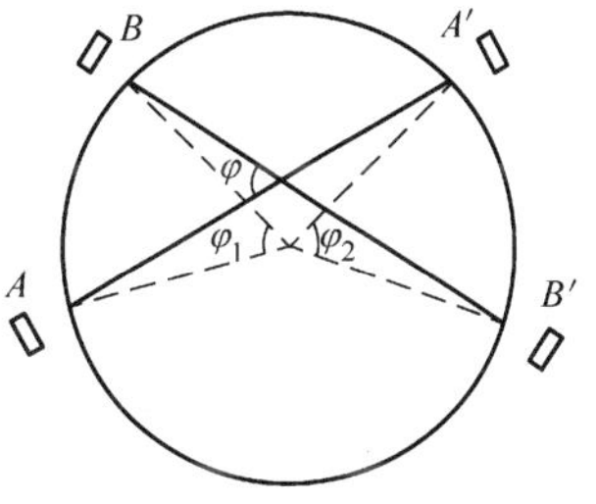

图 6－4－4　刻度盘中心与游标盘中心不重合示意图

(6)如图 6－4－4 所示，分光仪中刻度盘中心与游标盘中心不重合，则游标盘转过 φ 角时，刻度盘读出的角度 $\varphi_1 \neq \varphi_2 \neq \varphi$，但 $\varphi = \frac{1}{2}(\varphi_1 + \varphi_2)$，试证明。

(7)什么是最小偏向角？在实验中，如何来调整测量最小偏向角的位置？若位置稍有偏离带来的误差对实验结果影响如何？为什么？

【仪器构造说明】

1. 分光仪的构造与读数

FGY、JJY 两种型号分光仪的结构、调整方法基本相同。下面以 FGY－01 型分光仪为例来说明。

FGY－01 型分光仪由平行光管、自准值望远镜、载物台和光学游标盘（读数装置）等组成。其外形结构如图 6－4－5 所示。

1）底座

底座中心有一竖轴，为仪器的公共轴（主轴）。

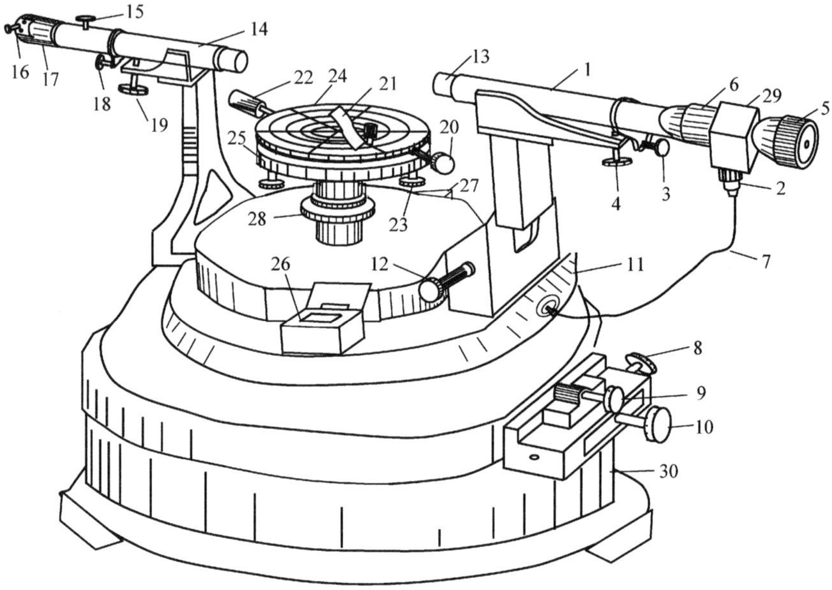

图 6－4－5　FGY－01 型分光仪外形结构图

1—望远镜；2—照明灯；3—望远镜倾角锁紧螺钉；4—望远镜倾角调整螺钉；5—望远镜目镜调焦螺钉；6—望远镜物镜调焦螺钉；7—照明灯线；8—底盘转动微调螺钉；9—望远镜转动锁紧螺钉；10—度盘转动锁紧螺钉；11—分光计转动主平台；12—望远镜转动微调螺钉；13—望远镜物镜；14—平行光管；15—狭缝锁紧螺钉；16—狭缝宽度调节螺钉；17—狭缝；18—平行光管倾角锁紧螺钉；19—平行光管倾角调节螺钉；20—压簧升降锁紧螺钉；21—压簧；22—载物平台锁紧螺钉；23—平台倾角调节螺钉；24—平台上盘；25—平台下盘；26—读数 *A* 窗；27—读数 *B* 窗；28—平台升降锁紧螺母；29—望远镜分划板组件；30—底座

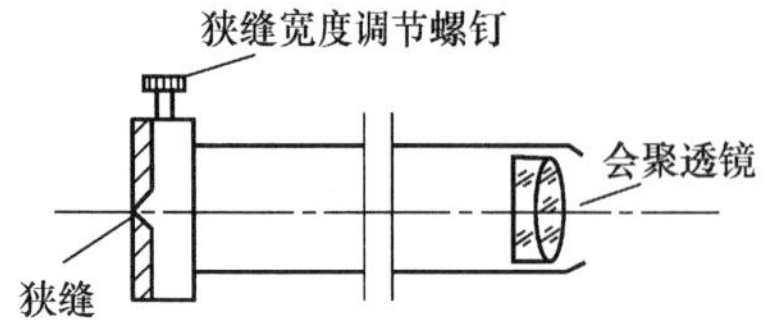

图 6－4－6　平行光管内部结构图

2）平行光管

平行光管的作用是产生一束平行光，它由会聚透镜和宽度可调的狭缝组成，内部结构图如 6－4－6 所示。当狭缝位于透镜的焦平面时，就能使照射在狭缝上的光通过该透镜后成为平行光射出。

3）自准值望远镜（阿贝式）

自准值望远镜用于观察。它由阿贝式目镜、物镜、分划板及分划板照明系统构成，内部结构如图 6－4－7 所示。分划板照明系统由分划板边缘处的 45°全反射小棱镜和照明光源组成。薄膜上刻画出了一个透光的小十字，照明光源便照亮了此小十字。

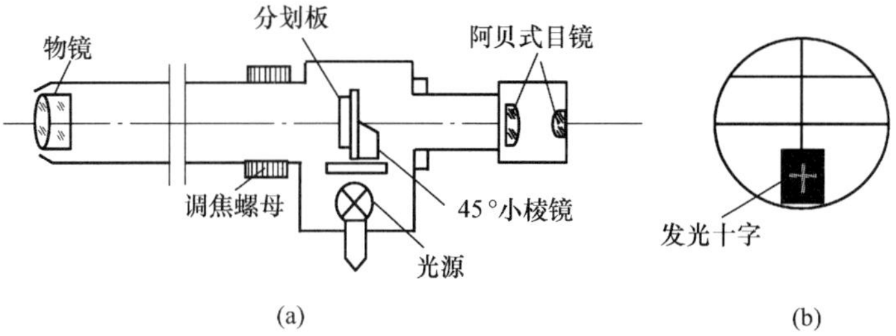

图 6－4－7　自准值望远镜内部结构图

（a）自准直望远镜　（b）分划板

4）载物台

载物台用于放置三棱镜、光栅等元件，其外形如图 6－4－8所示。载物台分上、下两片圆形铁板，它们用拉簧连接。上面一块圆板的上部有压住光学零件的压簧片，下部有三个等距设置的螺钉，把上圆板支撑在下圆板上，用于调节上圆板台面（即载物台表面）的倾斜度。载物台可以独立地并且可以跟随游标盘一起绕中心轴转动，还可以沿竖直方向做上下升降。

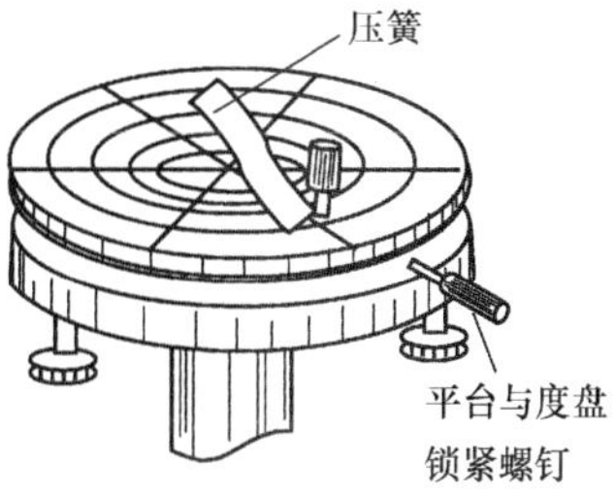

图 6－4－8　载物台外形图

5）光学游标盘及读数原理

光学游标盘用于观察望远镜光轴方位角。它由一个分度盘和沿分度盘边缘对称放置的两个游标盘及照明光源构成，如图 6－4－9 所示。分度盘上均匀地刻有透光的分划线，共分成 360 大格，每大格代表 1°；每一大格又分成 3 小格，每小格代表 20′。游标上沿圆弧 13°，均匀地分成 20 大格，每一大格又分为 2 小格，共 40 小格，因此每一小格格值为 19′30″，当分度盘和游标盘的亮线重叠时，每一对准线条格值为 30′，也为游标的分度值。在游标盘与分度盘之间的缝隙中有一条发光的亮线（有时该亮线两旁还有两条较暗的线），该亮线用于确定游标读数。

分度盘上有两个相隔 180°的读数窗口，分度盘上的读数以游标盘上的“0”线所对的分度盘上的角度值为准。游标盘的读数取亮线所对应的角度值；有时缝隙中出现两条亮线，则游标盘的读数可取两条亮线所指两值的平均值；如果出现三条亮线，则以中间亮线的读数为准。分光仪的计数值最小可读到 15′，不必再估读。

JJY 型分光仪的读数原理是，它也由一个分度盘和沿分度盘边缘对称（间距 180°）放置的两个游标构成，无照明系统。分度盘上均匀地刻有分划线，共分 360 大格，即每大格为 1°，每一大格又分成 2 小格，每小格为 30′。游标盘上沿圆弧共划分为 6 大格，每大格又分成 5 小格，共 30 小格，每一小格值为 29′，当分度盘和游标盘的刻度线重叠时，每一对准线条格值为 1′，为 JJY 型分光仪游标的分度值。

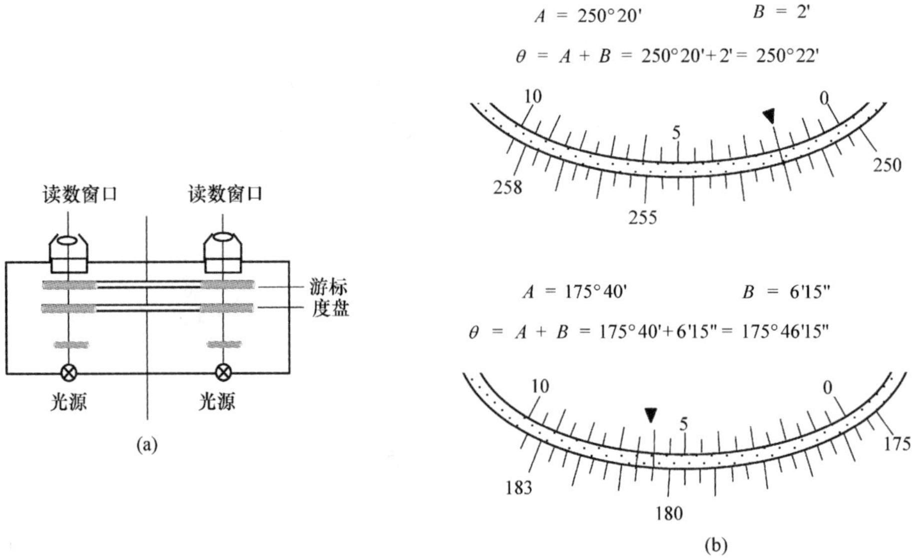

图 6－4－9　分光仪光学游标盘及读数原理

（a）结构图　（b）读数原理

2. 分光仪的调整

分光仪在用于测量前必须进行严格的调整，否则将会引入很大的系统误差。一架已调整好的分光仪应具备下列三个条件：①望远镜聚集于无限远；②望远镜和平行光管的光轴与分光仪的主轴相互垂直；③平行光管射出的光是平行光。具体调节步骤如下。

1）目测粗调

目测粗调就是凭调试者的直观感觉进行调整。先松开望远镜和平行光管锁紧螺钉 3 和 18。调节平行光管倾斜度调节螺钉 19 与望远镜倾斜度调节 4，使两者目测呈水平。再调节载物台倾斜度调节螺钉 23，使载物台呈水平，或者使载物台上层圆盘 24 和下层圆盘 25 之间有 3 mm 左右的等间隔，且两者平行。

2）调节望远镜聚集于无限远处（用自准直法）

Ⅰ. 目镜调节

调节望远镜调焦螺母 5，使在目镜视场中看清分划板上的双十字准线及下部小棱镜上的“ + ”字。

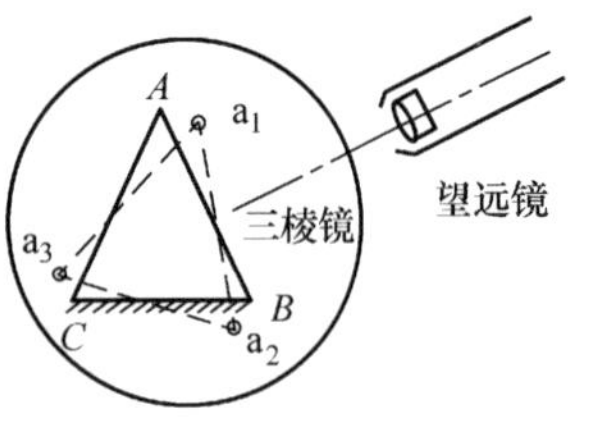

图 6－4－10　三棱镜摆放示意图

按图 6－4－10 所示的位置将三棱镜放在载物台上，三棱镜的三条边对着平台的三个支承螺钉 a_1 和 a_2 和 a_3。将望远镜对准三棱镜的一个光学平面（如 *AB* 面），由于望远镜中光源已照亮了目镜中的 45°棱镜上的“ + ”字，所以该“ + ”字发出的光从望远镜物镜中射出，到达三棱镜的光学表面时，只要三棱镜的 *AB* 面与望远镜光轴垂直，则反射后的反射光就会重新回到望远镜中，那么在望远镜的目镜视场中除了看到原来棱镜上的“ + ”像外，还能看到经棱镜表面反射回来的“ + ”像。若看不到该像，可将望远镜绕主轴左右慢慢旋转仔细寻找这像；如果仔细地搜寻后仍找不到十字像，这表明反射光线根本没进入望远镜，此时需要重新对目测粗调，或沿望远镜筒外壁观察三棱镜表面，在望远镜外寻找反射的十字像，以判断反射光的方位，再调整望远镜倾角（螺钉4）及平台倾角（螺钉23），使反射光线进入望远镜。

转动载物台，使望远镜对准三棱镜的另一光学平面（如 AC 面），这时也应在目镜视场中看到反射回来的"+"字，如图6-4-11所示，否则再次调整望远镜倾角和平台倾角。

Ⅱ. 望远镜聚焦于无限远处

调节物镜，在望远镜中看到"+"后，调节望远镜调焦螺钉6，使小十字像清晰且与双十字准线间无视差，此时望远镜已聚焦在无限远处。

3）调整望远镜的光轴与分光仪主轴垂直

望远镜光轴与分光仪光轴垂直才能够确保分度盘上转过的角度代表望远镜光轴转过的角度。望远镜的光轴与分光仪主轴垂直的标志是望远镜旋转平面应与分度盘平面平行，载物台平面与分光仪光轴垂直。因此调节时要根据在目镜中观察到的现象，同时调节望远镜倾角和载物台平面的倾角，一般采用二分之一逐次逼近法来调整，如图6-4-12所示。经过上述的调节，在目镜视场中已可看到三棱镜的两个光学平面反射回来的小"+"字像都在准线 mn 上，但一般开始时该像并不在线 mn 上。例如由三棱镜 AB 面反射回来的十字像一般在 mn 线下方，距 mn 线 s 的距离，现在分别调节望远镜的倾角螺钉4，使十字像向 mn 线靠拢一半，如图6-4-12(b)所示，再调节载物平台倾斜度调节螺钉23（调 AB 所对的螺钉 a_1）使十字像落到 mn 线上，再转动平台，使棱镜的另一个面 AC 对准望远镜，这时 AC 面反射回来的十字像又不在 mn 线上了，而可能又距 mn 线 s'，可能在 mn 线上方，也可能在下方，这时再调节望远镜的倾角螺钉4，使十字像向 mn 线靠拢一半，即它距离 mn 线为 $s'/2$，再调节载物平台的倾斜角螺钉23（调 AC 面所对的螺钉 a_2），使十字像回到 mn 线上。然后再转动平台，使棱镜 AB 面重新对准望远镜，原来已把 AB 面反射回来的十字像调到 mn 线上，现在可能又偏离 mn 线，因此再调节望远镜的倾斜螺钉4，使十字像向 mn 线靠拢一半，再调平台倾斜度螺钉23，使十字像再度与 mn 线重合。然后再让棱镜 AC 面对着望远镜，如果十字像又偏离 mn 线，则再按上述方法调节，使十字像再回到 mn 线，这样把 AB、AC 面轮流对准望远镜，反复调节，使这两个面反射回来的十字像都在 mn 线上，才表明调整完毕。注意，调整完毕后，望远镜与平台的倾斜调节螺钉不可再作任何调整，否则，已调整好的垂直状态将被破坏，必须重新调节。上述调整完成后，转动望远镜可以看到小十字像始终在 mn 线上移动，如果转动望远镜，使十字像移到 mn 线中央竖线处，则表明望远镜光轴与棱镜的反射面垂直。

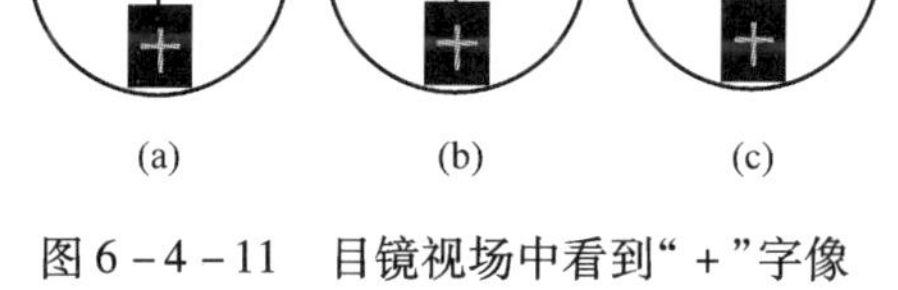

图6-4-11 目镜视场中看到"+"字像

图6-4-12 逐次逼近法调整望远镜的光轴与分光仪主轴垂直

4）调整平行光管

（1）点亮光源预热。移去载物台上的三棱镜，将已调好的望远镜对准平行光管，用光源照亮平行光管的狭缝，旋动狭缝调节螺钉 16 使狭缝宽度适中（一般为 0.5 ~ 1 mm），调节平行光管的倾斜度螺钉 19 并旋转望远镜使它对准狭缝，在望远镜中看到窄的像，松开螺钉 15，前后移动狭缝，使在望远镜中清晰地看到狭缝的像且无视差。

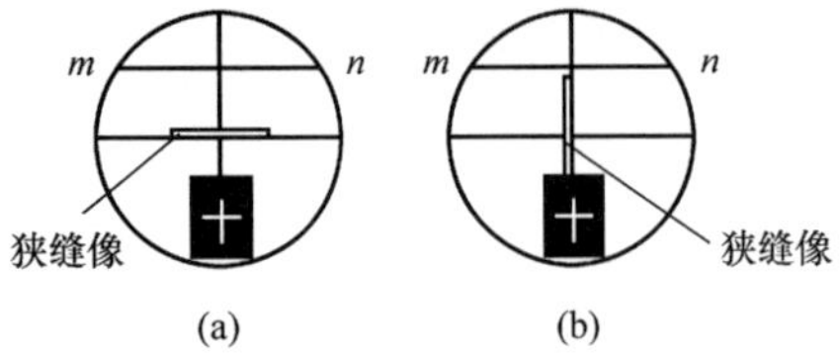

图 6-4-13　调整平行光管的光轴与分光仪的主轴垂直

（2）调整平行光管的光轴与分光仪的主轴垂直。

转动平行光管的狭缝，使狭缝呈水平，调节平行光管倾角螺钉 19，使狭缝像与中央水平准线重合，如图 6-4-13(a) 所示。转动望远镜狭缝像与中央竖直准线重合，再调节平行光管倾斜度螺钉 19，使处于竖直位置的狭缝像被中央水平准线平分，如图 6-4-13(b) 所示。如此反复调几次，使狭缝呈水平时，狭缝像与中央水平准线重合；狭缝呈竖直时，狭缝的像位于中央竖直准线处，被中央水平准线平分，这样才表明平行光管的光轴与分光仪的主轴垂直。

完成上述调节后，分光仪才算调好。

实验 5　用透射光栅测光波波长及角色散率

【实验目的】

（1）加深对光的干涉及衍射和光栅分光作用基本原理的理解。

（2）学会用透射光栅测定光波的波长及光栅常数和角色散率。

（3）巩固分光计的调节和使用技能。

【实验仪器与用具】

分光仪、平面透镜光栅、汞灯、平面镜。

【实验原理】

光栅相当于一组数目众多的等宽、等距和平行排列的狭缝，被广泛地用在单色仪、摄谱仪等光学仪器中。有应用透射光工作的透射光栅和应用反射光工作的反射光栅两种，本实验用的是透射光栅。

如图 6-5-1 所示，设 S 为位于透镜 L_1 第一焦平面上的细长狭缝，G 为光栅，光栅的缝宽为 d，相邻狭缝间不透明部分的宽度 b，自 L_1 射出的平行光垂直地照射在光栅 G 上。透镜

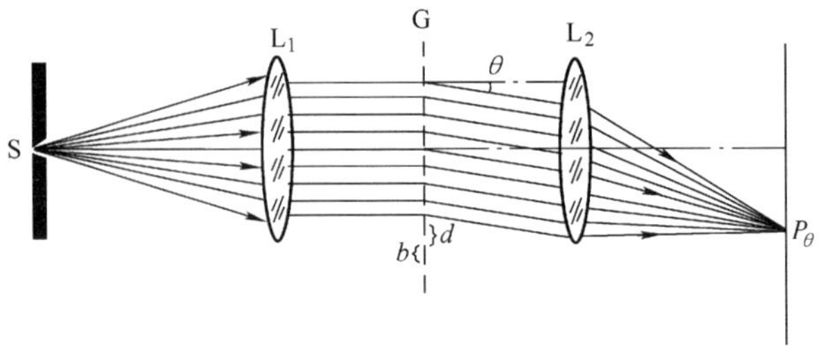

图 6-5-1　光栅的夫琅禾费衍射

L_2 将与光栅法线成 θ 角的衍射光会聚于其第二焦平面上的 P_θ 点。由夫琅和费衍射理论

知，产生衍射亮条纹的条件为

$$d\sin\theta = k\lambda\ (k = \pm 1, \pm 2, \cdots, \pm n) \tag{6-5-1}$$

该式称为光栅方程，式中 θ 角是衍射角，λ 是光波波长，k 是光谱级数，$d=a+b$ 是光栅常数，因为衍射亮条纹实际上是光源狭缝的衍射象，是一条锐细的亮线，所以又称为光谱线。

当 $k=0$ 时，任何波长的光均满足式(6－5－1)，亦即在 $\theta=0$ 的方向上，各种波长的光谱线重叠在一起，形成明亮的零级光谱。对于 k 的其他数值，不同波长的光谱线出现在不同的方向上(θ 的值不同)，而与 k 的正负两组相对应的两组光谱，则对称地分布在零级光谱两侧。若光栅常数 d 已知，在实验中测定了某谱线的衍射角 θ 和对应的光谱级 k，则可由式(6－5－1)求出该谱线的波长 λ；反之，如果波长 λ 是已知的，则可求出光栅常数 d。光栅方程对 λ 微分，就可得到光栅的角色散率

$$D = \frac{d\theta}{d\lambda} = \frac{k}{d\cos\theta} \tag{6-5-2}$$

角色散率是光栅、棱镜等分光元件的重要参数，它表示单位波长间隔内两单色谱线之间的角间距，当光栅常数 d 愈小时，角色散愈大；光谱的级次愈高，角色散也愈大。且当光栅衍射时，如果衍射角不大，则 $\cos\theta$ 接近不变，光谱的角色散几乎与波长无关，即光谱随波长的分布比较均匀，这和棱镜的不均匀色散有明显的不同。当常数 d 已知时，若测得某谱线的衍射角 θ 和光谱级 k，可依式(6－5－2)计算这个波长的角色散率。

【实验内容】

1. 按分光计的调节步骤调好仪器。

(1)用光栅的正、反两面分别代替实验 4 中的三棱镜 AB、AC 面来调整分光仪，使望远镜聚焦于无穷远，望远镜的光轴与分光仪的主轴垂直。把光栅按图 6－5－2 所示置于载物台上，旋转载物台，并调节平台倾斜螺丝，使望远镜筒中从光栅面反射回来的绿色亮十字像与分划板上方的十字叉丝重合且无视差。再将载物台连同光栅转过 180°，重复以上步骤，如此反复数次，使绿色亮十字像始终和分划板上方十字叉丝重合。

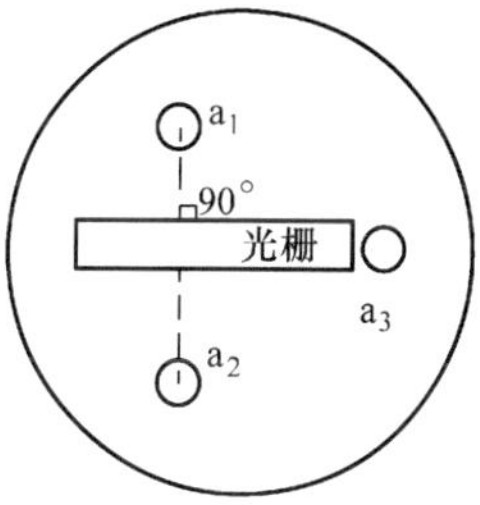

图 6－5－2　用光删调节分光计

(2)点燃汞灯，将平行光管的竖直狭缝均匀照亮，调节平行光管的狭缝宽度，使望远镜中分化板上的中央竖直准线对准狭缝像。转动望远镜筒，在光栅法线两侧观察各级衍射光谱，调节平台的三个支撑螺钉 a_1、a_2 和 a_3，使各级光谱线等高。这时，光栅的刻纹即平行于仪器的主轴。固定载物平台，在整个测量过程中载物平台及其上面的光栅位置不可再变动。

2. 光栅位置的调节及光谱观察

左右转动望远镜仔细观察谱线的分布规律。在谱线中，中央为白亮线($k=0$ 的狭缝像)，其两旁各有两级紫、蓝、绿、黄的谱线。

3. 测定衍射角

(1)从光栅的法线(零级光谱亮条纹)起沿一个方向转动望远镜筒，使望远镜中叉丝依次与第一级衍射光谱中的各级谱线重合，并记录与每一谱线对应的 A、B 两窗角坐标。再反向转动望远镜，越过法线，记录另一各级谱线对应的 A、B 两窗角坐标。对应同一谱线的两次角坐标之差，即为该谱线衍射角 θ 的 2 倍。

(2)重复上述步骤三次，由

$$\theta_1 = \frac{\theta_1^A + \theta_1^B}{2}, \theta_2 = \frac{\theta_2^A + \theta_2^B}{2}$$

求出 θ 的平均值。

【数据处理】

(1)汞灯绿谱线的波长($\lambda = 546.1$ nm)为已知，将实验内容3中所测绿谱线的衍射角 θ 代入式(6-5-1)，并取 $k=1$，求出光栅常数 d，然后由其他谱线衍射角 θ 和求得的光栅常数 d 算出相应的波长。

(2)与公认值比较，计算其测量误差。

(3)将汞灯各谱线的衍射角 θ 代入式(6-5-2)中，计算出光栅相应于各谱线的第一级角色散率。

【思考题】

(1)如果光栅平面和分光计中心轴平行，单刻痕和分光计中心轴不平行，那么整个光谱有什么异常？对测量结果有无影响？

(2)本实验对分光仪的调整有何特殊要求？如何调节才能满足测量要求？

(3)分析光栅和棱镜分光的主要区别。

(4)如果光波波长都是未知的，能否用光栅测其波长？

实验6　偏振光的观察和研究

【实验目的】

(1)观察光的偏振现象，加深对偏振光的了解。

(2)掌握产生和检验偏振光的原理和方法。

【实验仪器】

氦氖激光器、偏振片、波片、玻璃片和支架。

【实验原理】

光波的振动方向与光波的传播方向垂直。在与光传播方向垂直的平面内，某一方向振动占优势的光叫部分偏振光，只在某一个固定方向振动的光叫线偏振光或平面偏振光，而自然光的振动在垂直于其传播方向的平面内，取所有可能的方向。将非偏振光(如自然光)变成线偏振光称为起偏，用以起偏的装置或元件叫起偏器。

1. 线偏振光的产生

1)非金属表面的反射和折射

光线斜射向非金属的光滑平面(如水、木头、玻璃等)时，反射光和折射光都会产生偏振现象，偏振的程度取决于光的入射角及反射物质的性质。如图6-6-1所示，当入射角是某一特定数值时，反射光可成为振动方向垂直于入射面的线偏振光，该入射角叫起偏角(布儒斯特角)。起偏角 α 与反射物质的折射率 n 的关系是

$$\tan \alpha = n \tag{6-6-1}$$

该关系称为布如斯特定律。根据此原理，可以简单地利用玻璃产生线偏振光，也可以将其用于测定物质的折射率。从空气入射到介质，一般起偏角在53°~58°。

非金属表面反射的线偏振光的振动方向总是垂直于入射面的，而透射光是部分偏振光。使用多层玻璃组合成的玻璃堆，能得到近似程度很高的透射线偏振光，其振动方向平行于入射面。

2）偏振片

偏振片是利用晶体二向色性制成的。二向色性是指有些晶体对振动方向不同的光矢量具有选择吸收的性质，例如有些晶体能强烈地吸收与晶体光轴垂直的光矢量，而对与光轴平行的光矢量吸收得较少。偏振片上能透过电矢量振动的方向称为它的透振方向，如图6－6－2所示。偏振片是常用的起偏元件。

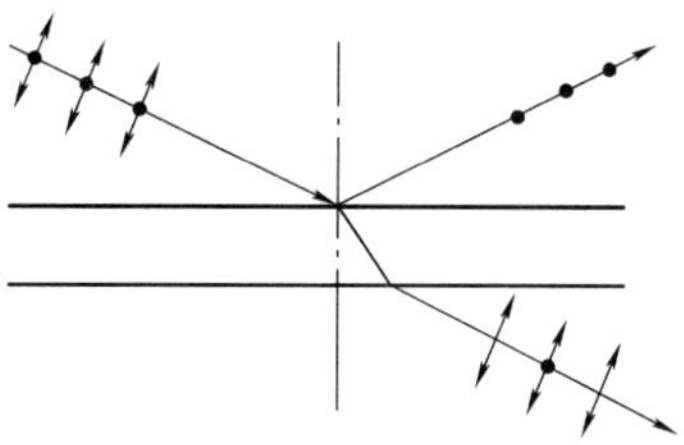

图6－6－1　非金属表面的反射和折射

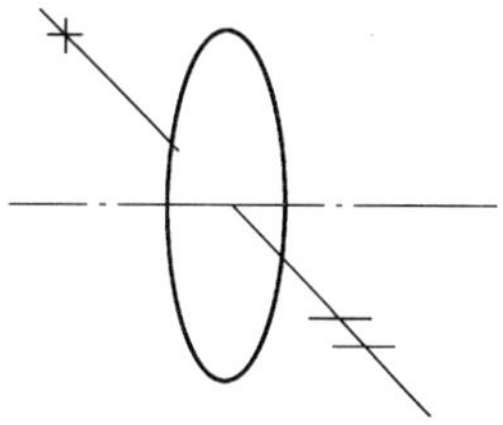

图6－6－2　偏振片

鉴别光的偏振状态叫检偏，用作检偏的仪器或元件叫检偏器。偏振片也可作检偏器使用。自然光、部分偏振光和线偏振光通过偏振片时，在垂直光线传播方向的平面内旋转偏振片时，可观察到不同的现象，如图6－6－3所示。图中(a)表示旋转P，光强不变，为自然光；(b)表示旋转P，无全暗位置，但光强变化，为部分偏振光；(c)表示旋转P，可找到全暗位置，为线偏振光。

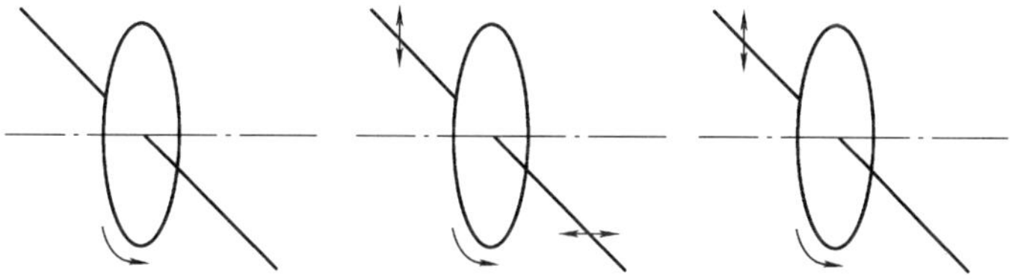

(a)　(b)　(c)

图6－6－3　光的偏振态的观察

(a)自然光　(b)部分偏振光　(c)线偏振光

2. 圆偏振光和椭圆偏振光的产生

线偏振光垂直入射晶片，如果光轴平行于晶片的表面，会产生比较特殊的双折射现象。这时，非常光e和寻常光o的传播方向是一致的，但速度不同，因而从晶片出射时会产生相位差

$$\delta=\frac{2\pi}{\lambda_0}(n_o-n_e)d \qquad (6-6-2)$$

式中　λ_0——单色光在真空中的波长；

n_o，n_e——晶体中o光和e光的折射率；

d——晶片厚度。

（1）如果晶片的厚度使产生的相位差 $\lambda=\frac{1}{2}(2k+1)\pi, k=0,1,2,\cdots$，这样的晶片称为1/4 波片。线偏振光通过1/4 波片后，透射光一般是椭圆偏振光；当入射线偏振光的振动面与1/4 波片光轴的夹角 $\alpha=\pi/4$ 时，则为圆偏振光；当 $\alpha=0$ 或 $\pi/2$ 时，椭圆偏振光转化为线偏振光。由此可知，1/4 波片可将线偏振光转变成椭圆偏振光或圆偏振光；反之，它也可将椭圆偏振光或圆偏振光转变成线偏振光。

（2）如果晶片的厚度使产生的相差 $\delta=(2k+1)\pi, k=0,1,2,\cdots$，这样的晶片称为1/2 波片。如果入射线偏振光的振动面与1/2 波片光轴的夹角为 α，则通过1/2 波片后的光仍为线偏振光，但其振动面相对于入射光的振动面转过 2α 角。

3. 线偏振光通过检偏器后光强的变化

强度为 I_0 的线偏振光通过检偏器后的光强为

$$I_\theta=I_0\cos^2\theta \tag{6-6-3}$$

式中　θ——线偏振光振动面和检偏器主截面的夹角。

式(6-6-3)为马吕斯(Malus)定律。

显然，旋转检偏器(改变 θ 角)可以改变透射光的光强。当起偏器和检偏器的取向为平行时($\theta=0°$)，透射光的光强为极大；当起偏器和检偏器的取向为垂直时($\theta=90°$)，透射光的光强为零。

【实验内容】

1. 起偏

将激光束投射到屏上，在激光束中插入一偏振片，使偏振片在垂直于光束的平面内转动，观察透射光光强的变化。

2. 消光

在第一块偏振片和屏之间加入第二块偏振片，将第一块偏振片固定，在垂直于光束的平面内旋转第二块偏振片，观察光强的变换，注意消光时两偏振片透振方向之间的关系。

3. 三块偏振片的实验

使两块偏振片处于消光位置并固定，再在它们之间插入第三块偏振片，旋转该偏振片，观察其在什么位置时光强最强，在什么位置时光强最弱。

4. 布儒斯特定律

（1）如图6-6-4所示，在旋转平台上垂直固定一平板玻璃，先使激光束平行于玻璃板，然后使平台转过 θ 角，形成反射和透射光束。

（2）使用检偏器检验反射光的偏振态，并确定检偏器上偏振片的透振方向。

（3）测出起偏角 α，按式(6-6-1)计算玻璃的折射率。

5. 圆偏振光和椭圆偏振光的产生

（1）按图6-6-5所示，调整偏振片A和B的位置使通过的光消失，然后插入一片1/4 波片 C_1。

（2）以光线为轴先转动 C_1 消光，然后使B转360°观察现象。

（3）再将 C_1 从消光位置转过30°、45°、60°、75°、90°，以光线为轴每次都将B转360°观察并记录现象。

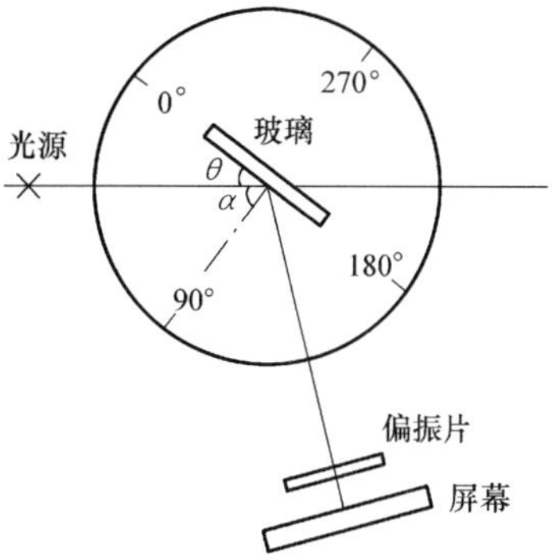

图 6-6-4　反射法起偏光路

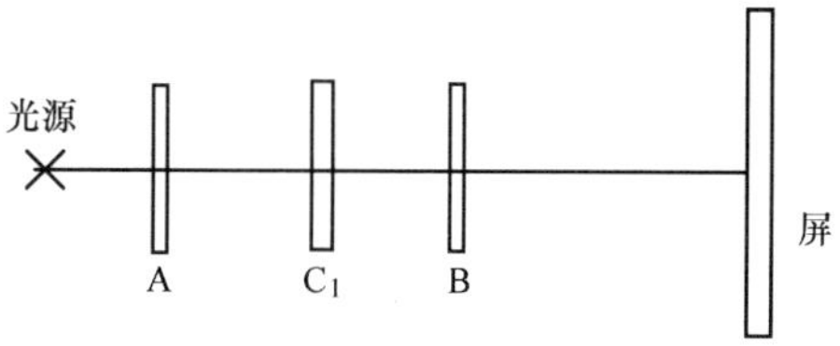

图 6-6-5　圆偏振光和椭圆偏振光的产生光路布置图

6. 圆偏振光与自然光、椭圆偏振光和部分偏振光的区别

由偏振理论可知，一般能够区别开线偏振光和其他偏振形态的光，但只用一片偏振片是无法将圆偏振光与自然光、椭圆偏振光与部分偏振光区别开的，但是如果再提供一片 1/4 波片 C_2 加在检偏的偏振片前，即可鉴别出它们。

按上述步骤，再在实验装置上增加一片 1/4 波片 C_2，观察并记录现象。

【思考题】

(1) 如果在互相正交的偏振片 P_1、P_2 中间插入一 1/2 波片，使 1/2 波片的光轴与起偏器的透振方向平行，那么透过检偏器 P_2 的光斑是亮的还是暗的？为什么？

(2) 如何鉴别自然光、线偏振光、圆偏振光和椭圆偏振光？

实验 7　全息图的记录与再现

【实验目的】

(1) 通过拍摄漫反射物体的透射全息图和反射全息图，加深对全息照相的基本原理和方法的掌握。

(2) 能熟练拍摄漫反射物体的全息图。

(3) 通过光路布置过程，熟悉和掌握各光学元件的特性及其调节方法。

【实验仪器与用具】

He-Ne 激光器 1 台(30 mW 左右)、扩束镜 2 只、分束镜 1 个、反射镜 2 个、ϕ100 准直镜 1 只、待记录物体 2 个、干板架 1 个、观察白屏 1 个、米尺 1 个(公用)、电子快门 1 个、载物平台 1 个、全息干板若干小块。

【实验原理】

普通照相是把物体通过几何光学成像方法记录在照相底片上，每一个物点转换成相应的一个像点，得到的仅仅是物的亮度(或强度)分布。全息照相不只是记录物体的强度分布，而且要记录下传播到记录平面上的完整的物光波场。振幅(或强度)是容易记录的，问题在于记录位相。所有的照相底片和探测器都只对光强起反应，而对光波场各部分之间的位相差则是完全不灵敏的。英籍匈牙利物理学家 D. 盖伯应用物理光学中的干涉原理，在物波场中引入一个参考光波使其与物光波在记录平面上发生干涉，从而将物光波的位相分布转换成了记录在照相底片上的光强分布，这样就把完整的物光波场都记录下来了。由此获得的照片，称为全息照片或全息图(hologram)。盖伯证明了，用这样一张记录下来的全息照片最后可以得到原来物体的像。

记录全息图的一种光路布置如图6－7－1所示。由激光器发出的高度相干的单色光经过分束镜BS时被分成两束光，一束光经反射镜M_1反射、扩束镜L_1扩束后，用来照明待记录的物体，称为物光束；另一束光经反射镜M_2反射、扩束镜L_2扩束后，直接照射全息底片(又称全息干板)H。后一束光提供一个参考光束，当其与来自物体表面的散射光均照射到全息干板上时，物体散射光与参考光进行相干叠加，其结果产生极精细的干涉条纹(条纹间距在5×10^{-4} mm量级)，被记录在全息干板上，从而形成一张全息图底片。

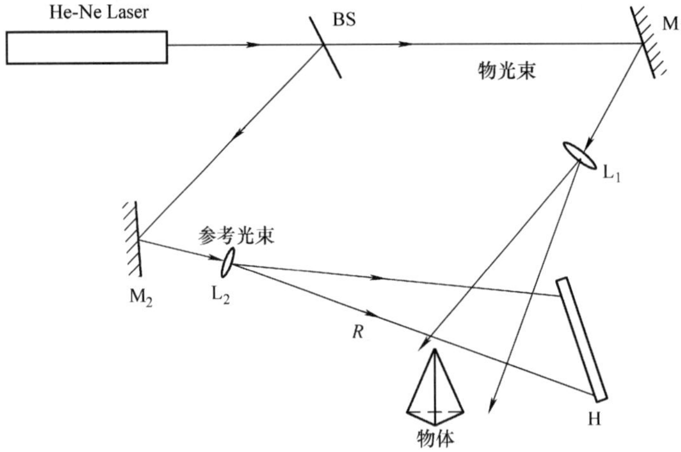

图6－7－1　全息记录的一种光路

上述全息图底片经显影定影后，用原参考光束照明，就可得到清晰的原物体的像。这个过程称为全息图的再现(图6－7－2)。在再现过程中，全息图将再现光衍射而产生表征原始物光波前特性的所有光学现象。即使原来的物体已经拿走，它仍可以形成原来物体的像。如果再现波前被观察者的眼睛截取，则其效果就和观察原始物波一样：观察者看到的是原始物体的真实的三维像。当观察者改变观察方位时，景象的配景改变，视差效应是很明显的。如果全息图的记录和再现都是用同一单色光源来完成的，那么不存在任何视觉标准能够用以区别真实的物体与再现的像。

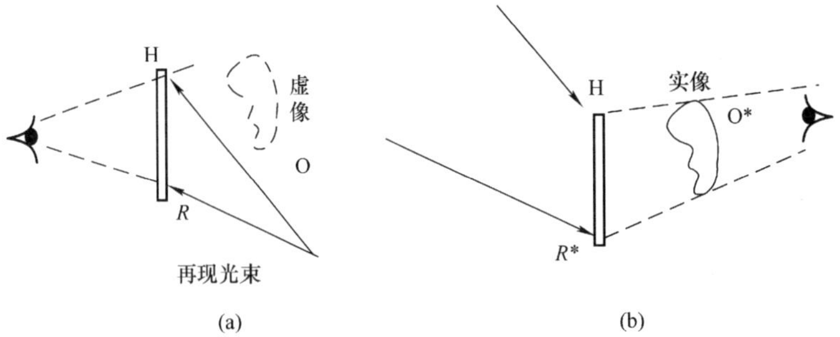

图6－7－2　全息图的再现

(a)虚像　(b)实像

全息图的类型可以从不同的观点来分类。一般地，按参考光波与物光波主光线是否同轴来分类，可以分为同轴全息图和离轴全息图；离轴全息术是经常采用的方法。另外，按全息图的结构和观察方式分类，可以分为透射全息图和反射全息图。透射全息图是指拍摄时物光与参考光从全息片的同一侧射来；而反射全息图是指在拍摄时物光与参考光分别从全息图两侧射来。当被照明再现时，对透射全息图，观察者与照明光源分别在全息图的两边；而对反射全息图，观察者与照明光源则在同一侧。按图 6－7－1 记录的透射全息图，其优点是影像三维效果好，景深大，幅面宽，形象极其逼真，且无隔膜感。因而这种全息图，可用于工程现场拍摄大型结构，在军事上可以模拟真实目标，进行驾驶训练；在科教方面，可制作三维挂图等。

【实验内容】

1. 透射全息图的拍摄

图 6－7－1 所示为激光再现的透射全息图的一种记录光路，实验光路可以根据该光路进行设计和摆放。为了便于观察所记录物象的实像，建议在光路设计的时候将参考光设置为平行光。此时的记录光路可如图 6－7－3 所示。

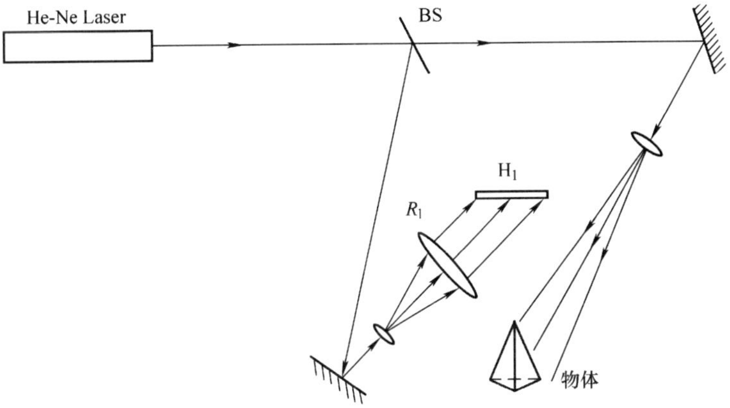

图 6－7－3　平行光记录离轴透射全息图的一种光路

实验步骤如下。

(1) 根据基本光路，按照全息台面的大小和激光器的位置，考虑各光学器件的特点，在台面上大致设计好光路摆放位置。

(2) 在台面上摆放好反射镜、分束镜、物体和干板架，确定参考光和物光的光程相等。摆放干板架的时候要注意，细激光束应射到拍摄所用的干板的中心，干板架到反射镜的距离应大于准直透镜的焦距，且准直透镜不能遮挡干板架上的物光。

(3) 在参考光路和物光光路上添加扩束镜、准直透镜等，注意对准直透镜和扩束镜中心轴线的调节以及其平行等高问题。

(4) 调节分束镜的分光比和物光光路，使干板面上的物光与参考光亮度之比为 1:2 ~ 1:6。根据干板面上的总照度确定曝光时间。

(5) 调节曝光控制器的曝光时间和快门设置，并在曝光前预先试验一次以观察快门设定曝光时间是否符合预定要求。

(6) 放置全息干板，锁紧后安静 1 ~ 2 min，曝光、显影、定影、漂白、冲洗、干燥；操作中注意干板的乳胶面应面向物光方向，在处理过程中不能将其与水槽底等接触。

(7)将处理后的全息图放回原位，遮挡物光后进行虚像和实像的观测。

2. 反射全息图的拍摄

反射全息图可以在白光下再现，对厚记录介质衍射效率高，因此具有重要的实用价值。图6-7-4所示为反射全息图拍摄的一种光路，采用单光束照明方式。该光路针对的是具有高反射率的物体，如硬币、白色表面体等。此时物体反射一束光到全息底片上作为物光，另一束光作为参考光从相反方向照射到干版上，两者发生干涉，经显影、定影等处理后形成反射全息图。由于物体与干板相距很近，因此对光程差的调节可以忽略，光路简捷。实验中全息图的银盐乳胶面朝向拍摄物，拍摄物与全息干板成一小角度以利于离轴记录。拍摄实验步骤与透射全息图的拍摄步骤类似。

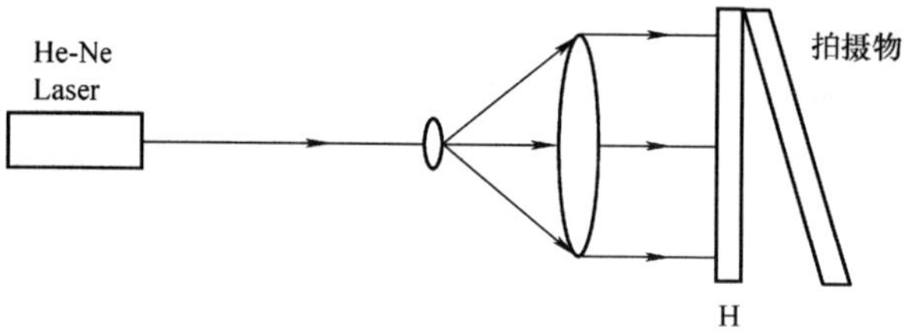

图6-7-4　高反射率物体反射全息图的一种拍摄光路

记录中，要注意此时全息干板面上的总亮度不易观察，可以按入射的激光亮度为准进行曝光的时间设定。由于入射的照明激光能量集中，曝光时间一般在1~5 s。

再现时，通过白光照明反射再现，在一定角度下可看到被摄物的绿色像(像变为绿色是由于乳胶在处理过程中收缩引起的)。当乳胶面相对再现光时，全息图再现为实像，当乳胶面背对再现光时，全息图再现为虚像。反射全息图之所以可用白光再现，是因为由它形成的体积光栅具有波长选择性，从而避免了普通全息光栅对白光的色散。

【思考题】

(1)与普通照相相比较，全息照相具有哪些特点？将全息图片挡去一部分后，为什么再现像仍然是完整的？

(2)试将全息图的波面再现成像与平面镜成像进行比较，说明两者有何异同点。

(3)为什么全息照相对光源的相干性有很高的要求？在布置全息记录光路时，为什么要求物光与参考光的光程要相等？为什么在全息记录过程中要保持光学平台的稳定？

附　　录

附表 1　2022 年 CODATA 基本物理常数推荐值简表

量	符号	数值	单位	相对标准不确定度
真空中光速	c	299 792 458	$m \cdot s^{-1}$	（精确）
真空磁导率	μ_0	$1.256\,637\,061\,4\cdots \times 10^{-6}$	$H \cdot m^{-1}$	（精确）
真空介电常量	ε_0	$8.854\,187\,817\cdots \times 10^{-12}$	$F \cdot m^{-1}$	（精确）
牛顿引力常量	G	$6.674\,28(67) \times 10^{-11}$	$m^3 \cdot kg^{-1} \cdot s^{-2}$	1.0×10^{-4}
普朗克常量	h	$6.626\,068\,96(33) \times 10^{-34}$	$J \cdot s$	5.0×10^{-8}
基本电荷	e	$1.602\,176\,487(40) \times 10^{-19}$	C	2.5×10^{-8}
电子质量	m_e	$9.109\,382\,15(45) \times 10^{-31}$	kg	5.0×10^{-8}
质子质量	m_p	$1.672\,621\,637(83) \times 10^{-27}$	kg	5.0×10^{-8}
里德伯常量	R_∞	$10\,973\,731.568527(73)$	m^{-1}	6.6×10^{-12}
精细结构常数	a	$7.297\,352\,537\,6(50) \times 10^{-3}$	—	6.8×10^{-10}
阿伏伽德罗常量	N_A, L	$6.022\,141\,79(30) \times 10^{23}$	mol^{-1}	5.0×10^{-8}
法拉第常数 $N_A e$	F	$96\,485.3399(24)$	$C \cdot mol^{-1}$	2.5×10^{-8}
摩尔气体常量	R	$8.314\,472(15)$	$J \cdot mol^{-1} \cdot K^{-1}$	1.7×10^{-6}
玻耳兹曼常量	k	$1.380\,650\,4(24) \times 10^{-23}$	$J \cdot K^{-1}$	1.7×10^{-6}

附表 2　在海平面上不同纬度处的重力加速度

纬度 φ/(°)	g/(m/s²)	纬度 φ/(°)	g/(m/s²)
0	9.780 49	50	9.810 79
5	9.780 88	55	9.815 15
10	9.782 04	60	9.819 24
15	9.783 94	65	9.822 49
20	9.786 52	70	9.826 14
25	9.789 69	75	9.828 73
30	9.793 38	80	9.830 65
35	9.797 46	85	9.831 82
40	9.801 82	90	9.832 21
45	9.806 29		

注：表中列出数值根据公式 $g = 9.780\,49(1 + 0.005\,288\sin^2\varphi - 0.000\,006\sin^2\varphi)$ 求出，φ 为纬度。

附表 3　20 ℃时常见固体和液体的密度

物质	密度 ρ/(kg/m³)	物质	密度 ρ/(kg/m³)
铝	2 698.9	窗玻璃	2 400 ~ 2 700
铜	8 960	冰	800 ~ 920
铁	7 874	石蜡	792
银	10 500	有机玻璃	1 200 ~ 1 500
金	19 320	食盐	2 140
钨	19 300	甲醇	792
铂	21 450	乙醇	789.4
铅	11 350	乙醚	714
锡	7 298	汽油	710 ~ 720
水银	13 546.2	氟利昂 -12	1 329
钢	7 600 ~ 7 900	变压器油	840 ~ 890
石英	2 500 ~ 2 800	甘油	1 260
水晶玻璃	2 900 ~ 3 000		

附表 4　标准大气压下不同温度的纯水密度

温度 t/℃	密度 ρ/(kg/m³)	温度 t/℃	密度 ρ/(kg/m³)	温度 t/℃	密度 ρ/(kg/m³)
0	999.841	17.0	998.774	34.0	994.371
1.0	999.900	18.0	998.595	35.0	994.031
2.0	999.941	19.0	998.405	36.0	993.68
3.0	999.965	20.0	998.203	37.0	993.33
4.0	999.973	21.0	997.992	38.0	992.96
5.0	999.965	22.0	997.770	39.0	992.59
6.0	999.941	23.0	997.538	40.0	992.21
7.0	999.902	24.0	997.296	41.0	991.83
8.0	999.849	25.0	997.044	42.0	991.44
9.0	999.781	26.0	996.783	…	…
10.0	999.700	27.0	996.512	50.0	998.04
11.0	999.605	28.0	996.232	60.0	983.21
12.0	999.498	29.0	995.944	70.0	977.78
13.0	999.377	30.0	995.646	80.0	975.31
14.0	999.244	31.0	995.340	90.0	965.31
15.0	999.099	32.0	995.025	100.0	958.35
16.0	999.943	33.0	994.702		

附表 5　某些物质的电阻率及其温度系数

名称	电阻率 ρ_0/(μΩ · cm)	温度系数 α/($\times 10^{-5}$℃$^{-1}$)
银	1.49(0 ℃)	430
铜	1.55(0 ℃)	433
金	2.06(0 ℃)	402
铝	2.50(0 ℃)	460
钨	4.89(0 ℃)	510
锌	5.65(0 ℃)	417
铁	8.60(0 ℃)	651
铅	19.2(0 ℃)	428
黄铜	8.00(18 ~20 ℃)	100
康铜	49.0(18 ~20 ℃)	0.200

附表 6　各种物质的折射率(对 λ_0 =589.3 nm)

一些气体的折射率(气体在正常温度和气压下)

物质名称	折射率	物质名称	折射率
空气	1.000 292 6	水蒸气	1.000 254
氢气	1.000 132	二氧化碳	1.000 488
氮气	1.000 296	甲烷	1.000 444
氧气	1.000 271		

一些液体的折射率

物质名称	温度/℃	折射率	物质名称	温度/℃	折射率
水	20	1.333 0	丙醚	20	1.359 1
乙醇	20	1.361 4	二硫化碳	18	1.625 5
甲醇	20	1.328 8	三氯甲烷	20	1.446
苯	20	1.501 1	甘油	20	1.474
乙醚	22	1.351 0	加拿大树胶	20	1.530

一些晶体及光学玻璃的折射率

物质名称	折射率	物质名称	折射率
熔凝石英	1.458 43	重冕玻璃 ZK6	1.612 60
氯化钠(NaCl)	1.544 27	重冕玻璃 ZK8	1.614 00
氯化钾(KCl)	1.490 44	钡冕玻璃 BaK2	1.539 90
萤石(CaF_2)	1.433 81	火石玻璃 F8	1.605 51
冕牌玻璃 K6	1.511 10	重火石玻璃 ZF1	1.647 50
冕牌玻璃 K8	1.515 90	重火石玻璃 ZF6	1.755 00
冕牌玻璃 K9	1.516 30	钡火石玻璃 BaF8	1.625 90

附表 7　汞灯光谱线波长表

颜色	波长 λ/nm	相对强度	颜色	波长 λ/nm	相对强度
紫外部分	237. 83	弱	绿	535. 41	弱
	239. 95	弱	绿	536. 51	弱
	248. 20	弱	绿	546. 07	很强
	253. 65	很强	黄绿	567. 59	弱
	265. 30	弱	黄	576. 96	强
	269. 90	弱	黄	579. 07	强
	275. 28	弱	黄	585. 93	弱
	275. 97	弱	黄	588. 89	弱
	280. 40	弱	橙	607. 27	弱
	289. 36	弱	橙	612. 34	弱
	292. 54	弱	橙	623. 45	强
	296. 73	强	红	671. 64	弱
	302. 25	强	红	690. 75	弱
	312. 57	强	红	708. 19	弱
	313. 16	强	红外部分	773	弱
	334. 15	强		925	弱
	365. 01	强		014	强
	366. 29	弱		1 129	强
	370. 42	弱		1 357	强
	390. 44	弱		1 367	强
紫	404. 66	强		1 396	弱
紫	407. 78	强		1 530	强
紫	410. 81	弱		1 692	强
蓝	433. 92	弱		1 707	强
蓝	434. 75	弱		1 813	弱
蓝	435. 83	很强		1 970	弱
青	491. 61	弱		2 250	弱
青	496. 03	弱		2 325	弱

附表 8　钠灯光谱线波长表

颜色	波长 λ/nm	相对强度
黄	588. 99	强
	589. 59	强

附表 9　氢灯光谱线波长表

颜色	波长 λ/nm	相对强度
紫	410.17	弱
蓝	434.05	弱
青	486.13	弱
红	656.29	强

参考文献

[1]李惕碚．实验的数学处理[M]．北京:科学出版社,1980.

[2]教育部高等学校物理学与天文学教学指导委员会,物理学类专业教学指导分委员会．高等学校物理学本科指导性专业规范　高等学校应用物理学本科指导性专业规范(2010 年版)[M]．北京:高等教育出版社,2011.

[3]王华,任明放．大学物理实验[M]．广州:华南理工大学出版社,2008.

[4]江美福,方建兴．大学物理实验教程[M]．北京:科学出版社,2009.

[5]刘惠莲．大学物理实验[M]．北京:科学出版社,2013.

[6]杨述武,孙迎春,沈国土．普通物理实验 1(力学、热学部分)[M].5 版．北京:高等教育出版社,2015.

[7]林抒,龚镇雄．普通物理实验[M]．北京:人民教育出版社,1981.

[8]黄志敬．普通物理实验[M]．西安:陕西师范大学出版社,1991.

[9]吴泳华,霍剑青,浦其荣．大学物理实验(第一册)[M].2 版．北京:高等教育出版社,2005.

[10]周自刚,杨振萍．新编大学物理实验[M]．北京:科学出版社,2010.

[11]周瑞华．大学物理实验教程[M]．北京:国防工业出版社,2010.

[12]沈韩,赵福利．大学物理实验[M]．北京:科学出版社,2024.